KLINISCHE ELEKTROENCEPHALOGRAPHIE

7. KONGRESS DER DEUTSCHEN EEG-GESELLSCHAFT

DEUTSCHE SEKTION DER INTERNATIONALEN
GESELLSCHAFT FÜR EEG UND ANGEWANDTE
NEUROPHYSIOLOGIE

BAD NAUHEIM VOM 2. BIS 4. OKTOBER 1958

HERAUSGEGEBEN VON

PROF. DR. MED. DR. PHIL. R. JANZEN
HAMBURG

MIT 60 ABBILDUNGEN

SPRINGER-VERLAG
BERLIN · GÖTTINGEN · HEIDELBERG
1961

ISBN 978-3-642-52723-4   ISBN 978-3-642-52722-7 (eBook)
DOI 10.1007/978-3-642-52722-7

Vorwort

Der Bericht erscheint mit Verspätung. Da wesentliche Grundlagen und Grundfragen der Elektroencephalographie behandelt worden sind und nicht aktuelle Schwankungen der Forschung, hat die Diskussion durch das Warten an Wert nicht verloren. Entscheidende oder gar umwälzende Fortschritte sind seitdem nicht gemacht worden.

Dies ist der erste Bericht, den die Gesellschaft ihren Mitgliedern und Freunden überreicht, weil er nämlich eine wichtige Aufgabe erfüllt: Die empirische EEG-Forschung hat ein bedeutsames Tatsachenmaterial zu Tage gefördert. Die Grundlagenforschung macht endlich erfreuliche Fortschritte. Damit ergibt sich die Notwendigkeit, empirisch gewonnene Daten und Begriffe einer Kritik zu unterziehen. Voreilige Hypothesen, Gewohnheiten und Begriffsbildungen, die nur historisch zu verstehen sind, müßten abgebaut werden, damit die Wissenschaftlichkeit gewinnt und die Forschung einen mehr gesicherten Gang geht. Aus diesem „Vielmännerbuch" werden — zumal hervorragende Kenner sich beteiligt haben — die Probleme auch einem breiteren Publikum deutlich. Dadurch wird das Verständnis für die Möglichkeiten und Grenzen der klinischen Elektroencephalographie gefördert. Ein „Alphabet", das für diese Forschungsmethode besonders schwierig zu schaffen ist, bahnt sich an.

Mit meinem Mitarbeiter Dr. BUSHART hatte ich 1958, dann auf allgemeinen Wunsch auch 1959, eine Demonstration von Befunden vorbereitet. Die äußerst lebhafte Diskussion ergab, wie sehr die Thematik jenes Kongresses — und damit dieses Buches — einem allgemeinen Bedürfnis entgegenkommt. Wenn dieser Bericht einige Jahre in der Stille seine Wirkung getan hat, wird eine Konvention und eine systematische Darstellung in greifbarere Nähe gerückt sein, zumal jetzt schon eine Konvergenz der Anschauungen in wesentlichen Punkten sich zwangsläufig herauskristallisiert hat. Die angesprochenen Probleme finden hoffentlich in den Laboratorien eine weitere Förderung.

Nun muß ich einige Bemerkungen machen über die Ursachen der Verspätung bei der Herausgabe und die Art der Redaktion dieses Diskussionskongresses. Ein Laie hat nach Tonbandaufnahmen den Text geschrieben — mit allen Unzulänglichkeiten. Meine Mitarbeiter Dr. BUSHART, Dr. MÜLLER, Dr. SCHMALBACH haben sich mit mir der Aufgabe unterzogen, jenen Text — unter Abhören der Tonbänder — möglichst fehlerfrei festzulegen. Die genannten Herren waren dann meine Zensoren bei der Überführung des gesprochenen Textes in einen lesbaren. Dieser mußte möglichst wörtlich sein oder — bei Bearbeitung — den Inhalt des tatsächlich Gesprochenen nicht verfälschen. Allen Sprechern wurde 1959 auf dem Kongreß in München der Lesetext zur Billigung ihrerseits vorgelegt.

Allen Mitarbeitenden ist die Deutsche EEG-Gesellschaft und bin ich zu Dank verpflichtet.

Hamburg, Oktober 1960 R. JANZEN

Inhaltsverzeichnis

Teilnehmerverzeichnis

Amler, Gerd, Dr., Düsseldorf, Grafenberg
Arndt, Th., Dr., Frankfurt /M., I. Medizinische Klinik
Bahr, Dr., Koblenz
Bayreuther, Dr., Göttingen
Becker, Friedrich, Dr., Koblenz, Bundeswehr-Lazarett
Behrend, R. Ch., Doz. Dr., Köln, Max-Planck-Institut für Hirnforschung
Beutler, Henriette, Dr., Bergisch-Gladbach, Hauptstraße 47—51
Biel, Marie-Luise, Dr., München, Städt. Krankenhaus rechts der Isar
Bochnik, H. J., Doz. Dr., Hamburg-Eppendorf, Nervenklinik
Böhme, Rudolf, Dr., Tuttlingen, Rathausstraße 2
Borsche, A., Dr., Gelsenkirchen-Buer, Städt. Kinderklinik
Bruhns, Brunhilde, Dr., Berlin-Buch, Kinder-Neurochirurgie
Buhr, G., Dr., Bremen, Städt. Krankenanstalten, Heinrich-Heine-Straße 70
Burmester, Klaus, Dr., Berlin-Charlottenburg, Neurolog.-Neurochirurg. Klinik, Spandauer
    Damm 130
Bushart, Walter, Dr., Hamburg, Neurologische Univ.-Klinik
Bushe, K. A., Dr., Göttingen, Neurochirurgische Klinik
Bussien, Renate, Dr., Köln-Weidenpesch, Städt. Kinderkrankenhaus, Pallenbergstraße 24
Carrière, B., Dr., Lübeck, Ratzeburger Allee 160
Caspers, Heinz, Professor Dr., Münster/Westf., Westring 6
Christian, Walter, Dr., Heidelberg, Voßstraße 2
Delank, Heinz-Walter, Dr., Bochum, Bergmannsheil, Neurolog. Abt.
Danzen, Dr., Berlin-Charité, Nervenklinik
Dempwolf, Ludwig, Dr., Braunschweig, Salzdahlumer Weg 90
Doose, Hermann, Dr., Kiel, Kinderklinik
Durst, W., Dr., Heidelberg, Voßstraße 2
Engelke, H., Dr., Erkenschwick, Zeche Ewald Fortsetzung
Espey, Heinz-Ludwig, Dr., Bad Honef, Alex.-v.-Humboldt-Straße
Esslen, Erlo, Dr., Hamburg, Neurolog. Universitäts-Klinik
Feiler, Hans, Dr., München, Franz-Josef-Straße 43
Foitl, Gerhard, Dr., Wien IX, Lazarettg. 14, Univ. Nervenklinik
Fricke, Wolfgang, Dipl.-Phys., Freiburg, Heinrich-v.-Stephan-Straße 4
Friedel, B., Dr., Tübingen, Osiander Straße 22
Fuhrmann, W., Dr., Landesversicherungsanstalt Hamburg
Gänshirt, Heinz, Doz. Dr., Düsseldorf, Moorenstraße 5
Gerardy, W., Dr., Heidelberg
Giesler, H., Dr., Bremen, Osterstraße 75
Götze, Wolfgang, Prof. Dr., Berlin-Charlottenburg, Neurochirurg.-Neurolog. Klinik, Span-
    dauer Damm 130
Grützner, A., Dr., Gießen, Psychiatr. und Nervenklinik
Gubitz, Achim, Dr., Nervenklinik Goldene Adlerhütte, Wiersberg über Kulmbach
Haas, Rudolf, Dr., Salzburg, Landeskrankenhaus
Haibach, Dr., Frankfurt/M., Gartenstraße 70
Hardon, J., Dr., Amersfoot, Holland, Dr. A. Kuyperlean 3
Harrer, Hildegund, Dr., Salzburg, Dreifaltigkeitsgasse 4
Hebel, K., Dr., Heidelberg
Hecht, K., Dr., Berlin-Pankow, Zillertalstraße 57
Hedenström, Inge v., Dr., Bethel bei Bielefeld
Heermann, Hella, Dr., Oldenburg, Kinderklinik

Heinig, Bruno, Dr., Bad Pyrmont, Versorgungskrankenhaus
Henrich, Clemens, Dr., Koblenz, Löhrstraße 76
Herbst, Alfons, Dr., Rostock, Univ.-Nervenklinik
Hoppe, Dr., Wolfsburg, Stadtkrankenhaus, Innere Abteilung
Hubach, Heinrich, Dr., Freiburg/Breisgau, Univ.-Nervenklinik
Hütwohl, G., Dr., Frankfurt/M., I. Medizinische Klinik
Janke, M., Dr., Bad Pyrmont, Im Niedernfelde 9a
Janzen, Rudolf, Prof. Dr. Dr., Hamburg, Neurologische Universitätsklinik
Jung, Richard, Prof. Dr., Freiburg/Breisgau, Hansastraße 9a
Klein, Ernst, Dr., Frankfurt/M.-Süd 10, Schweizerstraße 10
Kleist, Dietrich, Dr., Wuppertal-Barmen, Städt. Krankenanstalten
Klupp, Robert, Dr., Weiden/Opf.
Knauel, Hermann, Dr., Treysa, Bez. Kassel, Anstalten Hephata
Kofes, A., Dr.-Ing., Berlin-Charlottenburg, Kaiserdamm 30
Kornmüller, A. E., Prof. Dr., Göttingen, Bunsenstraße 10, Max-Plank-Institut
Koschitzke, Hans, Dr., Stuttgart, Bürgerhospital
Kotthaus, Werner, Dr., Bonn, Landesheilanstalten, Kölner Straße 208
Krump, J. E., Dr., Heidelberg, Medizinische Univ.-Klinik
Kubasta, Herbert, Dr., Nürnberg, Nervenklinik, Flurstraße 17
Kubicki, St., Dr., Berlin-Charlottenburg, Neurochirurg.-Neurolog. Klinik, SpandauerDamm130
Künkel, Helmut, Dr., Berlin-Kladow, Birkenallee 25
Kugler, Johann, Dr., München, Univ.-Nervenklinik, Nußbaumstraße 7
Kuntz, Ulrich, Dr., Köln-Riehl, Boltensternstraße 2
Laue, Hanfried, Dr., Mannheim-Waldhof, Sandhofer Straße 8
Lechner, Helmut, Doz. Dr., Graz, Univ.-Nervenklinik
Leonhardt, W., Dr., Bingen, Mainzer Straße 26
Lüttke, Dr., Dresden, Med. Akademie, Neurologische Klinik
Lux, D., Dr., Göttingen, Max-Planck-Institut für Hirnforschung
Magun, Rolf, Prof. Dr., Bern, Inselspital
Massmann, Helmut, Dr., Wuppertal-Barmen, Heusnerstraße 40
Meisenburg, Dr., Trier
Merklinghaus, Hannelore, Dr., Bonn, Landesheilanstalten, Kölner Straße 208
Metz, Walter, Dr., Stuttgart-Gerlingen, Laichle, Keltenweg 10
Meusert, Käthe, Dr., Hanau
Meyer, Manfred, Dr., Berlin-Buch, Deutsche Akademie der Wissenschaften, LindenbergerWeg80
Mletzko, J., Dr., Heidelberg, Chirurg. Univ.-Klinik
Müller, Egon, Dr., Hamburg, Neurolog. Univ.-Klinik
Nawrotzki, Joachim, Dr., Hamburg-Langenhorn, Allgemeines Krankenhaus, Ochsenzoll
Nenninger, Engelbert, Dr., Herborn/Dillkreis, Hauptstraße 92
Neumann, Walter, Dr., Schleswig-Stadtfeld, Städt. Krankenhaus
Niebeling, Hans-Günther, Dr., Leipzig C 1, Johannisallee 34
Niedermeyer, Kurt, Dr., Magdeburg, Medizinische Akademie, Nervenklinik, Leipziger
    Straße 44
Pampus, Friedrich, Dr., Bonn, Wilhelmstraße 31
Pateisky, Kurt, Doz. Dr., Wien IX, Univ.-Nervenklinik, Lazarettgasse 14
Penin, Heinz, Dr., Beuel bei Bonn, Rheinstraße 128
Petrilowitsch, Nikolaus, Doz. Dr., Mainz, Langenbeckstraße 1
Pioch, Dr., Herborn, Psychiatr. Krankenhaus
Pomp, L., Dr., Mönchen-Gladbach, Regentenstraße 65
Pratje, Ulrich, Dr., Homburg (Saar), Univ.-Nervenklinik
Rabe, Franz, Dr., Heidelberg, Schlierbuchkamp 51
Radtke, H., Dr., Hildesheim, Scheelenstraße 33
Rautmann, Dr., Gießen, Psychiatr. und Nervenklinik.
Reetz, Heinz, Dipl.-Ing., München 42, Fürstenriederstraße 75
Rehwald, Dr., Meisenheim/Glan.
Richter, Kurt, Dr., Univ.-Nervenklinik, Bonn
Riedel, Dr., Kassel

Roeloffs, Friedrich, Dr., Nordseebad Wyk/Föhr
Schaaf, Alfred, Dr., Wuppertal, Städt. Krankenanstalten.
Schaeder, J. A., Dr.-Ing., Freiburg/Breisgau, Heinrich-von-Stephan-Straße 4
Schädlich, Manfred, Dr., Greifswald, Chirurg. Univ.-Klinik
Schäfer, Hans-Joachim, Dr., Marburg, Nervenklinik
Schaper, Gerhard, Doz. Dr., Hamm/Westf., Märkische Säuglings- und Kinderklinik
Schliep, Heiner, Dr., Düsseldorf, Moorenstraße 5
Schmidt, H., Dr., Rheinhausen, In den Peschen 4
Schmitt, Alfred, Dir., München-Pasing, Bärmannstraße 38
Scholibo, Theo, Dr., Mannheim-Waldhof, Sandhofer Straße 116
Schrader, Otto-Karl, Dr., Bremen, Gröpelinger Heerstraße 98a
Schütz, Erich, Prof. Dr., Münster/Westf., Westring 6
Schulze, Dr., Köln, Keipener Straße 13
Schulze, Helga, Dr., Münster, Physiolog. Institut
Schwarz, Hans, Dr., Berlin-Buch, Neurochirurgische Klinik
Schwarz, Rudolf, Dr., Bardenberg-Aachen, Knappschaftskrankenhaus
Schwarzer, Fritz, in Fa. Fritz Schwarzer GmbH., München-Pasing, Bärmannstraße 8
Seidel, D., Dr., Ilten über Hannover, Warendorffsche Krankenanstalten
Seyler, G., Freiburg/Breisgau, Schöneckstraße 10, Labor Dr. Tönnies
Sickel, Werner, Dr., Leipzig, Physiologisches Institut, Härtelstraße 16—18
Siegle, Otto, Dr., Kaufbeuren/Allgäu, Heil- und Pflegeanstalt
Sieke, Lieselotte, Dr., Berlin-Falkensee, Spandauer Straße 209
Spatz, Hugo, Prof. Dr., Gießen, Max-Planck-Institut
Stapel, Karl, Dr., Hamburg, Bramfelder Chaussee 215a
Steiner, Dr., Leipzig N 22, Kleiststraße 123
Steinmann, H. W., Dr., Köln-Lindenthal, Neurochirurg. Univ.-Klinik
Streil, Günther, Dr., Mainz, Hechtsheimer Landstraße 36
Stühler, R., Dr. Dr., Würzburg, Neurologische Klinik, Füchsleinstraße 15
Stüwe, Annemarie, Dr., Leipzig, Univ.-Kinderklinik
Sulg, Ilmar A., Dr., Helsingborg, Schweden
Thieme, Walter, Dr., Leipzig C 1, Johannisallee 34
Thomalske, G., Dr., Frankfurt/M., Neurochirurg. Klinik, Heinrich-Hoffmann-Straße
Tölken, Olbers, Dr., Hannover, Krankenhaus Nordstadt, Haltenhoffstraße 41
Tönnies, J. F., Dr.-Ing., Freiburg/Breisgau, Schöneckstraße 10
Umbach, Wilhelm, Prof. Dr., Freiburg/Breisgau, Hugstetter Straße 55
Vogelsang, Hans-Georg, Dr., Frankfurt/M., I. Med. Klinik
Voigt, Karl, Dr., Krefeld, Ostwall 85—87
Völker, Barbara, Dr., Kiel, Universitätsklinik
Walkenhorst, A., Dr., Bochum-Langendreer, Knappschaftskrankenhaus
Warninghoff, Günther, Dr., Hamburg 13, Beim Schlump 50
Weber-Esper, Anneliese, Dr., Köln-Mülheim, Lasallestraße 54
Weigeldt, Hans-Dieter, Dr., Bremen, Kurfürstenallee
Wenzel, Eduard, Dr., Berlin, Univ.-Nervenklinik der Charité
Werner, Roland, Dr., Jena, Nervenklinik, Oberer Philosophenweg 3
Winkel, Käthe, Dr., Göttingen, Bunsenstraße 10
Wissfeldt, E., Dr., Sanatorium Katzenelnbogen/Taunus
Wolf, Richard, Dr., Frankfurt/M., Bockenheimer Landstraße
Wolf, Rudolf, Dr., Bayreuth, Hohe Warte 8
Wolfert, E., Dr., Remscheid-Hasten, Hastener Straße 139
Wudtke, Wolfgang, Dr., Berlin-Gatow, Waldschluchtpfad 6
Wüst, A., Dr., Moers/Rhein, Nordring 3
Ziemke, H., Dr. Neumünster, Holstenring 73
Zoller, R., Dr., Pirmasens, Hauptstraße 18

Einleitung des Kongresses

O. H. GAUER: Professor JANZEN, meine sehr verehrten Damen und Herren von der Deutschen Gesellschaft für EEG-Forschung!

Ich möchte Sie im Namen von Professor THAUER hier in unserem Hause herzlich begrüßen und Ihnen zu der Tagung großen Erfolg wünschen. Ich selbst habe meine ersten Begegnungen mit der EEG-Forschung durch Herrn KORN-MÜLLER gehabt, der vor dem Kriege einige Jahre zu uns an das Berliner Institut kam und uns seine Registrierungen zeigte. Ich muß zu meiner Schande gestehen, daß ich als angehender professioneller Physiologe von diesen Dingen nicht viel hielt. Diese Kurven sahen alle aus wie die Nullinie meines Druckverstärkers, wenn er mal wieder nicht ging. Die Kreislaufphysiologen waren stolz darauf, daß sie besonders exakte Wissenschaft innerhalb der Physiologie trieben; sie glaubten, daß die Kreislaufphysiologie im Laufe der nächsten Jahre von Klarheit zu Klarheit schreiten würde. Nun, diese Hoffnung hat sich nicht bestätigt. Auch auf dem Gebiet der Kreislaufforschung sind die Dinge sehr viel komplizierter geworden, und wenn man all die verschiedenen homöostatischen Mechanismen, die inzwischen entdeckt worden sind, als elektrische Potentiale aufschreiben und integrieren könnte, dann würde wahrscheinlich so etwas herauskommen wie ein EEG. Die Richtung der Kreislaufforscher zielt darauf hin, mehr zu wissen über die Vorgänge, die die verschiedenen homöostatischen Mechanismen zentral verknüpfen. Ich möchte Ihnen wünschen, daß es Ihnen gelingen wird, im Laufe dieser Tagung ein neues wichtiges Rädchen in die Modellvorstellung von den Vorgängen im Gehirn einfügen zu können.

R. JANZEN: Ich danke Herrn Professor GAUER für die freundlichen Worte der Begrüßung und für seine Anregung. Ich verbinde damit den Dank an diejenigen Mitarbeiter des Kerckhoff-Institutes, die so freundlich und entscheidend dazu beigetragen haben, daß diese Tagung von einem entfernten Ort aus organisiert werden konnte.

D. MÜLLER: Herr Vorsitzender, meine sehr verehrten Damen und Herren! Namens und im Auftrage des Kurdirektors und des Herrn Bürgermeisters habe ich die Ehre, Sie hier herzlich zu begrüßen und herzlich willkommen zu heißen. Wir freuen uns, daß Sie Bad Nauheim als Tagungsort gewählt haben. Bad Nauheim ist ein Platz der Wissenschaft. Vor 100 Jahren ist hier von neuem ausgegangen der Gedanke der Behandlung von Kreislaufkrankheiten mit kohlesauren Bädern. Hieraus entwickelte sich ein mächtiger Impuls für die Kreislaufforschung. Wir möchten Ihnen wünschen, daß die Atmosphäre in Bad Nauheim geeignet sei, neue Impulse zu vermitteln für die Elektroencephalographie.

R. JANZEN: Ich danke Herrn Dr. MÜLLER, dem Leiter des Quellenforschungsinstitutes hier in Nauheim, für seine freundlichen Worte der Begrüßung.

Nauheim hat seine besondere wissenschaftliche Atmosphäre, und daran sind die Kreislaufforscher und ist insbesondere dieses Institut schuld. Die Deutsche Gesellschaft für Kreislaufforschung hat eine Eigenschaft, die für uns vorbildlich sein muß. Herr SCHÜTZ hat auf dem Kongreß in Graz die Bedeutung einer solchen „Querschnittsgesellschaft" generell gewürdigt. Möge der Teil der Hirnforschung, den wir in unserer kleinen Gesellschaft zu fördern uns Mühe geben, ebenso nützlich für die anderen Disziplinen sein.

An dieser Stelle bringe ich meinen Dank zum Ausdruck an diejenigen Damen und Herren, die nicht zum engen Kreis der EEG-Eingeweihten gehören und die uns die Ehre geben, unsere Gäste zu sein an diesem ersten Tag, der ein allgemeines Interesse beansprucht. Unser Dank gilt in erster Linie Herrn Professor SPATZ, dem Lehrer auf so vielen Gebieten der theoretischen und klinischen Hirnforschung. Wir alle sind irgendwann entscheidend beeinflußt durch seine Schule gegangen; er hat — wie sein Vorgänger O. VOIGT — seine schützenden Hände über die sich entwickelnde Elektroencephalographie gehalten.

Mein Dank gebührt auch den Mitarbeitern in Berlin und in Dortmund, die diesen Kongreß mit vorbereitet haben.

Wir sind eine kleine wissenschaftliche Gesellschaft, die meisten unter uns kennen sich sogar. Wir können infolgedessen einmal etwas wagen und unserer Tagung eine besondere Form geben, zumal wir das Wagnis mit einer Thematik verbinden, deren Erörterung einem dringenden Bedürfnis entspricht. Seit BER-GERs Entdeckung haben sich die empirisch und statistisch gewonnenen Kenntnisse sehr erweitert. Die Grundlagenforschung bedarf aber dringend der Förderung, obwohl Ansätze vorhanden sind. Wenn wir vermutlich auch nach der Diskussion des ersten Teiles unserer Thematik noch nicht sicher wissen werden, was das EEG ist, so sind doch hoffentlich Fragestellungen aufgetaucht, die die Forschung günstig beeinflussen. Hoffentlich werden auch Einsichten wachgerufen, die den in einem neuen Arbeitsgebiet voreilig auftauchenden Hypothesenbildungen entgegenwirken.

Den Herren CASPERS und TÖNNIES danke ich, daß sie sich der Mühe unterzogen haben, uns die einleitenden Referate zu gestalten.

In Herrn TÖNNIES begrüße ich einen der Väter der Elektroencephalographie und eines der Ehrenmitglieder unserer Gesellschaft. Unser Ehrenmitglied Professor FISCHER — Berlin — ist leider verhindert, an dieser Tagung teilzunehmen, um zu erfahren, wie weit gediehen das Kind ist, an dessen Entstehung er so maßgebend beteiligt war. Professor FISCHER wünscht uns einen guten Verlauf. Aber da ist endlich — und ich hoffe unwiderruflich — KORNMÜLLER, der weitere der Väter und eines unserer Ehrenmitglieder. Ich sage in aller Namen: Wir freuen uns, daß Professor KORNMÜLLER den Weg in unseren Kreis gefunden hat.

Ihnen allen, die Sie erschienen sind, danke ich, daß Sie sich dem Wagnis dieses Kongresses unterzogen haben. Wenn ich der Stimmung am gestrigen Abend und dem Tenor in den Besprechungen in der Vorhalle Rechnung trage, so darf ich für diesen Kongreß Gutes erhoffen. Die Gesellschaft begrüßt durch mich ganz besonders ihre Mitglieder und Gäste aus dem deutschsprachigen Raum und unsere Gäste aus dem Ausland.

Die Deutsche EEG-Gesellschaft hat neben der Diskussion über die Grundlagenforschung zunehmend das Bedürfnis empfunden, ein Alphabet zu schaffen oder vorzuschlagen, das eine einheitliche Verständigung im deutschen Sprachgebiet und — hoffentlich auch — in deutscher Sprache ermöglicht, ohne daß dadurch der Kontakt zum internationalen Sprachgebrauch und ohne daß die historischen Besonderheiten verloren werden. Professor LENDLE — Göttingen — hat, zur Zeit meines Vorgängers SCHÜTZ, diesen in einem Brief gebeten, die EEG-Gesellschaft möge sich doch endlich der Aufgabe unterziehen, deutsch und verständlich zu reden und zu schreiben, damit auch Nichtfachleute von EEG-Arbeiten etwas verstehen können. Dieser Wunsch ist nur zu berechtigt. Eine saubere Begriffsbildung regt im übrigen auch die wissenschaftliche Phantasie an und kann zu interessanten Problemen führen.

Man spricht von Schulen in der EEG-Forschung. Schulen bestehen immer da, wo die Erkenntnismöglichkeiten begrenzt sind oder wo sie noch nicht ausgeschöpft sind. Ich will an dieser Stelle die harten Worte, die KANT über „die Schulen" in der Metaphysik ausgesprochen hat, nicht wiederholen. Die *Elektroenkephalologie*, wie Herr SCHÜTZ das Kind in Graz getauft hat, ist zwar keine Metaphysik, aber sie soll auch keine Metaphysiologie werden. Wenn auf dieser Tagung die einzelnen Forscher und die einzelnen Forschungszentren sich zu Wort melden, so dürfen wir sicher sein, daß die Diskussion nicht in einen „Streit der Schulen" ausartet.

Thematik und Art dieser Tagung hätte ich nicht auf mich genommen, wenn ich mich nicht der Mithilfe und des ständigen Rates der übrigen Vorstandsmitglieder, insbesondere aber meines Vorgängers an dieser Stelle, Professor SCHÜTZ, versichert hätte. Natürlich haben noch viele andere zu dieser Ausgestaltung beigetragen, an die ich schriftlich mich gewendet habe, und denen ich hiermit nachträglich danke, ohne sie im einzelnen zu nennen.

Erlauben Sie mir, mit einem Bilde die Eröffnung für diesen Kongreß zu beschließen. Wenn ich unsere kleine Gesellschaft mit dem „Fähnlein der sieben Aufrechten" vergleiche, so möchte ich immer wünschen, daß, wenn wir im engen Kreise um uns blicken und aus unserem Kreise hinausblicken, wir immer sagen werden: „Es ist doch gut, daß es vielerlei Schweizer — lies ‚EEG-isten' — gibt!" Ich möchte wünschen, daß dieses Fähnlein der deutschsprachigen EEG-Gesellschaft munter in dem großen Walde der Fahnen und Fähnlein sonst in der Welt flattern möge und daß seine Devise lauten möge: „Freundschaft in der Wissenschaft".

Ich hoffe, daß Sie diese formlose Begrüßung nicht übel nehmen. Ich habe aber ein Programm mit Absicht vermieden. Ich wollte Sie mit diesen Worten nur in Bewegung setzen, freundlich dieser Tagung und der Diskussion Ihre Mithilfe zu geben, daß aus diesem Wagnis ein vielleicht fruchtbares Ereignis werde, welches zusammen mit dem gedruckten Kongreßbericht nachwirkend von Nutzen sei für die Wissenschaft und die uns anvertrauten Kranken. Ich eröffne die 7. Arbeitstagung der Deutschen EEG-Gesellschaft.

Die Entstehungsmechanismen des EEG

Von

HEINZ CASPERS

Mit 10 Abbildungen

Die Bewertung einer hirnelektrischen Kurve beruht auch heute noch in ganz überwiegendem Maße auf einer empirischen Zuordnung von EEG-Befunden zu Hirnfunktionsstörungen, die durch andere klinische Untersuchungsmethoden mehr oder minder klar zu bestimmen sind. Sie unterliegt damit den Regeln der statistischen Wahrscheinlichkeit. Möglichkeiten und Grenzen der EEG-Diagnostik sind unter dieser Bedingung abgesteckt, wenn die statistischen Korrelationen anhand ausreichender Vergleichszahlen übersehen werden können. Eine weitere Differenzierung der EEG-Diagnostik ist nur von der Seite der Grundlagenforschung zu erwarten, deren Hauptaufgabe zunächst darin besteht, die Potentialquellen der EEG-Rhythmen, ihre funktionellen und morphologischen Eigenschaften sowie ihre Beeinflussung durch andere Hirnstrukturen zu ermitteln. Die Vielzahl der heute noch diskutierten Hypothesen und Theorien zeigt, daß unsere Kenntnisse auf diesem Gebiet zumindest noch sehr lückenhaft sind. Im Laufe der letzten Jahre sind jedoch zahlreiche Befunde erhoben worden, die die theoretisch gegebenen Erklärungsmöglichkeiten des EEG und besonders die in Frage kommenden Potentialquellen einschränken. Das Ziel der folgenden Ausführungen besteht vorzugsweise darin, einige neuere Ergebnisse der Grundlagenforschung darzustellen und ihre Brauchbarkeit für die Deutung der verschiedenen EEG-Phänomene zu diskutieren. Eine auch nur annähernd vollständige Besprechung der experimentellen und theoretischen Ansätze, die zur Lösung des Problems publiziert worden sind [vgl. auch JUNG (*86*), MÜLLER-LIMMROTH u. CASPERS (*112*), BREMER (*29*)], ist dabei weder beabsichtigt noch in der zur Verfügung stehenden Zeit möglich. Ebenso können auch manche wichtig erscheinenden Befunde nur kurz gestreift werden. In diesen Fällen sei auf die anschließende Diskussion verwiesen.

I. Die bioelektrischen Phänomene des ZNS

Zur Einführung in die allgemeine Problematik sind in der Abb. 1 zunächst die verschiedenen bioelektrischen Phänomene des ZNS zusammengefaßt. Wie aus der schematischen Darstellung hervorgeht, finden sich bei intrazentralen Ableitungen mit geeigneten Elektroden erstens *Neuronenentladungen*, die im folgenden auch als *Einheitsaktivität* bezeichnet werden. Sie stellen Faserpotentiale oder Entladungen der Membran des Ganglienzellsomas dar und zeigen die bekannte Alles-oder-Nichts-Charakteristik der Erregung. Die Dauer einer einzelnen Neuronenentladung beträgt etwa 1 msec. Zu einer besonderen Form der Neuronenaktivität gehören die *Synapsen-Potentiale,* deren spezielle Eigenschaften später ausführlicher besprochen werden sollen.

Neben den raschen Neuronenentladungen sind im ZNS langsamere Potentialschwankungen nachweisbar, die mehr oder minder rhythmisch und kontinuierlich verlaufen und nicht nur in der Hirnrinde, sondern auch in anderen Abschnitten und Strukturen des Gehirns entstehen. Die Dauer dieser *Makropotentiale* kann zum Unterschied von derjenigen einer Neuronenentladung in weiteren Grenzen schwanken und sich über zwei Zehnerpotenzen von rund 20 msec bis zu etwa 2 sec erstrecken. Zu dieser Kategorie der bioelektrischen Tätigkeitsäußerungen des ZNS können außer den *Spontanrhythmen* auch die *Aktionspotentiale* (evoked potentials) gezählt werden, die sich beispielsweise nach einer sensiblen oder sensorischen Reizung in den zugehörigen Projektionsfeldern des Cortex ergeben. Im Gegensatz zu den Spontanrhythmen zeigen die Aktionspotentiale bekanntlich eine relativ stereotype Verlaufsform. Sie setzen sich aus einer steileren oberflächenpositiven Primärkomponente, die mehrere Spitzenpotentiale verschiedener Latenz aufweisen kann (vgl. *18, 19, 43, 107, 108),* und einer nachfolgenden negativen Welle zusammen.

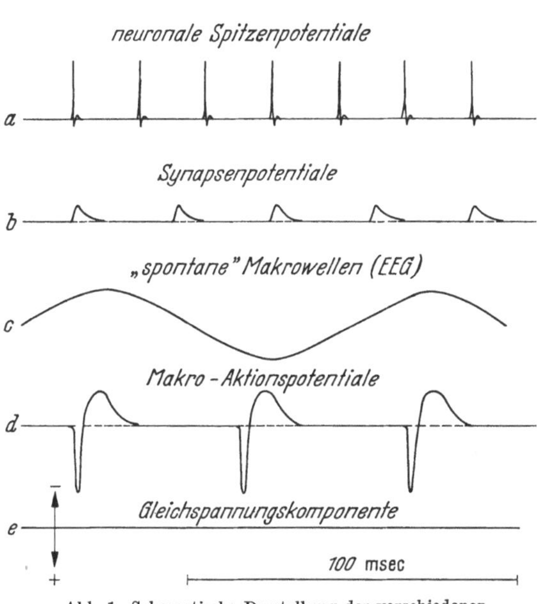

Abb. 1. Schematische Darstellung der verschiedenen bioelektrischen Grundphänomene des ZNS

Als weiteres bioelektrisches Phänomen, das fließende Übergänge zu den zuvor erwähnten Makrowellen zeigt, sind im ZNS *Gleichspannungskomponenten* nachweisbar, die im angloamerikanischen Schrifttum als „dc-potentials", „steady potentials" oder als „slow potential changes" bezeichnet werden. Im deutschen Sprachgebrauch könnte man auch den Ausdruck „Bestandpotential" verwenden. Potentialdifferenzen dieser Art können sowohl zwischen der Cortexoberfläche und subcorticalen Hirnstrukturen als auch zwischen verschiedenen Rindenarealen bestehen. Höhe und Polung der Gleichspannungskomponente einer Rindenregion sind unter verschiedenen physiologischen Bedingungen sowie bei Eingriffen physikalischer oder chemischer Art in typischer Weise variabel (*12, 33—35, 66—73, 77—79, 98, 99, 132*). Auf die möglichen Quellen der Gleichspannungen und deren Bedeutung für die Erklärung der EEG-Rhythmen wird später weiter einzugehen sein.

Von den beschriebenen bioelektrischen Grundphänomenen des ZNS werden im konventionellen EEG aus biologischen und technischen Gründen nur die als Makrowellen bezeichneten langsameren Potentialschwankungen in einem Frequenzbereich von etwa 0,5—50 Hz erfaßt. Die von einzelnen Neuronenentladungen erzeugten elektrischen Felder sind zu wenig ausgedehnt, als daß sie von der Kopfhaut abgegriffen werden könnten. Außerdem sind die Frequenzeigenschaften der EEG-Direktschreiber für eine Aufzeichnung derart rascher Potentialschwankungen unzureichend. Infolge der relativ kurzen Zeitkonstante der üblichen RC-Verstärker werden weiterhin auch Höhe und Änderung von Gleichspannungen, soweit sie zwischen zwei Ableitungselektroden bestehen und von der Kopfhaut abgreifbar sind, nicht oder nur andeutungsweise und dann meistens falsch registriert. Im Hinblick auf die durch das Thema des Referates abgegrenzte Problemstellung werden daher vorzugsweise die Entstehungsmechanismen der im EEG ableitbaren Makrorhythmen behandelt. Dabei wird es jedoch notwendig sein, die übrigen bioelektrischen Phänomene des ZNS — also die Einheitsaktivität und die Gleichspannungskomponente — in die Betrachtung einzubeziehen. Wie in einem anderen Zusammenhange noch näher zu begründen sein wird, darf angenommen werden, daß die Potentialquellen aller im EEG ableitbaren Makrorhythmen ihrer *Struktur* nach identisch sind. Auch aus diesem Grunde erscheint es gerechtfertigt, die Makropotentiale der diagnostisch wichtigen Frequenzbereiche — also die β-, α-, ϑ- und δ-Wellen — zunächst summarisch als einheitliches Phänomen abzuhandeln. Auf die verschiedenen physiologischen und pathologischen Mechanismen, die den Entladungsmodus der Spannungsquellen beeinflussen und damit Form und Frequenz der EEG-Rhythmen bestimmen können, wird in einem späteren Kapitel noch einzugehen sein.

II. Über den Entstehungsort der EEG-Rhythmen

Da die Ausdehnung und Gestalt eines elektrischen Feldes, das von einem EEG-Generator erzeugt wird, je nach Größe und Homogenität der Impedanzen in verschiedenen Hirnstrukturen schwanken können, ist es grundsätzlich schwierig, den Entstehungsort einer langsamen Welle genau zu bestimmen. Wie auch aus neueren Untersuchungen von DELGADO und HAMLIN (*51*) am Menschen hervorgeht, scheinen die Makropotentiale, die von verschiedenen intrazentralen Elektroden erfaßt werden, jedoch in überwiegendem Maße von Spannungsquellen zu stammen, die in der unmittelbaren Nachbarschaft der jeweiligen differenten Ableitungselektrode liegen. In diesem Sinne spricht vor allem der Befund, daß sich die Rhythmen in relativ eng benachbarten Ableitungen sowohl in ihrer Frequenz als auch in ihrer Form erheblich unterscheiden können. Die Tatsache, daß die EEG-Wellen selbst an entfernten Ableitungsorten andererseits häufig auch eine auffällige Ähnlichkeit hinsichtlich ihrer Form, Frequenz und Phase zeigen, stellt keinen Gegenbeweis dar. Die Übereinstimmung kann auf einer Synchronisierung durch einen gemeinsamen „Schrittmacher" beruhen. Unabhängig von einer weiteren Klärung dieser speziellen Frage ist als gesichert anzusehen, daß die *von der Kopfhaut ableitbaren EEG-Rhythmen praktisch ausschließlich in der Hirnrinde entstehen*. Der Radius der epicorticalen Streuung beträgt dabei bis zu einigen Zentimetern (vgl. *85, 97, 127*). Eine Beeinflussung des EEG durch subcorticale Strukturen ist daher grundsätzlich nur in der Weise möglich, daß die Auf- bzw. Entladung der in der Hirnrinde lokalisierten Potentialquellen durch corticopetale Impulszuflüsse moduliert wird.

III. Die Potentialquellen des EEG

Wie bereits in der Einleitung betont wurde, besteht eine vordringliche Aufgabe der Grundlagenforschung darin, die Generatoren der EEG-Wellen zu ermitteln. Als Quellen der langsamen Potentialschwankungen kommen dabei in erster Linie die verschiedenen neuronalen Strukturelemente in Betracht, die in Abb. 2 schematisch dargestellt sind. In den folgenden Kapiteln wird daher zunächst die

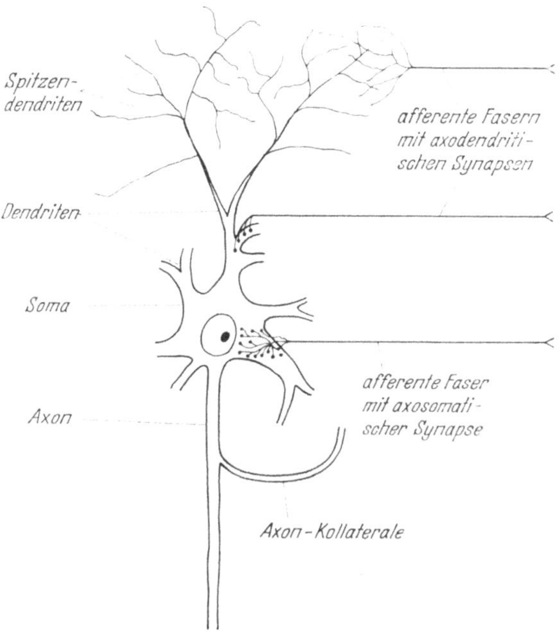

Abb. 2. Schematische Darstellung eines Neurons mit axosomatischen und axodendritischen Synapsen. (Aus Gründen der Übersichtlichkeit wurde auf eine maßstabsgerechte Wiedergabe der Kaliberverhältnisse der einzelnen Strukturanteile bei einem bestimmten Neuronentyp verzichtet)

Frage zu erörtern sein, inwieweit die Entstehung der Makropotentiale auf die bioelektrische Aktivität der Neuriten, des Ganglienzellsomas, der axosomatischen und axodendritischen Synapsen und der Dendritenverzweigungen des Neurons zurückgeführt werden kann.

A. Die Beziehungen zwischen Makrorhythmen und Neuronenentladungen

Bei der Suche nach den Spannungsquellen der EEG-Rhythmen lag zunächst die Annahme nahe, daß die langsamen Potentialschwankungen auf einer Synchronisierung von Neuronenentladungen innerhalb des Cortex bei einem großflächigen Potentialabgriff beruhen. Die im EEG ableitbaren Wellen könnten demnach als eine Integration oder Hüllkurve der Einheitsaktivität aufgefaßt werden. Auf diese Weise haben in früheren Jahren vor allem ADRIAN u. Mitarb. (1—6) die α-Rhythmen des Occipitalhirns zu deuten versucht. Nach der Auffassung ADRIANs entwickelt der occipitale α-Wellenfocus Rhythmen aus der Alles-oder-Nichts-Aktivität einer bestimmten Anzahl von Neuronen, die in einer Art Ringschaltung zu einem Erregungskreis gekoppelt sind und sich spontan nacheinander entladen.

Ein physiologisches oder pathologisches Absinken der Frequenz könnte dabei durch eine Vermehrung der Einheiten zustande kommen, die in der Ringschaltung zusammengefaßt sind. Schaltungen dieser Art hält LORENTE DE NO (*104—106*) vom histologischen Standpunkt aus für möglich. Nach ADRIAN sind synchronisierte Entladungen in Erregungskreisen, die zum Auftreten der α-Wellen führen, nur in nichtaktiven Neuronenverbänden zu erwarten. Unter der Einwirkung optischer oder anderer sensorischer und sensibler Reize sollen sie dagegen unterbrochen werden, so daß der in seiner synchronen Tätigkeit gehemmte Bereich für die Aufnahme und Verarbeitung eines afferenten Signals „frei" wird. Auf diese Weise wird beispielsweise die α-Blockade durch Sinnesreize erklärt. Wenn die im EEG ableitbaren Makrorhythmen tatsächlich durch eine Synchronisierung der Alles-oder-Nichts-Entladungen neuronaler Elemente zustande kommen, so ist zu erwarten, daß sich die langsamen Potentialschwankungen bei einer allmählichen Verkleinerung der Ableitungselektroden schließlich in Faser- oder Somaspikes auflösen lassen. Verschiedene Autoren glaubten, Beweise für eine solche Auflösbarkeit der EEG-Wellen erbracht zu haben. Sie fanden, daß Mikroelektroden die Aktionspotentiale einzelner Ganglienzellen aufnehmen, während die neuronalen spikes bei Anwendung größerer Elektroden in raschere Wellen übergehen (vgl. auch *47*).

Gegen die Allgemeingültigkeit einer solchen *Synchronisationstheorie*, die die weitere Erforschung der EEG-Rhythmen wesentlich gefördert hat, haben sich in neuerer Zeit jedoch mehrere theoretische und experimentell begründete Einwände ergeben.

Wie zahlreiche Mikroelektroden-Untersuchungen inzwischen ergaben, zeigen die elektrischen Felder, die von den Alles-oder-Nichts-Entladungen einer intrazentralen Nervenfaser oder des Ganglienzellsomas erzeugt werden, eine sehr geringe Ausdehnung [vgl. TASAKI u. Mitarb. (*130*)]. Die relativ hohen EEG-Potentiale wären demnach nur durch eine beträchtliche Erregungssuperposition in Strukturen mit hoher Axon- oder Ganglienzelldichte erklärbar. Infolge der kurzen Dauer einer Neuronenentladung sind jedoch die Möglichkeiten zu einer solchen Summierung der Einheitsaktivität grundsätzlich sehr beschränkt. Diese Feststellung gilt in besonderem Maße für die Schicht der apicalen Dendriten. Nach allgemeiner Erfahrung ist die Höhe der Makropotentiale an der Cortexoberfläche jedoch keineswegs kleiner als in tieferen Rindenschichten.

Nach den bereits oben erwähnten Konsequenzen der Synchronisationstheorie müßten die Entladungen einzelner Neurone bei einem großflächigen Potentialabgriff in raschere Wellen übergehen. Wie auch die Abb. 3 zeigt, ist eine solche Umwandlung der Einheitsaktivität tatsächlich nachweisbar. In dem der Abb. 3 zugrunde liegenden Versuch wurden die spike-Entladungen einer größeren Anzahl neuronaler Elemente innerhalb eines thalamischen Relaiskernes mit einer 100 μ-Elektrode erfaßt. Es ergeben sich ziemlich kontinuierliche Wellenzüge wechselnder Spannung, die rein optisch eine gewisse Ähnlichkeit mit dem α-Rhythmus besitzen. Die Frequenz dieser Potentialschwankungen liegt jedoch um etwa eine Zehnerpotenz oberhalb derjenigen der raschesten EEG-Wellen. Dieser Unterschied ändert sich erwartungsgemäß auch bei einer Ableitung mit noch größeren Elektroden nicht wesentlich. Eine Anpassung der Frequenzbereiche wäre grundsätzlich allerdings dadurch möglich, daß einzelne Hirnstrukturen Gleichrichtereffekte mit hoher Zeitkonstante entwickeln, so daß unter bestimmten

Bedingungen nur die Hüllkurven der Einheitsaktivität zur Aufzeichnung gelängten. Selbst in diesem Falle, der meines Wissens nur eine theoretische, experimentell bisher unbegründete Möglichkeit darstellt, würde die Integration der Einheitsentladungen allerdings kaum so regelmäßige Wellenzüge ergeben, wie sie beispielsweise beim α-Rhythmus vorliegen.

Wenn die langsamen Potentialschwankungen des EEG auf einer Summierung der Einheitsaktivität beruhen, so ist ferner zu erwarten, daß die im Einzugsbereich einer Elektrode auftretenden Neuronenentladungen in konstanten zeitlichen Beziehungen zu bestimmten Phasen der lokalen Makropotentiale erfolgen. Die zu diesem Thema durchgeführten Untersuchungen erbrachten sehr verschiedene Resultate. Reproduzierbare Zeitbeziehungen zwischen Neuronenentladungen und

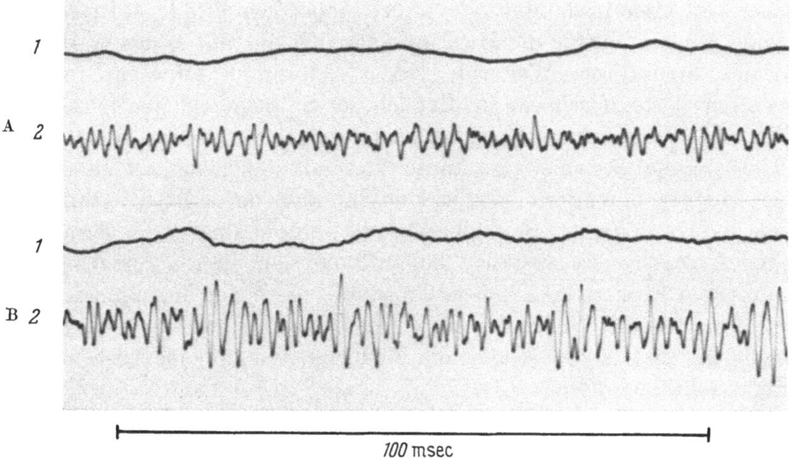

Abb. 3. Elektrocorticogramm (*1*) und neuronale Einheitsaktivität im Nucleus ventralis lateralis thalami (*2*) bei Registrierung mit einer großkalibrigen Tiefenelektrode (Schaft- und Spitzendurchmesser 100 μ). Die Kurven (A) wurden während einer kurzen Inaktivitätsphase, die Kurven (B) während einer motorischen Aktivität des Versuchstieres (Ratte) abgeleitet

Makrorhythmen wurden dabei im wesentlichen nur bei *besonderen Formen* der langsamen Potentialschwankungen festgestellt. So fanden VERZEANO u. Mitarb. (*133*) bei Ableitungen aus den unspezifischen Strukturen des intralaminären Thalamus, daß die in leichter Barbituratnarkose auftretenden örtlichen Spindelserien mit einer typischen Synchronisierung der Einheitsaktivität einhergehen. Eine relativ feste Kopplung zwischen Neuronenentladungen und lokalen Makrowellen ist ferner bei den Primärkomponenten der Aktionspotentiale nach peripherer oder direkter Reizung und vor allem bei Krampfentladungen nachweisbar [vgl. CREUTZFELDT u. Mitarb. (*49*), TERZUOLO u. GERNANDT (*131*), u. a.]. Auf diese Verhältnisse wird später noch kurz zurückzukommen sein. Wie schon RENSHAW, FORBES u. MORISON (*123*) fanden und auch JUNG u. Mitarb. (*13, 14, 86, 87, 91—93*) betonen, ist die Zuordnung der Einheitsaktivität zu den langsamen Potentialschwankungen des EEG insgesamt jedoch höchstens als sehr locker zu bezeichnen. Die Tatsache, daß sich einzelne Neurone in konstanten zeitlichen Beziehungen zu bestimmten Phasen der Makrowellen entladen, besäße außerdem auch nur einen geringen Beweiswert für eine kausale Verknüpfung der beiden bioelektrischen Phänomene im Sinne der Synchronisationstheorie. In Übereinstimmung mit der schon von LIBET u. GERARD (*103*) sowie JUNG u. Mitarb. [vgl. (*86*)] entwickelten Vorstellung sprechen zahlreiche neuere Untersuchungsergebnisse dafür, daß die von den Makro-Potentialquellen erzeugten elektrischen Felder die Erregbarkeit der neuronalen Elemente, die mit einer Alles-oder-Nichts-Erregung reagieren, auf elektrotonischem Wege beeinflussen. Auf diese Weise ist sowohl die (fakultative) Kopplung der beiden Aktivitätsformen als auch ihre Variabilität ohne weiteres erklärbar.

Besonders stichhaltige Einwände gegen die Annahme, daß die Potentialquellen der EEG-Rhythmen und der Einheitsentladungen identisch sind, ergeben sich noch aus zwei weiteren Befunden. Nach Untersuchungen von LI u. JASPER (*100, 101*), JUNG u. Mitarb. (*50, 93*), CASPERS (*39*) u. a. pflegen die Neurone ihre Aktivität bei zunehmender Hypoxie oder Narkose bereits zu einem Zeitpunkt einzustellen, an dem noch Makrorhythmen hoher Amplitude auftreten. Diese Feststellung gilt sowohl für die Hirnrinde als auch für alle bisher untersuchten subcorticalen Strukturen. Weiterhin lassen sich durch schwache tangentiale Reizungen der Cortexoberfläche im Bereich der Spitzendendriten lokale Makropotentiale hervorrufen, ohne daß Einheitsentladungen vom Alles-oder-Nichts-Typ mitaktiviert werden. Die zuletzt genannten Befunde stellen zugleich ein Argument gegen die vielfach diskutierte Möglichkeit dar, daß der EEG-Rhythmus nicht durch eine Synchronisierung der spikes, sondern durch eine Überlagerung gleichgerichteter *Nachpotentiale* zustande kommt, die sich an die Spitzenentladung einer neuronalen Einheit anschließen. Trotz ihrer geringen Spannung kämen die Nachpotentiale für eine Erklärung der EEG-Wellen grundsätzlich insofern eher in Betracht, als ihre längere Dauer die Möglichkeiten für eine Erregungssuperposition beträchtlich erhöht.

Zusammenfassend ist aus der Summe der besprochenen Einzelbefunde und deren Interpretation die Schlußfolgerung zu ziehen, daß die Quellen der cerebralen Makropotentiale einerseits und der Neuronenentladungen andererseits verschieden sein müssen. *Die Einheitsaktivität vom Alles-oder-Nichts-Typ ist am Aufbau der spontanen EEG-Rhythmen offenbar nicht oder nur in unwesentlichem Umfange beteiligt.*

Wie schon eingangs betont wurde, sind zu den im EEG oder ECG erfaßbaren Makrowellen auch die *Aktionspotentiale* zu rechnen, die durch sensible oder sensorische Reizungen in den zugehörigen Projektionsfeldern des Cortex ausgelöst werden. Nach einer wohl ziemlich einheitlich vertretenen Auffassung beruht die negative Welle dieser spezifischen Reizantwort auf einer Erregungsleitung zu den Spitzendendriten oder — was nach neueren Untersuchungen von v. EULER u. Mitarb. (*62, 63*) wahrscheinlicher ist — auf einer Dendritenaktivierung über Zwischenneurone oder besondere Afferenzen. Die oberflächenpositive Primärkomponente soll dagegen durch eine synchronisierte postsynaptische Neuronenaktivität in einer tieferen Rindenschicht zustande kommen. Der Entstehungsmechanismus der Makroaktionspotentiale würde sich damit also zumindest teilweise von dem der spontanen EEG-Rhythmen unterscheiden. Die skizzierte Deutung der bioelektrisch-corticalen Reizreaktion stützt sich im wesentlichen auf drei häufig erhobene Befunde, und zwar auf

1. die relativ konstante Zuordnung von Neuronenentladungen zu bestimmten Phasen der Makroaktionspotentiale (*8, 9, 10, 91, 93, 111, 114* u. a.);

2. die verschiedene Empfindlichkeit der oberflächenpositiven und negativen Potentialkomponenten gegenüber Anoxie, Narkose und Temperaturveränderungen (*10, 23, 28, 80*) und

3. die Umkehr des Aktionspotentialverlaufs in einer tieferen Zellschicht, die sich bekanntlich bei einem allmählichen Vordringen der Ableitungselektrode von der Cortexoberfläche bis zur Markzone ergibt (*10, 20, 102, 111, 114* u. a.).

Diese Untersuchungsergebnisse weisen zweifellos darauf hin, daß sich die Spannungsquellen der einzelnen Anteile des Aktionspotentials zumindest in ihrer

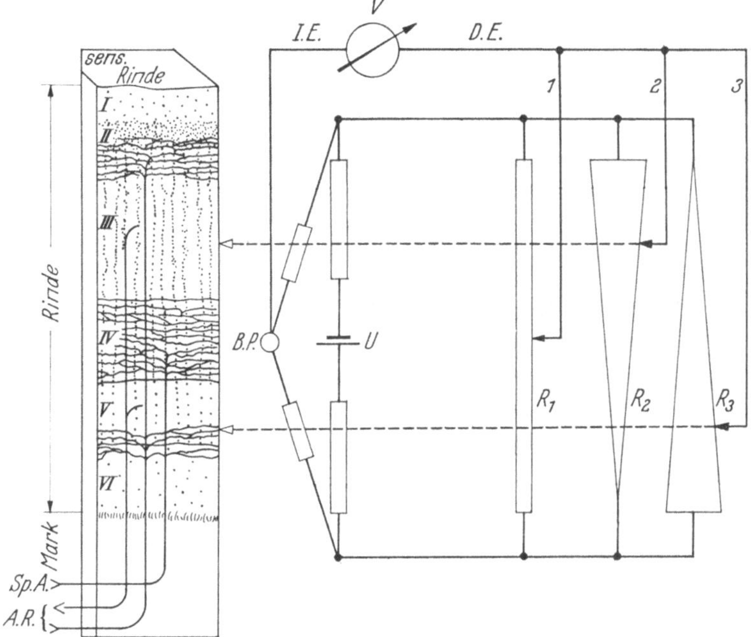

Abb. 4. Vereinfachtes Ersatzschaltbild verschiedener Abgriffsbedingungen für ein stationäres Potential (*U*), das in Höhe der IV. Schicht der sensorischen Rinde entsteht. [*B.P.* Bezugspunkt für die indifferente Elektrode *I. E.*; *V* Voltmeter]. Der Umschlagspunkt des von der differenten Elektrode (*D.E.*) abgegriffenen Potentials, der durch die Pfeile *1, 2* und *3* markiert ist, stimmt nur dann mit der tatsächlichen Lokalisation der Spannungsquelle überein, wenn die von der Ableitungselektrode durchlaufenen Gewebsschichten einen homogenen Widerstand (R_1) aufweisen. Liegen inhomogene Widerstandsverhältnisse in Form von R_2 oder R_3 vor, so ergibt sich eine Umkehrung des Potentialverlaufs in der III. (R_2) oder V. Rindenschicht (R_3). Weitere Erläuterung s. Text

räumlichen Anordnung unterscheiden. Sie enthalten unseres Erachtens aber keinen direkten Beweis dafür, daß Einheitsentladungen vom Alles-oder-Nichts-Typ im Sinne einer Synchronisationstheorie für den Aufbau der oberflächenpositiven Komponente verantwortlich sind. Wie schon in einem anderen Zusammenhang angedeutet wurde, kann die Kopplung von Neuronenaktivität und Aktionspotential auf einer elektrotonischen Wirkung der Makrowellen beruhen. Weiterhin erlaubt die Umpolung des positiven Potentials in einem bestimmten Zellager nicht ohne weiteres den Schluß, daß die Spannungsquelle dieser Komponente auch in der abgeleiteten Schicht lokalisiert ist. Da die Lokalisation von Potentialquellen in der Elektroencephalographie allgemein eine wesentliche Rolle spielt, sollen diese Zusammenhänge anhand einer Zeichnung kurz erläutert werden (vgl. Abb. 4). Auf der linken Seite der Abb. 4 ist ein Schnitt durch die 6 Schichten des sensorischen Cortex schematisch dargestellt, während die rechte

Seite ein stark vereinfachtes Ersatzschaltbild der Ableitungsverhältnisse eines beliebigen Potentials U bei verschiedener Einstichtiefe zeigt. Die Quelle des Potentials ist in diesem Beispiel als räumlich stationär in Höhe der IV. Rindenschicht angenommen. Ein konstanter Teilbetrag der Spannung U wird am Bezugspunkt BP von der sog. indifferenten Elektrode abgegriffen.Wie aus der Höhenlage der eingezeichneten Pfeile hervorgeht, stimmt der Umschlagpunkt des von der differenten Elektrode erfaßten Potentials nur dann mit der tatsächlichen Lokalisation der Spannungsquelle überein, wenn der Widerstand der von der Elektrode durchlaufenen Gewebsschichten homogen ist. Liegen dagegen inhomogene Impedanzverhältnisse beispielsweise in der Form von R_2 oder R_3 vor, so können sich beträchtliche Fehlbestimmungen ergeben. In diesen Fällen tritt eine Umkehrung des Potentialverlaufs in der III. oder V. Rindenschicht ein, während sich die Spannungsquelle tatsächlich in Höhe der IV. Schicht befindet. Weitere Irrtumsmöglichkeiten entstehen dann, wenn der Generator wandert und seine Richtcharakteristik ändert. Um eine Potentialquelle in einem dreidimensionalen (Volumen-)Leiter durch Abtastversuche annähernd richtig zu lokalisieren, müssen also zumindest die Widerstands- bzw. Stromverteilungen in den untersuchten Gewebsschichten genau bekannt sein. Auf Grund dieser Überlegungen erscheint die Frage nach den Spannungsquellen vor allem der positiven Komponente der spezifischen Reizantworten trotz ihrer vielfachen experimentellen Bearbeitung insgesamt noch nicht genügend geklärt. Auch im Hinblick auf diese Unsicherheitsmomente ist es demnach schwierig, die Entstehungsmechanismen der spontanen EEG-Rhythmen etwa am „Modell" des Makroaktionspotentials weiter zu analysieren.

B. Die Beziehungen zwischen Makrorhythmen und Synapsenpotentialen

Wie die bisher besprochenen Befunde zeigten, sind Entladungen vom Alles-oder-Nichts-Charakter, wie sie von den Neuriten und offenbar auch von größeren Anteilen des Ganglienzellsomas erzeugt werden, am Aufbau der niederfrequenten EEG-Wellen sehr wahrscheinlich nicht oder nur sekundär — etwa im Sinne eines Modulators — beteiligt. Von den verbleibenden neuronalen Strukturelementen kommen zunächst die *Synapsen* als Spannungsquellen der Makrorhythmen weiter in Betracht. Die bioelektrischen Begleiteffekte einer Synapsenaktivität wurden von Brock, Coombs und Eccles (*32*) mit Hilfe von Mikroelektroden an einzelnen Motoneuronen im Vorderhorn des Rückenmarks intracellulär direkt registriert. In neuerer Zeit konnten sie von Phillips (*115, 116*) auch an den Betzschen Pyramidenzellen des motorischen Cortex nachgewiesen werden. Die Abb. 5 zeigt Synapsenpotentiale eines Motoneurons im Rückenmark bei Reizung der präsynaptischen Fasern mit steigender Intensität. Mit zunehmender räumlicher Bahnung wächst die Amplitude des Synapsenpotentials, das von der sub-synaptischen Membran erzeugt wird und sich elektrotonisch ausbreitet, bis zu einem kritischen Endwert an. Wird dieser erreicht, so schlägt die lokale Antwort abrupt in ein fortgeleitetes Spitzenpotential vom Alles-oder-Nichts-Typ um. Wie aus Abb. 5 hervorgeht, sind die Synapsen abgestuft erregbar. Außerdem pflegt ihre Reizantwort bei zunehmender Narkose oder Hypoxie später zu verschwinden als die postsynaptische Alles-oder-Nichts-Aktivität [Lit. vgl. Bremer (*29*)]. Schließlich sind die Möglichkeiten zu einer Spannungssummierung durch die etwa 10fach längere Dauer der synaptischen Potentiale beträchtlich erhöht. Im Hinblick auf diese Eigenschaften kommen die Synapsen als Quellen der langsamen EEG-Rhythmen eher in Betracht als beispielsweise die Neuritenmembran. Allerdings liegt die Dauer der von ECCLES u. Mitarb. direkt registrierten Synapsenpotentiale mit etwa 10 msec — absolut gesehen — auch noch in einer geringen Größenordnung. Wesentlich trägere Spannungsschwankungen, die von BREMER (25) ebenfalls als synaptische Potentiale bezeichnet wurden, treten bei antidromer Reizung in den Hinterwurzeln des Rückenmarks auf. Wie schon JUNG (86) betonte, erscheint es jedoch als fraglich, ob die langsamen Hinterwurzelpotentiale ausschließlich von den Synapsen herrühren. Vermutlich stellen sie ein Gemisch aus einer synaptischen und dendritischen Aktivität dar. Die Ergebnisse neuerer Untersuchungen lassen aber immerhin vermuten, daß Synapsen existieren, die länger dauernde Potentiale als die von ECCLES gemessenen entwickeln. So scheinen zumindest bestimmte Anteile der axodendritischen Synapsen vor allem in den oberen Rindenschichten träger zu reagieren. Sie kommen damit als Quelle langsamer Potentialschwankungen eher in Betracht als die zuvor erwähnten axosomatischen Überträgermechanismen. Eine solche Verlagerung der für das EEG diskutablen Generatoren zur Cortexoberfläche ist im übrigen auch noch in einer anderen Weise begründet. Wie Untersuchungen von TASAKI u. Mitarb. (130) ergaben, bleiben die von den tieferen Synapsen erzeugten elektrischen Felder meist auf die unmittelbare Nachbarschaft ihres

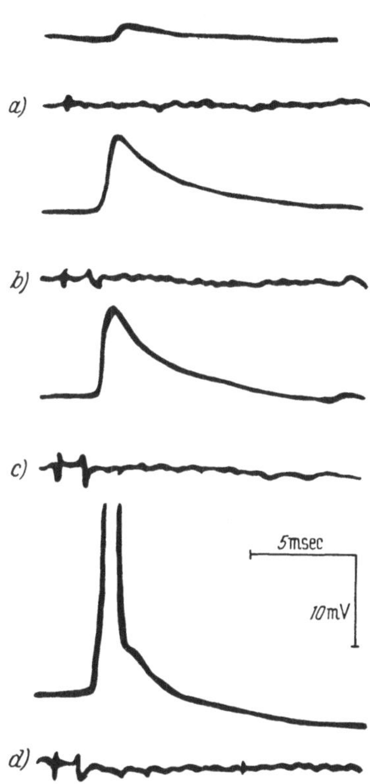

Abb. 5. Intracellulär registrierte Synapsenpotentiale eines Motoneurons im Vorderhorn des Rückenmarks bei Reizung präsynaptischer Fasern mit steigender Intensität (a—d). In (d) geht die synaptische Reizantwort in ein fortgeleitetes Spitzenpotential vom Alles-oder-Nichts-Typ über. (Nach BROCK, COOMBS und ECCLES (32)]

Entstehungsortes begrenzt. Die relativ hohen EEG-Spannungen wären insgesamt also schwerer durch eine Superposition axosomatischer Synapsenpotentiale in einer tieferen Zellschicht erklärbar.

Zusammenfassend ergibt sich aus den besprochenen Befunden die Schlußfolgerung, *daß Synapsenpotentiale am Aufbau der EEG-Rhythmen grundsätzlich beteiligt sein können. Aus mehreren Gründen kommen dabei besonders die axodendritischen Synapsen als Spannungsquellen in Frage.* Die Bedeutung der Synapsenpotentiale für die Entstehung langsamer Wellen wurde ausführlich von BREMER (26) und ECCLES (61) diskutiert.

C. Die Beziehungen zwischen Makrorhythmen und Dendritenpotentialen

Zu den neuronalen Strukturen, die neben den Synapsen als Generatoren der EEG-Wellen in Frage kommen, gehören weiterhin die *Dendriten.* Wie Unter-

suchungen von CHANG (*41, 42*), BISHOP u. CLARE (*21, 22, 44—46*), TASAKI u.
Mitarb. (*130*), OCHS (*113*), GRUNDFEST u. PURPURA (*76, 118—122*) u. a. wahrscheinlich machten, erzeugen auch diese Elemente langsame Potentialschwankungen, deren Eigenschaften in besonderem Maße denen der spontanen EEG-
Rhythmen ähneln. Die Abb. 6A zeigt solche Makropotentiale, die durch eine tangentiale elektrische Reizung im Bereich der apicalen Dendriten von der Cortexoberfläche bei wachsender Impulsintensität erhalten wurden. Reizeffekte dieser

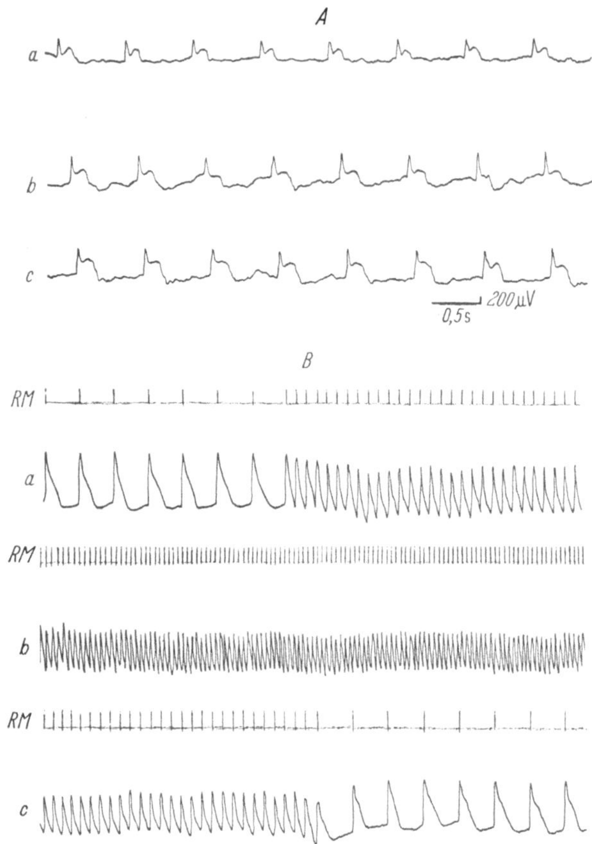

Abb. 6. A: Dendritenpotentiale an der Cortexoberfläche bei tangentialer elektrischer Reizung der Hirnrinde mit
Einzelimpulsen steigender Intensität (*a—c*). B:Makropotentiale in der Dendritenschicht der Ammonspyramiden
bei elektrischen Serienreizungen mit verschiedener Impulsfrequenz (*RM* Reizmarkierung). Die Dendritenpotentiale sind jeweils mit den Reizimpulsen synchronisiert (*a—c*). (Ebenso wie in allen folgenden Kurven-
beispielen entspricht ein Ausschlag nach oben einer Negativierung der differenten Ableitungselektrode)

Form, deren Hauptkomponente aus 1—2 negativen Wellen besteht und die im
wesentlichen der sog. Oberflächenantwort ADRIANs (*1*) entsprechen, werden in
neuerer Zeit meist als „Dendritenpotentiale" bezeichnet. Bei der bis jetzt wohl
noch unvermeidlichen Massenableitung einer Dendritenreaktion bleibt es natürlich
fraglich, inwieweit diese Makropotentiale ausschließlich oder auch nur vorwiegend
den Dendriten entstammen. Möglicherweise sind auch axodendritische Synapsenpotentiale oder Aktionsspannungen der feinsten Aufsplitterungen markloser
präsynaptischer Fasern an ihrem Aufbau beteiligt [vgl. jedoch GRUNDFEST (*76*)].

Unter diesem Vorbehalt werden sie im folgenden weiterhin kurz als „Dendritenpotentiale" charakterisiert. Nach Untersuchungsergebnissen von CLARE u. BISHOP (*44*), die in eigenen Experimenten in wesentlichen Punkten bestätigt werden konnten, folgen die Dendritenantworten nicht dem Alles-oder-Nichts-Gesetz der Erregung und zeigen keine absolute Refraktärphase. In weiten Bereichen gleichen sie sich der Frequenz der zugeführten Reizimpulse an. Die untere Hälfte der Abb. 6 zeigt solche Makropotentiale, die durch eine elektrische Serienreizung in der Dendritenschicht der Ammonspyramiden ausgelöst wurden. Sie ähneln in auffälliger Weise den Spontanrhythmen, die für den bioelektrischen Weckeffekt im Archicortex typisch sind (*65, 74, 75, 89* u. a.). Bei Anwendung sehr geringer Reizimpulsspannungen lassen sich solche langsamen Potentialänderungen praktisch isoliert provozieren. Eine sichere Zuordnung von Neuronenentladungen zu irgendeiner Phase dieser Makrowellen fehlt.

Einige *spezielle Eigenschaften der Dendritenpotentiale* sind z. Z. noch Gegenstand der Diskussion. Sie betreffen zunächst die elektrische Erregbarkeit der Dendritenmembran und die Frage einer dendritischen Erregungsleitung. Da die Dendritenaktivität bei der Entstehung der EEG-Wellen sehr wahrscheinlich eine wesentliche Rolle spielt, sind gerade diese Probleme auch für die Elektroencephalographie in besonderem Maße von Belang. Auf der einen Seite wird vor allem von CLARE u. BISHOP die Auffassung vertreten, daß die Dendritenmembran elektrisch direkt erregbar ist und zumindest eine beschränkte Fähigkeit zur Erregungsleitung in antidromer Richtung besitzt. Auf der anderen Seite kommen GRUNDFEST u. PURPURA (*76, 118—120*) vorwiegend auf Grund pharmakologischer Untersuchungen zu einer im ganzen gegenteiligen Schlußfolgerung. Nach diesen Autoren stellen die Dendritenpotentiale, die durch eine elektrische Reizung an der Cortexoberfläche ausgelöst werden, ausschließlich *postsynaptische* Potentiale dar, die in jedem Fall durch einen humoralen Überträger vermittelt werden müssen. Eine solche Deutung wäre im übrigen besonders gut mit der Tatsache in Einklang zu bringen, daß das EEG durch Pharmaka leicht und in so vielfältiger Weise beeinflußt werden kann. JUNG hält die feinen Dendritenverästelungen mit ihrer großen Oberfläche auch in besonderem Maße für eine chemische Erregungsübertragung prädestiniert. Nach GRUNDFEST u. PURPURA handelt es sich bei den Dendritenpotentialen weiterhin um *stationäre* Spannungsschwankungen, die lokal entstehen und wieder verschwinden. Soweit die Quellen der Dendritenreaktion und der Spontanrhythmen identisch sind, würde dieser Befund bedeuten, daß die langsamen Potentialschwankungen des EEG nicht geleitet werden. Eine scheinbare Leitung wäre nur über neuronale Zwischenglieder mit einer Alles-oder-Nichts-Charakteristik der Erregung möglich, die sich auf Grund der elektrotonischen Wirkung eines Makropotentials entladen und deren Neuriten wiederum an einer axodendritischen Synapse enden. Eine Bestimmung der Leitungsgeschwindigkeit irgendwelcher Makrowellen, die schon aus anderen Gründen — wie z. B. der Erfassung von Vektordrehungen [vgl. SCHAEFER (*126*) u. JUNG (*88*)] — mit erheblichen Unsicherheitsmomenten belastet ist, wird durch diese Verhältnisse weiter kompliziert. Wie schon betont wurde, sind die soeben diskutierten Probleme keineswegs in allen Einzelheiten geklärt. Daß eine nennenswerte Erregungsleitung in den Dendriten fehlt, gewinnt jedoch auch nach anderen Experimenten an Wahrscheinlichkeit. So haben neuere Untersuchungen von v. EULER u. Mitarb. (*62, 63*)

u. a. gezeigt, daß die negative Welle der Makroaktionspotentiale kaum auf eine somatofugale Erregungsleitung zu den Spitzendendriten zurückgeführt werden kann, sondern eher auf einer Dendritenerregung über besondere thalamocorticale Afferenzen beruht. Allerdings ist in Betracht zu ziehen, daß sich die Membranstrukturen und damit die elektrischen Eigenschaften verschiedener Anteile des Dendritensystems unterscheiden können [vgl. auch FATT (*64*)].

Neben den bisher besprochenen Fragen hat die experimentelle Erforschung der Dendritenreaktion noch ein weiteres Problem aufgeworfen, das ebenfalls für die Elektroencephalographie von Bedeutung ist. Bekanntlich fanden zunächst ECCLES u. Mitarb. an einzelnen Motoneuronen des Rückenmarks neben Depolarisationen auch Hyperpolarisationen der postsynaptischen Membran, die sie für bestimmte Phänomene der Reflexhemmung verantwortlich machen. Der Befund hat ECCLES im übrigen veranlaßt, seine ursprüngliche Theorie einer rein elektrischen Erregungsübertragung aufzugeben. Von ALBE-FESSARD u. BUSER (*7, 8*) sowie PHILLIPS (*115, 116*) konnten solche hyperpolarisierenden Synapsen inzwischen auch an einzelnen Ganglienzellen der Hirnrinde nachgewiesen werden. Auf Grund neuropharmakologischer Untersuchungen gelangten PURPURA u. GRUNDFEST zu der Schlußfolgerung, daß ähnlich differenzierte Synapsenfunktionen auch im axodendritischen Bereich existieren und in den Dendritenpotentialen zum Ausdruck kommen. Eine solche Annahme ist nun insofern von Bedeutung, als sie eine weitere Erklärungsmöglichkeit für die Entstehung oberflächenpositiver Potentialkomponenten bietet. Da das Gehirn einen inhomogenen Massenleiter darstellt, können sich oberflächenpositive EEG-Wellen in mannigfacher Form zunächst einmal durch den Abgriff von Erregungen in einer tieferen Rindenschicht ergeben. Nach der von GRUNDFEST u. PURPURA entwickelten Hypothese können sie aber auch einen „Pluspol" anzeigen, der primär an der Cortexoberfläche entsteht. Nicht jede positive EEG-Welle muß demnach auf einer Erregung in tieferen Rindenschichten beruhen. Solange das Potential einer axodendritischen Synapse oder eines einzelnen Dendriten mit Mikroelektroden noch nicht isoliert erfaßt werden kann, lassen sich für diese Zusammenhänge natürlich nur Indizienbeweise erbringen.

Wir selbst haben versucht, die Frage der synaptischen Organisation im Bereich der corticalen Spitzendendriten und damit auch die Entstehungsbedingungen oberflächenpositiver und -negativer Dendritenpotentiale unter möglichst verschiedenen experimentellen Bedingungen weiter zu klären. Wir gingen dabei zunächst von der Wirkung der *γ-Aminobuttersäure* (GAB) auf die Dendritenreaktion aus. Wie schon Untersuchungen von PURPURA, GIRADO u. GRUNDFEST (*121*), IWAMA u. JASPER (*83*), WEHMEYER u. CASPERS (*134*) u. a. ergaben und auch aus Abb. 7 hervorgeht, bewirkt GAB eine Umpolung des normalen Potentialverlaufs. Das bei schwacher Reizung negative Dendritenpotential wird nach einer lokalen Applikation der Substanz zunehmend kleiner und schlägt dann allmählich in eine positive Primärkomponente um. GRUNDFEST u. PURPURA führen diesen Effekt auf eine Blockade excitatorischer Synapsen zurück. Bei einer simultanen Registrierung der schon eingangs erwähnten *Gleichspannungen* zeigt sich jedoch eine andere bedeutsame Beziehung. Während der allmählichen Umformung der Dendritenreaktion verschiebt sich das Bestandpotential im Sinne einer Negativierung der differenten Elektrode. Diejenige negative Vorspannung, bei der die Dendritenantwort verschwindet, haben wir als „Indifferenzniveau" der Gleichspannungskomponente bezeichnet. Wie aus Abb. 8 hervorgeht, hängt die Richtung der Dendritenreaktion davon ab, welches Vorzeichen die Gleichspannung gegenüber dem Indifferenzniveau aufweist. Sie ist negativ, wenn das Bestandpotential eine relative Positivität anzeigt, und positiv, wenn die Gleichspannungskomponente über einen kritischen Betrag hinaus zur negativen Seite wandert. Im

Indifferenzniveau selbst sind Dendritenpotentiale trotz unveränderter epicorticaler Reizung nicht oder nur andeutungsweise vorhanden. Die Amplitude der Dendritenantwort wird um so größer, je weiter sich das Bestandpotential vom Indifferenzniveau entfernt. Dieser Befund kommt besonders deutlich in Abb. 8 b zum Ausdruck. Bei bestimmten GAB-Dosierungen können sich am Applikationsort träge spontane Potentialschwankungen ergeben, deren Fußpunkte etwa in Höhe des Indifferenzniveaus liegen. Einzelne elektrische Reizimpulse, die zu diesem Zeitpunkt in den Spontanrhythmus hineinfallen, lösen praktisch keine Dendritenreaktion aus. Im Gipfelbereich der Spontanwellen, der zur negativen Seite abweicht, werden dagegen oberflächenpositive Reizantworten mit typisch steigenden und fallenden Amplituden erzeugt. Dieser Befund weist deutlich darauf hin, daß es sich bei den sog. Dendritenpotentialen um eine Modifikation „spontaner" langsamer Potentialschwankungen handelt. Im übrigen haben auch Untersuchungen von IWAMA u. JASPER (83) ergeben, daß sich die EEG-Rhythmen unter der GAB-

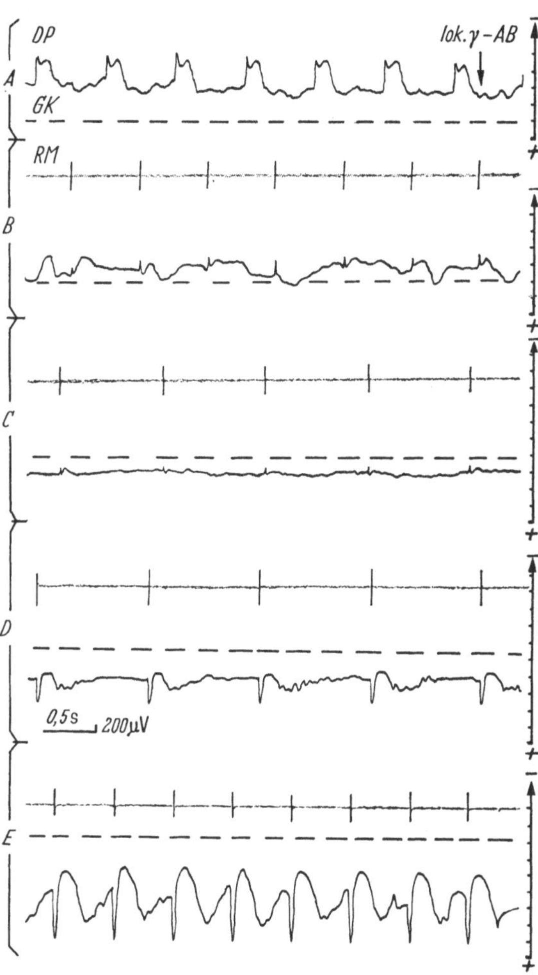

Abb. 7. Umformung des Dendritenpotentials und Verschiebung der epicorticalen Gleichspannung unter der Einwirkung von γ-Aminobuttersäure. (*RM* Reizmarkierung für die Kurvenabschnitte *B—E.*) Nach einer lokalen Anwendung der Substanz (lok. γ-*AB*) wird das in (*A*) dargestellte normale negative Dendritenpotential *(DP)* zunächst bis zur Löschung reduziert (*B—C*) und anschließend mit wieder ansteigenden Amplituden umgepolt (*D—E*). Gleichzeitig verlagert sich die Gleichspannungskomponente an der Cortexoberfläche (*GK*, gestrichelte Linien) um mehrere mV zur negativen Seite. (Ein Teilstrich der Gleichspannungsordinate am rechten Rande der Abbildung entspricht 1mV; die Eichmarke „200 μV" bezieht sich auf das Dendritenpotential)

Einwirkung grundsätzlich ähnlich verhalten wie die durch Reizung provozierten Dendritenpotentiale. Nach diesen Autoren schlägt auch die Polung der Barbituratspindeln in typischer Weise von negativ nach positiv um.

Die aufgezeigten Beziehungen zwischen Vorzeichen und Amplitude der Dendritenreaktion einerseits und den Veränderungen der Gleichspannung andererseits sind weiterhin auch bei einer elektrischen Serienreizung der Cortexoberfläche ohne Eingriffe chemischer Art nachweisbar. Wie schon ADRIAN (1) fand und auch die Abb. 9 zeigt, nimmt das normalerweise negative Dendritenpotential bei höherfrequenter Reizung zunächst an Amplitude ab und schlägt dann rasch in eine positive Primärwelle um. Auch in diesem Falle geht die Umformung der Dendritenreaktion mit einer Verschiebung der Gleichspannungskomponente im Sinne

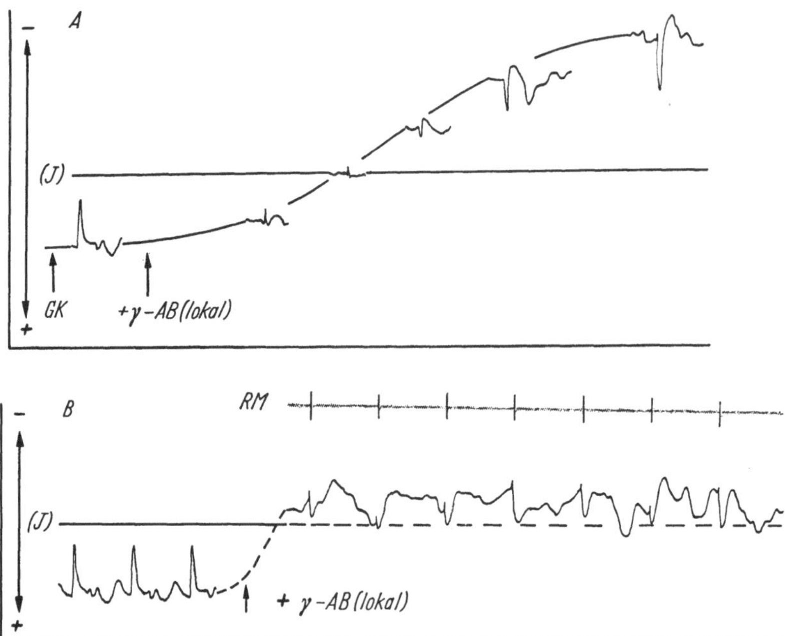

Abb. 8. A: Halbschematische Darstellung der Beziehungen zwischen Dendritenpotential und corticaler Gleichspannung (GK) vor und nach lokaler Applikation von γ-Aminobuttersäure (γ-AB). I Indifferenzniveau der Gleichspannungskomponente, bei dem das Dendritenpotential trotz unveränderter Reizstärke verschwindet. B: Veränderungen des Dendritenpotentials bei einer geringeren, durch γ-AB ausgelösten epicorticalen Negativierung, die unregelmäßig um das Indifferenzniveau (I) schwankt. (RM Reizmarkierung.) Weitere Erläuterung s. Text

einer Negativierung der differenten Elektrode einher. Zweifellos kann die anfängliche Amplitudenreduktion der Dendritenpotentiale in diesen Versuchen teilweise auf einer Verminderung des Rekrutierungseffektes bei höherfrequenter Reizung beruhen. Sie ist jedoch nicht ausschließlich dadurch erklärbar. Trotz konstanter Reizfrequenz kann die Dendritenantwort nämlich für 1—2 sec praktisch völlig verschwinden und sich anschließend mit umgekehrtem Vorzeichen wieder entwickeln. Auch unter dieser Bedingung ist demnach ein „Indifferenzniveau" der Gleichspannungskomponente nachweisbar. Das Verschwinden der Reizeffekte in diesem Bereich weist im übrigen auch eine gewisse Ähnlichkeit mit der "spreading depression" LEAOs (98, 99) auf. Dies gilt um so mehr, als VAN HARREVELD u. Mitarb. (77—79) ebenfalls bestimmte Beziehungen zwischen der Depressionsreaktion und Änderungen der Gleichspannungskomponente nachweisen konnten. Insgesamt ergibt sich damit in den elektrischen Reizversuchen das gleiche Bild wie bei den Experimenten mit γ-Aminobuttersäure. Die durch einen Reizimpuls ausgelösten Dendritenpotentiale zeigen sehr geringe Amplituden oder fehlen ganz, wenn sich die Gleichspannung in Höhe des „Indifferenzniveaus" bewegt. Sie werden mit positivem oder negativem Vorzeichen um so größer, je weiter sich das Bestandpotential in der einen oder anderen Richtung von der Gleichgewichtslage entfernt. Stärkere Abweichungen der Gleichspannung im Sinne einer Negativierung der differenten Elektrode lassen sich durch Serienreizungen der Cortexoberfläche mit höherer Impulsintensität und -frequenz erzielen. In Übereinstimmung damit wächst die lokale Dendritenantwort zu einer steilen oberflächenpositiven Potentialschwankung an, die schließlich zu autonomen Krampfentladungen überleitet. Wie wir im Rahmen dieser Versuche weiterhin fanden, wird die Abweichung der Gleichspannungskomponente zur negativen Seite im Verlauf einer Reizserie durch eine Aktivierung des aufsteigenden Reticulärsystems häufig vermindert, obwohl die Reticularisreizung das Bestandpotential an der Cortexoberfläche ebenfalls zur negativen Seite verlagert (vgl. *12, 33*). Dieses Ergebnis stimmt im übrigen mit der Erfahrung überein, daß eine reticuläre Aktivitätssteigerung sowohl die Spontanrhythmen als auch andere Makropotentiale des Cortex an Spannung reduziert. Eine deutliche Verminderung

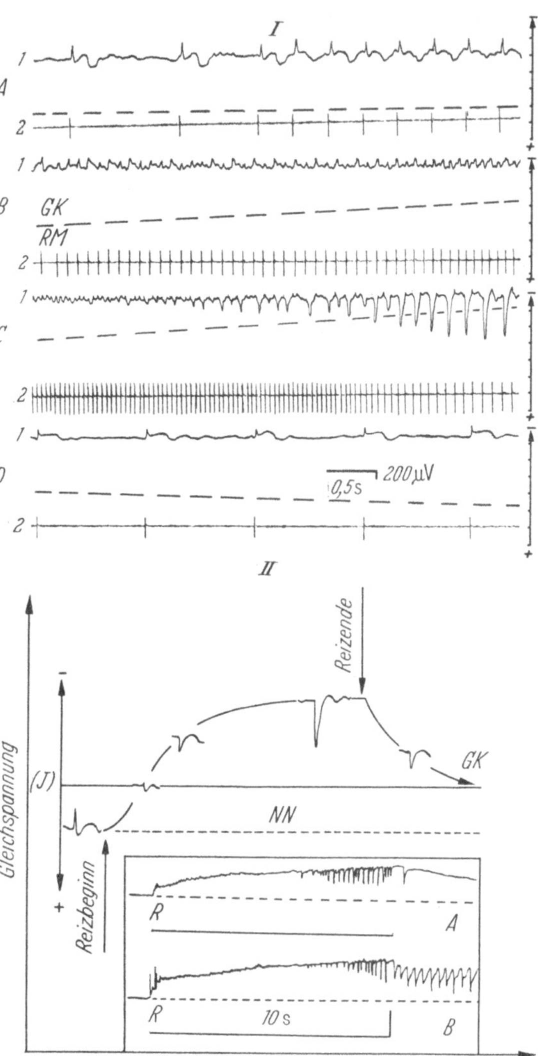

Abb. 9. I. Amplitudenverminderung, Löschung und Umpolung des negativen Dendritenpotentials (*1*) bei epicorticalen Serienreizungen mit steigender und fallender Impulsfrequenz (*A—D*). (*RM* bzw. *2* Reizmarkierung.) Die Veränderungen der Dendritenreaktion gehen mit einer Verschiebung der corticalen Gleichspannungskomponente (*GK*, gestrichelte Linien) zur negativen Seite einher. (Zur Eichung vgl. Abb. 7) II: Zusammenfassende (halbschematische) Darstellung der Beziehungen zwischen Dendritenpotential und corticaler Gleichspannung (*GK*) bei höherfrequenten direkten Rindenreizungen. (*NN* normales Ausgangsniveau, *I* Indifferenzniveau der Gleichspannungskomponente.) Die umrandeten Teile der Abbildung zeigen zwei Originalkurven der corticalen Negativierung bei Reizung mit einer 20/sec-Impulsserie geringer (*A*) und höherer Intensität (*B*). (*R* Markierung der Reizdauer; Eichmarke 3 mV)

der durch Reizung ausgelösten epicorticalen Negativierung mit einer entsprechenden Verkürzung oder Aufhebung der Nachentladung ergibt sich nach i. p.-Applikation von 50—100 mg/kg Diphenylhydantoin. Wir möchten annehmen, daß die anticonvulsive Wirkung dieser Substanz mit der Bremsung der Gleichspannungsverschiebung im Zusammenhang steht.

Soweit wir die bisherigen Untersuchungen zu deuten vermögen, legen sie insgesamt die folgende Schlußfolgerung nahe: Ob ein an der Hirnrinde gesetzter Reizimpuls eine langsame Potentialschwankung hervorruft, welche Spannung die Reizreaktion gegebenenfalls erreicht und welches Vorzeichen sie besitzt, wird zu

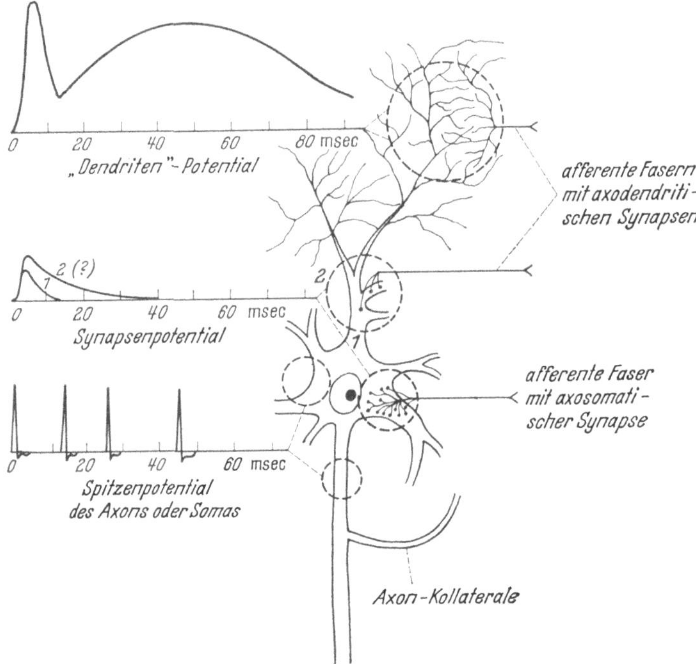

Abb. 10. Schematische Darstellung der verschiedenen neuronalen Strukturelemente und ihrer Potentialformen (vgl. auch Abb. 2). Das eingezeichnete „Dendritenpotential" entspricht der Oberflächenantwort des Cortex auf einen einzelnen elektrischen Reizimpuls

einem wesentlichen Teil von der aktuellen „Hintergrundserregung" im Dendritenbereich bestimmt, welche sich in der Höhe des Bestandpotentials widerspiegelt. Grundsätzlich kann ein und derselbe Reiz sowohl „wirkungslos" sein, als auch Makrowellen wechselnder Amplitude und mit verschiedener Polung auslösen. Wenn physiologische Impulszuflüsse z. B. aus subcorticalen Hirnstrukturen in ähnlicher Weise wirken wie künstliche elektrische Reize, bieten diese Befunde eine neue Erklärungsmöglichkeit für verschiedene normale und pathologische EEG-Phänomene. Unter diesen seien der occipitale α-Wellenfocus, die Schwebungserscheinungen der α-Wellen, die EEG-Veränderungen im Schlaf- und Wachzustand, das sog. „flache EEG" und die elektrische Inaktivität z. B. eines Tumors besonders genannt.

Da das Ziel des Referates in der Einleitung einer Grundlagendiskussion besteht, erschien es gerechtfertigt, einen Teil dieser Befunde schon jetzt zu erörtern, obwohl sie noch in vielen Einzelheiten einer weiteren experimentellen

Bearbeitung bedürfen[1]. So ergibt sich natürlich die Frage, die nur durch Mikro-elektrodenuntersuchungen sicher zu entscheiden sein wird, ob oder in welchem Umfange die negativen und positiven Dendritenpotentiale tatsächlich auf einer Erregung derselben Strukturelemente beruhen. In diesem Falle wäre z. B. zu fordern, daß eine relativ stabile Umladung der verantwortlichen Membrane möglich ist, so daß eine durch Reizung ausgelöste Depolarisation zu einer Positivierung der Zellaußenfläche führt. Die physiko-chemischen Prozesse, die einer Dendritenerregung zugrunde liegen, müßten sich demnach von denen an einer peripheren Nervenfaser unterscheiden (vgl. auch *44*).

Zusammenfassend ergibt sich aus der Summe der besprochenen Einzelbefunde die Schlußfolgerung, *daß sich die Spontanrhythmen des EEG wahrscheinlich zu einem wesentlichen Teil aus Dendritenpotentialen aufbauen.* Ob es sich dabei allerdings ausschließlich um Dendritenpotentiale bzw. axodendritische Synapsen-potentiale handelt, erscheint noch als fraglich. Möglicherweise sind auch Aktions-spannungen der feinsten Aufsplitterungen präsynaptischer Fasern vor allem in den oberen Rindenschichten an der Entstehung der EEG-Wellen beteiligt. Die Ergeb-nisse der GAB-, Polarisations- und Rindenreizversuche deuten weiter darauf hin, daß die Makropotentiale eine *Amplitudenmodulation einer Gleichspannung* dar-stellen, die durch die Masse der mehr oder minder kontinuierlich erregten Den-driten aufgebaut wird. Von der Lage dieser Gleichspannung und ihrer Beziehung zum „Indifferenzniveau" hängen Amplitude, Verlauf und Polung einer Makro-welle ab. In Abb. 10 sind die diskutierten neuronalen Spannungsquellen und ihre charakteristischen Potentialformen noch einmal zusammengefaßt dargestellt.

D. Die Beziehungen der Makrorhythmen zu extraneuronalen Strukturen des ZNS

Neben den bisher besprochenen Strukturen sind auch nichtneuronale Elemente als Spannungsquellen oder Vermittler der EEG-Rhythmen in Betracht gezogen worden. So schreibt vor allem KORNMÜLLER (*94—96*) der Neuroglia und speziell den Hüllzellen eine wesentliche Rolle bei der Entstehung langsamer Potential-schwankungen zu. Die syncytial verbundenen Elemente des Hüllplasmodiums sollen die Erregbarkeit der Ganglienzellen durch rhythmisch abgegebene Sekrete modulieren. In weiterer Verfolgung seiner Theorie bringt KORNMÜLLER die aus biochemischen Prozessen resultierenden α-Wellen mit dem unterschwelligen Erregungssaum in Verbindung, der für die Irradiation corticaler Krampfstrom-herde von Bedeutung sein soll. Die Primärentladung einer Ganglienzelle werde durch das Spitzenpotential angezeigt, auf das immer dann eine träge Potential-schwankung folge, wenn die durch das Hüllplasmodium gesteuerte Erregbarkeit des Cortex eine nervöse Irradiation zulasse. Vielleicht ist Herr Professor KORN-MÜLLER so freundlich, zu den weiteren experimentellen Grundlagen und Konse-quenzen seiner Theorie selbst Stellung zu nehmen.

IV. Die Anregung der EEG-Generatoren und die Modifikation ihres Entladungsrhythmus durch subcorticale Impulszuflüsse

In den voraufgegangenen Ausführungen wurde versucht, einige neuere experimentelle Befunde zur Frage der Potentialquellen der corticalen Makro-

---

[1] Seit der Abfassung des Referates wurden die erörterten Beziehungen zwischen Makro-wellen und Gleichspannung an der Cortexoberfläche unter verschiedenen Versuchsbedingungen experimentell weiter geprüft (*39a—g*).

rhythmen in großen Zügen zu umreißen. Ein weiteres Problem besteht darin, ob die in der Hirnrinde lokalisierten EEG-Generatoren zu einer autonomen rhythmischen Tätigkeit befähigt sind oder ob sie durch Impulszuflüsse beispielsweise aus subcorticalen Regionen angeregt werden müssen. Die zu diesem Thema durchgeführten Untersuchungen erbrachten bisher kein einheitliches Resultat. Während BREMER die Fähigkeit zu einer rhythmischen Aktivität für ein allgemeines Kennzeichen zentralnervöser Strukturen hält, kam BURNS (*36—38*) im Verlaufe seiner Untersuchungen über die Entstehungsbedingungen oberflächenpositiver Nachentladungen zu einer anderen Auffassung. BURNS u. Mitarb. fanden, daß der neuronal komplett isolierte Cortex bioelektrisch inaktiv ist. Erst eine elektrische Reizung mit einer kurzen Impulsserie ruft periodische Potentialschwankungen hervor. Zur Erklärung dieses Phänomens geht BURNS davon aus, daß die Membran eines B-Neurons, das die Nachentladung leitet, in einer 1. Phase ein schnelles Aktionspotential produziert, an das sich in einer 2. Phase ein langsames negatives Nachpotential anschließt. Die De- und Repolarisation soll sich dabei an den tiefen, somatischen Enden der Neurone langsamer vollziehen als an den oberflächlichen (Dendriten)-Anteilen. Aus den unterschiedlichen Zeitkonstanten der Repolarisation ergäbe sich auf diese Weise eine Differenz der negativen Nachpotentiale, die einen Stromfluß zwischen den beiden Enden der Neurone bewirkt. Erst wenn dieser bei Reizung mit einer Impulsserie geeigneter Frequenz einen Schwellenwert erreicht, tritt eine fortlaufende Selbsterregung der Neurone mit (theoretisch) unbegrenzten Entladungsfolgen ein.

Für eine Anregung der in der Hirnrinde lokalisierten EEG-Generatoren durch Impulse aus fremden Potentialquellen sprechen noch weitere Befunde. In Übereinstimmung mit der schon von BERGER (*15—17*) geäußerten Vermutung scheint danach vor allem der *Thalamus* für die Auslösung der EEG-Rhythmen von Bedeutung zu sein. Untersuchungen von DUSSER DE BARENNE u. MCCULLOCH (*57*), CHANG (*40*), BREMER u. BONNET (*31*) u. a. haben nämlich gezeigt, daß zwischen den Spontanwellen bestimmter corticaler Projektionsfelder und der bioelektrischen Aktivität der zugehörigen thalamischen Relaiskerne enge Wechselbeziehungen bestehen. Wie insbesondere CHANG nachweisen konnte, treten in diesem System typische Schwankungen der Erregbarkeit mit einer Frequenz von etwa 10 Hz auf, die der mittleren α-Frequenz entspricht. Die Befunde lassen darauf schließen, daß besonders die rhythmischen und bilateral-symmetrischen Makrowellen des Cortex durch thalamo-cortico-thalamische Erregungskreise ("reverberating circuits") unterhalten werden. Nach den klassischen Experimenten von MORISON u. DEMPSEY (*53—56, 109*) kommen neben den thalamischen Relaiskernen auch die unspezifischen Strukturen des Zwischenhirns als Glied eines Erregungskreises in Betracht, der für die Auslösung der langsamen EEG-Wellen von Bedeutung sein kann. Bekanntlich konnten MORISON u. DEMPSEY zeigen, daß eine elektrische Reizung des dorso-medialen Thalamus in bestimmten, vorzugsweise frontozentral gelegenen Rindenfeldern träge Potentialschwankungen auslöst, die in niederen Frequenzbereichen mit den Reizimpulsen synchronisiert verlaufen. Die Amplitude dieser "recruiting potentials" alterniert dabei in ähnlicher Weise wie der occipitale α-Rhythmus. Ebenso wie dieser Befund hat auch die Neigung der Recruitmentstrukturen, sich vorzugsweise in einem Frequenzbereich von etwa 10 Hz zu entladen, zu einem Vergleich der Rekrutierungsmechanismen mit der Entstehung der spontanen Makrowellen angeregt [vgl. auch STARZL u. MAGOUN (*129*), JASPER u. AJMONE-MARSAN (*84*), ARDUINI u. TERZUOLO (*11*) u. a.].

Die Vorstellung, daß die Spontanrhythmen des EEG wenigstens teilweise durch Impulse in thalamo-corticalen Erregungskreisen unterhalten werden, bietet auch eine Erklärungsmöglichkeit für die Variabilität der EEG-Frequenz. Danach werden die Makrowellen um so träger, je mehr Neurone in der Ringschaltung zusammengefaßt sind und je langsamer sich ihre Erholung nach dem Durchlauf einer Erregung vollzieht. Auf diese Weise wären u. a. die Frequenz-Veränderungen des EEG in Narkose, Hypoxie und Hypothermie sowie bei Störungen z. B. des Kohlenhydratstoffwechsels deutbar. Nach den Mechanismen, die in den vorangegangenen Kapiteln diskutiert wurden, würden die gleichzeitigen Amplituden- und Formveränderungen der Makrowellen jedoch vorwiegend von der speziellen Reaktionsfähigkeit und der Zahl der aktiven Potentialquellen in der Hirnrinde selbst bestimmt. Eine solche modifizierte „Synchronisationstheorie" stellt im übrigen eine Art Kompromißlösung zwischen ihrer älteren Fassung und den Schlußfolgerungen dar, die sich aus neueren Untersuchungen ergeben.

Unabhängig von einer weiteren Klärung der Frage, ob die corticalen Spannungsquellen des EEG zu einer autorhythmischen Tätigkeit befähigt sind, ist als gesichert anzusehen, daß ihr Entladungsrhythmus durch Impulszuflüsse aus anderen Hirnstrukturen *moduliert* werden kann. Neben den bereits besprochenen Makroaktionspotentialen weisen auch zahlreiche pathologische EEG-Phänomene und die Rhythmusveränderungen im Schlaf- und Wachzustand, die durch das aufsteigende Reticulärsystem vermittelt werden (Literatur vgl. *112, 125, 128*), auf eine solche Beeinflussung hin. Die speziellen Mechanismen, die der Abwandlung der corticalen Makrowellen, z. B. durch subcorticale Impulse, zugrunde liegen, sind noch Gegenstand der Diskussion. Neuere Untersuchungen vor allem über die reticulocorticalen Beziehungen lassen darauf schließen, daß eine humorale Erregungsübertragung auch in diesem Falle eine wesentliche Rolle spielt (*24, 52, 81, 82, 124* u. a.). Einzelheiten der Zusammenhänge, die auch für die Beziehungen zwischen EEG und Bewußtseinsänderungen von Bedeutung sind, können vielleicht in der folgenden Diskussion weiter behandelt werden.

Literatur

1. ADRIAN, E. D.: J. Physiol. (Lond.) 88, 127 (1937).
1a. — J. Physiol. (Lond.) **100,** 159 (1941).
2. — Arch. Psychiat. Nervenkr. **183,** 197 (1949).
3. — J. Physiol. (Lond.) **136,** 29 (1957).
4. —, and B. H. C. MATTHEWS: Brain **57,** 355 (1934).
5. — — J. Physiol. (Lond.) 81, 440 (1934).
6. —, and K. YAMAGIWA: Brain 58, 323 (1935).
7. ALBE-FESSARD, D., et P. BUSER: J. Physiol. (Paris) **45,** 14 (1953).
8. — — J. Physiol. (Paris) **47,** 67 (1955).
9. AMASSIAN, V. E.: Electroenceph. clin. Neurophysiol. 5, 415 (1953).
10. — I. W. PATTON, A. T. WOODBURY and J. E. SCHLAG: Electroenceph. clin. Neurophysiol. 7, 480 (1955).
11. ARDUINI, A., and C. TERZUOLO: Electroenceph. clin. Neurophysiol. **3,** 189 (1951).
12. — M. MANCIA e K. MECHELSE: Arch. ital. Biol. **95,** 127 (1957).
13. BAUMGARTNER, G.: Pflügers Arch. ges. Physiol. **261,** 457 (1955).
14. —, u. R. JUNG: Arch. Sci. biol. (Bologna) **39,** 474 (1955).

15. BERGER, H.: Arch. Psychiatr. Nervenkr. **99**, 555 (1933).
16. — Arch. Psychiat. Nervenkr. **100**, 301 (1933).
17. — Arch. Psychiat. Nervenkr. **101**, 452 (1933).
18. BISHOP, G. H., and M. H. CLARE: J. Neurophysiol. **14**, 497 (1951).
19. — — J. Neurophysiol. **16**, 1 (1953).
20. — — J. Neurophysiol. **15**, 201 (1952).
21. — — J. Neurophysiol. **16**, 490 (1953).
22. — — Electroenceph. clin. Neurophysiol. **7**, 486 (1955).
23. —, and J. L. O'LEARY: J. Neurophysiol. **1**, 391 (1938).
24. BRADLEY, J. P., and J. ELKES: Brain 80, 77 (1957).
25. BREMER, F.: Arch. int. Physiol. **51**, 211 (1941).
26. — Electroenceph. clin. Neurophysiol. **1**, 177 (1949).
27. — Arch. int. Physiol. **59**, 588 (1951).
28. — Rev. Neurol. 87, 65 (1952).
29. — Physiol. Rev. **38**, 357 (1958).
30. —, et V. BONNET: Arch. Sci. physiol. **3**, 489 (1949).
31. — — Electroenceph. clin. Neurophysiol. **2**, 389 (1950).
32. BROCK, L. G., J. S. COOMBS and J. C. ECCLES: J. Physiol. (Lond.) **117**, 431 (1952).
33. BROOKHART, J. M., A. ARDUINI, M. MANCIA and G. MORUZZI: J. Neurophysiol. **21**, 499 (1958).
34. BURES, J.: Electroenceph. clin. Neurophysiol. **9**, 121 (1957).
35. —, u. O. BURESOVÁ: Pflügers Arch. ges. Physiol. **264**, 325 (1957).
36. BURNS, B. D.: Electroenceph. clin. Neurophysiol. Suppl. **4**, 72 (1953).
37. — J. Physiol. (Lond.) **125**, 427 (1954).
38. — J. Physiol. (Lond.) **127**, 168 (1955).
39. CASPERS, H.: Z. ges. exp. Med. **129**, 582 (1958).
39a. —, Pflügers Arch. ges. Physiol. **269**, 157(1959).
39b. —, Pflügers Arch. ges. Physiol. **272**, 53 (1960).
39c. —, Med. exp. **2**, 198 (1960).
39d. — In: The Nature of Sleep. A Ciba Foundation Symposium. S. 237ff. London: J. u. A. Churchill 1961.
39e. — u. E. LERCHE: Pflügers Arch. ges. Physiol. **270**, 8 (1959).
39f. — u. H. SCHULZE: Pflügers Arch. ges. Physiol. **270**, 103 (1959).
39g. — u. P. STERN: Pflügers Arch. ges. Physiol. **273**, 94 (1961).
40. CHANG, H. T.: J. Neurophysiol. **13**, 235 (1950).
41. — J. Neurophysiol. **14**, 1 (1951).
42. — Cold Spr. Harb. Symp. quant. Biol. **17**, 188 (1952).
43. —, and B. R. KAADA: J. Neurophysiol. **13**, 305 (1950).
44. CLARE, M. H., and G. H. BISHOP: Electroenceph. clin. Neurophysiol. **7**, 85 (1955).
45. — — Electroenceph. clin. Neurophysiol. **8**, 583 (1956).
46. — — J. Neurophysiol. **20**, 255 (1957).
47. CRAGG, B. G.: Nature (Lond.) **169**, 240 (1952).
48. — J. Physiol. (Lond.) **124**, 254 (1954).
49. CREUTZFELDT, O., G. BAUMGARTNER u. L. SCHOEN: Arch. Psychiat. Nervenkr. **194**, 597 (1956).
50. — A. KASAMATSU u. A. VAZ-FERREIRA: Pflügers Arch. ges. Physiol. **263**, 647 (1957).
51. DELGADO, J. M., and H. HAMLIN: Electroenceph. clin. Neurophysiol. **10**, 463 (1958).
52. DELL, P., M. BONVALLET and A. HUGELIN: Electroenceph. clin. Neurophysiol. **6**, 599 (1954).
53. DEMPSEY, E. W., R. S. MORISON and B. R. MORISON: Amer. J. Physiol. **131**, 718(1941).
54. — — Amer. J. Physiol. **135**, 293 (1942).
55. — — Amer. J. Physiol. **135**, 301 (1942).
56. — — Amer. J. Physiol. **138**, 283 (1943).
57. DUSSER DE BARENNE, J. G., and W. S. McCULLOCH: J. Neurophysiol. **1**, 176 (1938).
58. ECCLES, J. C.: J. Neurophysiol. **9**, 87 (1946).
59. — J. Neurophysiol. **10**, 197 (1947).
60. — Electroenceph. clin. Neurophysiol. **3**, 449 (1951).

61. Eccles, J. C.: The neurophysiological basis of mind. Oxford: Clarendon Press 1953.
62. Euler, C. v., J. D. Green and G. Ricci: Acta physiol. scand. 42, 87 (1958).
63. — and G. Ricci: J. Neurophysiol. 21, 231 (1958).
64. Fatt, P.: J. Neurophysiol. 20, 61 (1957).
65. Gerard, R. W., W. H. Marshall and L. J. Saul: Arch. Neurol. Psychiat. (Chicago) 36, 675 (1936).
66. Goldring, S., G. Ulett, J. O'Leary and A. Greditzer: Electroenceph. clin. Neurophysiol. 2, 297 (1950).
67. — and J. O'Leary: Electroenceph. clin. Neurophysiol. 3, 329 (1951).
68. — — J. Neurophysiol. 14, 275 (1951).
69. — — Electroenceph. clin. Neurophysiol. 6, 189 (1954).
70. — — Electroenceph. clin. Neurophysiol. 6, 201 (1954).
71. — — Electroenceph. clin. Neurophysiol. 9, 577 (1957).
72. — — and R. B. King: Electroenceph. clin. Neurophysiol. 10, 233 (1958).
73. — — and S. H. Huang: Electroenceph. clin. Neurophysiol. 10, 663 (1958).
74. Green, J. D., and A. Arduini: J. Neurophysiol. 17, 533 (1954).
75. — and W. R. Adey: Electroenceph. clin. Neurophysiol. 8, 245 (1956).
76. Grundfest, H.: Physiol. Rev. 37, 337 (1957).
77. Harreveld, A. van, and J. S. Stamm: Electroenceph. clin. Neurophysiol. 3, 323 (1951).
78. — — J. Neurophysiol. 16, 352 (1953).
79. — and S. Ochs: Amer. J. Physiol. 189, 159 (1957).
80. Hirsch, H., A. Bolte, G. Huffmann, A. Schaudig u. D. Tönnis: Pflügers Arch. ges. Physiol. 267, 348 (1958).
81. Ingvar, D. H.: Acta physiol. scand. 33, 151 (1955).
82. — Acta physiol. scand. 33, 169 (1955).
83. Iwama, K., and H. Jasper: J. Physiol. (Lond.) 138, 365 (1957).
84. Jasper, H., and C. Ajmone-Marsan: Res. Publ. Ass. nerv. ment. Dis. 30, 493 (1952).
85. Jung, R.: Nervenarzt 12, 569 (1939).
86. — In: Handbuch der inneren Medizin. Bd. V, Neurologie. Berlin-Göttingen-Heidelberg: Springer 1953.
87. — Electroenceph. clin. Neurophysiol. Suppl. 4, 57 (1953).
88. — Ber. ges. Physiol. 180, 118 (1957).
89. — u. A. E. Kornmüller: Arch. Psychiat, Nervenkr. 109, 1 (1939).
90. — u. J. Tönnies: Arch. Psychiat. Nervenkr. 185, 701 (1950).
91. — R. v. Baumgarten u. G. Baumgartner: Arch. Psychiat. Nervenkr. 189, 521 (1952).
92. — u. G. Baumgartner: Pflügers Arch. ges. Physiol. 261, 434 (1955).
93. — O. Creutzfeldt u. O. J. Grüsser: Dtsch. med. Wschr. 1957, 1050.
94. Kornmüller, A. E.: Die Elemente der nervösen Tätigkeit. Stuttgart: Thieme 1947.
95. — Klin. Wschr. 1953, 228.
96. — Fortschr. Neur. 26, 470 (1958).
97. — u. R. Janzen: Arch. Psychiat. Nervenkr. 110, 224 (1939).
98. Leão, A. A. P.: J. Neurophysiol. 10, 409 (1947).
99. — Electroenceph. clin. Neurophysiol. 3, 315 (1951).
100. Li, C. L., H. McLennan and H. Jasper: Science (Lancaster, Pa.) 116, 656 (1952).
101. — and H. Jasper: J. Physiol. (Lond.) 121, 117 (1953).
102. — C. Cullen and H. Jasper: J. Neurophysiol. 19, 113 u. 131 (1956).
103. Libet, B., and R. W. Gerard: J. Neurophysiol. 4, 438 (1941).
104. Lorente de Nò, R.: J. Psychol. Neurol. (Lpz.) 45, 381 (1933).
105. — J. Neurophysiol. 1, 207 (1938).
106. — J. cell. comp. Physiol. 29, 207 (1947).
107. Malis, L. J., and L. Krüger: J. Neurophysiol. 19, 172 (1956).
108. Marshall, W. H., A. S. Talbot, and H. W. Ades: J. Neurophysiol. 6, 1 (1943).
109. Morison, R. S., and E. W. Dempsey: Amer. J. Physiol. 135, 281 (1942).
110. Mountcastle, V. B.: J. Neurophysiol. 20, 408 (1957).
111. — P. Davies and H. Berman: J. Neurophysiol. 20, 374 (1957).
112. Müller-Limmroth, H. W., u. H. Caspers: Klin. Wschr. 1956, 337.
113. Ochs, S.: J. Neurophysiol. 19, 513 (1956).

114. Perl, R., and D. Whitlock: J. Neurophysiol. **18**, 486 (1955).
115. Phillips, C. G.: Quart. J. exp. Physiol. **41**, 58 (1956).
116. — Quart. J. exp. Physiol. **41**, 70 (1956).
117. Purpura, D. P.: Ann. N. Y. Acad. Sci. **66**, 515 (1957).
118. — and H. Grundfest: J. Neurophysiol. **19**, 573 (1956).
119. — — Electroenceph. clin. Neurophysiol. **9**, 162 (1957).
120. — — J. Neurophysiol. **20**, 494 (1957).
121. — M. Girado and H. Grundfest: Science **125**, 1200 (1957).
122. — J. L. Pool, J. Ransohoff, M. J. Frumin and E. M. Housepian: Electroenceph. clin. Neurophysiol. **9**, 453 (1957).
123. Renshaw, B., A. Forbes and B. R. Morison: J. Neurophysiol. **3**, 74 (1940).
124. Rothballer, A. B.: Electroenceph. clin. Neurophysiol. **8**, 603 (1956).
125. Rossi, G. F., and A. Zanchetti: Arch. ital. Biol. **95**, 199 (1957).
126. Schaefer, H.: Ber. ges. Physiol. **180**, 118 (1956).
127. — u. W. Trautwein: Arch. Psychiat. Nervenkr. **183**, 175 (1949).
128. Schütz, E., u. H. Caspers: Z. ges. inn. Med. **9**, 1037 (1954).
129. Starzl, T. E., and H. W. Magoun: J. Neurophysiol. **14**, 133 (1951).
130. Tasaki, J., E. H. Polley and F. Orrego: J. Neurophysiol. **17**, 454 (1954).
131. Terzuolo, C. A., and B. E. Gernandt: Amer. J. Physiol. **186**, 263 (1956).
132. Tschirgi, R. D., and J. L. Taylor: Amer. J. Physiol. **195**, 7 (1958).
133. Verzeano, M., R. Naquet and E. E. King: J. Neurophysiol. **18**, 502 (1955).
134. Wehmeyer, H., u. H. Caspers: Pflügers Arch. ges. Physiol. **268**, 33 (1958).

Diskussion

Mit 2 Abbildungen

R. Jung:

Zunächst möchte ich Herrn Caspers beglückwünschen zu seinem vollständigen und ausgezeichneten Überblick und vor allem zu seinen neuen Ergebnissen über Gleichspannungspotentiale des Cortex.

Die Frage der *corticalen Gleichspannungen* ist viel diskutiert, aber bisher zu wenig untersucht. Man kann davon manchen Aufschluß über bisher ungeklärte EEG-Phänomene erwarten. Herr Caspers hat durch seine Experimente ein Phänomen sehr schön aufgeklärt, nämlich die Umkehrung der Oberflächenpotentiale bei chemischer Einwirkung. Die Vorstellung von Purpura und Grundfest, daß die γ-Aminobuttersäure (GABA) nur die excitatorischen Synapsenpotentiale blockiert und dadurch eine Potentialumkehr an der Oberfläche eintritt, haben wir bei Einzelneuronableitungen nicht bestätigen können. Wir haben mit Grüsser und Creutzfeldt an extracellulären Mikroableitungen corticaler Neurone keine Blockierung der excitatorischen Synapsenübertragung gesehen, obwohl die Potentialumkehr in der Makroableitung eintritt. Auch Curtis und Eccles haben an einzelnen Ableitungen spinaler Neurone intracellulär keine solche spezifische Blockierung der excitatorischen postsynaptischen Potentiale feststellen können. Die Frage ist, wie die GABA-Umkehr zustande kommt und da scheint mir Caspers' Erklärung die bisher bestmögliche als Verschiebung der corticalen Gleichspannung zur oberflächennegativen Seite ähnlich wie bei der oberflächennegativen Polarisation, die nach Bishop und O'Leary ja auch die negative Potentialwelle vermindert oder umgekehrt. Sie paßt auch sehr gut zu dem, was Tönnies und ich 1950 beschrieben und diskutiert haben, nämlich zur Umkehrung corticaler Potentiale bei wiederholter elektrischer Reizung. Herr Caspers hat auch ein entsprechendes Bild nach Cortexreizung gezeigt.

Das bringt mich wieder auf eine alte Lieblingsidee von mir: *Die Erklärung der Hirnpotentiale als eine geregelte Differenz zwischen verschieden gerichteten Gleichspannungskomponenten der Hirnrinde.* Die EEG-Wellen, vor allem die α-Wellen, wären dann Ausdruck eines geordneten Regelmechanismus zur Erhaltung eines mittleren Erregungsniveaus im ZNS, deren Potentiale gewissermaßen in labilem Gleichgewicht um eine Mittellage oscillieren und sich auspendeln. Ich habe diese Vorstellung zuerst 1953 auf dem Bostoner EEG-Kongreß kurz diskutiert, und neulich in Rom und Wiesbaden habe ich ihre mögliche Anwendung auf die Neuropharmakologie besprochen. Aber bisher hat niemand diesen Gedanken aufgenommen und tatsächlich fehlen ja auch direkte Beweise dafür. Es war mehr eine Spekulation als eine echte Hypothese. Aber nach CASPERS' Befunden kann man sie für wahrscheinlich halten, und wir müssen uns überlegen, welche Potentialquellen in Frage kommen.

Ein Gesichtspunkt ist vielleicht nicht genügend zum Ausdruck gekommen, daß die entsprechenden Strukturen eine *große Ausdehnung und eine Dipolanordnung* haben müssen, um überhaupt in einiger Entfernung, nämlich von der Kopfoberfläche wie im EEG registrierbar zu sein. Einzelne synaptische Potentiale an Nervenzellen reichen dazu sicher nicht aus. Deshalb hat man ja immer die Dendriten angeschuldigt. Die Spitzendendriten der Cortexneurone wären lang genug, aber Herr CASPERS hat auch mit Recht betont, daß synaptische und andere Vorgänge hinzukommen müssen. Noch niemand hat von der Spitzenmembran einzelner Dendriten und von ihrer Basis vergleichsweise abgeleitet.

Ein Punkt von CASPERS' Untersuchungen ist mir nicht klar geworden, nämlich der Einfluß der Reticularis-Reizung. Wenn wir die Reticularis reizen oder wenn wir den intralaminären Thalamus reizen, bekommen wir eine oberflächen*negative* Potentialverschiebung an der Hirnrinde. Aber Herr CASPERS sagte, bei negativer Verschiebung der corticalen Gleichspannung durch Oberflächenpolarisation bekomme er die Umpolung der Reaktionspotentiale nach positiv und nicht bei Reticularisreizung, die ja gerade die negativen Teile der *evoked potentials* bahnt. Eigentlich müßte sich beides, oberflächennegative Polarisation und Reticularisreizung, summieren, wenn es sich wirklich um dieselben Gleichspannungseffekte handelt.

Bitte das erste Bild. Es ist eine Registrierung von CREUTZFELDT, die er in seiner Arbeit mit AKIMOTO über den Einfluß der spezifischen und nichtspezifischen Afferenzen auf die Hirnrinde veröffentlicht hat, in dem man die Neuronenentladungen und die langsamen Potentiale gleichzeitig sieht; oben die Neuronenentladungen und unten die langsame Gleichspannung bei einer *Thalamusreizung* von 100/sec. Sie sehen eine langsame Potentialverschiebung nach oberflächennegativ und dann den allmählichen Abfall nach dieser Reizung. Oberflächennegative und positive Potentiale müßten sich beide algebraisch summieren, so daß eine Differenzbildung zwischen den beiden eintritt.

Das nächste Bild zeigt noch einmal den Abfall dieses Potentials nach einer kurzen Reizserie des Thalamus und hier den Aufbau bei einer langsamen Reizung von etwa 5/sec. Sie sehen, wie sich die trägen Potentiale aufbauen, und wie sie zurückgehen und die Neuronenentladung ziemlich unregelmäßig, nicht genau an einer bestimmten Stelle dieses Potentials, in der Hirnrinde abflaut.

Das nächste Bild zeigt, wie Einzelneurone und Makro-Potentiale sich beim *Recruiting-Effekt* verhalten, wiederum bei intralaminärer Thalamusreizung verschiedener Frequenz von *1—17/sec*. Das Maximum der Einzelentladungen liegt bei *8/sec*-Reizung, wenn der größte Recruiting-Effekt stattfindet, während bei 17/sec schon eine Verminderung eintritt. Hier ist also wieder eine deutliche Beziehung zwischen Neuronenentladung und langsamen Wellen. Herr CASPERS hat mit Recht gesagt, daß sie keine absolute sein wird, sondern nur relativ. Natürlich müssen die Neuronenentladungen ein viel komplexeres Bild geben, wenn wir es mit den langsamen Wellen vergleichen. Doch muß eine innere Ordnung in diesem ganzen System vorhanden sein, die wir aber im einzelnen noch nicht übersehen und die wir bei den vielen Millionen von Neuronen in der Hirnrinde nie vollständig erfassen können. Wenn wir wirklich eine Korrelation von Neuronenentladung und Makrowellen darstellen wollten, müßten wir mit 100 oder 200 Mikroelektroden gleichzeitig in den Cortex gehen und die verschiedenen Neurone registrieren und das Ergebnis summieren.

Besser als bei den spontanen Wellen können wir solche Beziehungen bei den Reaktionspotentialen *(evoked potentials)* sehen. GRÜTZNER und GRÜSSER haben das in meinem Labor genauer untersucht mit Opticusreizen und Ableitung von Einzelneuronen und Oberflächenpotentialen am visuellen Cortex. Es ist sicher, daß die ersten oberflächen-positiven Potentiale zeitlich eng mit den Einzelentladungen verbunden sind. Während dieser Zeit von etwa *20 msec* gibt es verschiedene Arten von Neuronenentladungen, einige sind gehemmt, einige sind erregt. Das Merkwürdige ist nur, daß während der folgenden negativen Welle, für die man eine Beteiligung der Dendriten annimmt, nichts in den Neuronen passiert, daß sogar eine Blockierung vorhanden ist, wie es CREUTZFELDT auch bei direktem Cortexreiz gefunden hat. Wir haben solche Hemmungsvorgänge schon 1950 mit TÖNNIES vermutet und das vorausgehende Oberflächenpotential vielleicht etwas leichtsinnig als „Bremswelle" bezeichnet. Das war natürlich eine Spekulation, aber später hat sich doch gezeigt, daß tatsächlich während dieser Zeit die Neurone gebremst werden. Dazu sind aber noch weitere Untersuchungen mit Doppel- und Mehrfachreizungen notwendig, die jetzt von Creutzfeldt ausgearbeitet werden und die uns noch mehr über die Beziehungen von langsamen Wellen, Gleichspannungen und Cortexpolarisation lehren werden.

E. Schütz:

Herr Jung hat in seiner Diskussionsbemerkung schon einige neurophysiologische Probleme erwähnt, die durch die Beziehungen zwischen Gleichspannungsphänomenen und Makropotentialen weiter aufgeklärt werden können. Ich möchte in diesem Zusammenhang besonders auf die Konsequenzen hinweisen, die sich aus den neuen Befunden von Herrn Caspers für das Verständnis des EEG ergeben. Zahlreiche EEG-Phänomene wie die allgemeine Spannungsreduktion, die sog. Krampfpotentiale, die typische Amplitudenverteilung der EEG-Potentiale, die Schwebungserscheinungen der α-Wellen sowie die Rhythmusveränderungen im Schlaf lassen sich jetzt unter einem neuen Gesichtspunkt und viel verständlicher erklären. Das gilt in erster Linie für die Amplitude der EEG-Rhythmen, während die Wellenfrequenz wahrscheinlich zusätzlich durch subcorticale Impulszuflüsse bestimmt wird. Ich glaube, daß die weitere experimentelle Erforschung dieses Neulandes, das Herr Caspers betreten hat, auch für die praktische Elektroencephalographie von erheblicher Bedeutung sein wird.

R. Janzen:

Da weitere Wortmeldungen zum Thema „Gleichspannungskomponente und Makropotentiale" nicht vorliegen, darf ich Herrn Caspers bitten, abschließend Stellung zu nehmen.

H. Caspers:

Zu R. Jung. In Übereinstimmung mit Arduini u. Mitarb. haben auch wir gefunden, daß eine Reizung der mesencephalen Reticulärformation die Gleichspannungskomponente der Hirnrinde zur negativen Seite verschiebt. Ebenso ruft eine lokale Rindenreizung mit höher frequenten Impulsserien eine Negativierung der Cortexoberfläche hervor. Nach unseren bisherigen Untersuchungen wird diese direkt ausgelöste Negativierung durch eine vorausgehende Reticularisreizung jedoch nicht verstärkt, sondern umgekehrt meist deutlich reduziert. Eine stichhaltige Erklärung für diesen Befund vermag ich im Augenblick noch nicht zu geben. Wir nehmen jedoch an, daß die Bremsung der Gleichspannungsverschiebung mit der Senkung der corticalen Krampferregbarkeit nach einer Reticularisreizung im Zusammenhang steht. Wie auch Creutzfeldt u. Mitarb. fanden, wird die Gleichspannungskomponente der Hirnrinde weiterhin auch durch Reizungen im unspezifischen Thalamus zur negativen Seite verschoben. Ob eine voraufgehende Thalamusreizung die direkte Negativierung des Cortex allerdings ebenso bremst wie eine Reticulariserregung, bedarf weiterer Untersuchungen. Wir selbst haben zwar einige Versuche in dieser Richtung durchgeführt, jedoch ist deren Zahl noch zu klein, als daß sie sichere Schlußfolgerungen zuließen. Bei dem Versuch, den Mechanismus der kombinierten Reizeffekte weiter zu klären, muß auch eine Mitreizung spezifischer Fasern oder Kerne in Betracht gezogen werden. Das gilt meines Erachtens besonders bei Reizungen im intralaminären Thalamus. Nach unseren bisherigen Befunden ruft eine Reizung spezifischer Projektionssysteme zwar ebenfalls eine corticale Negativierung hervor, jedoch liegt das Maximum der Gleichspannungsverschiebung dabei häufig in einer tieferen Rindenschicht. Nach der Volumenleitertheorie wird eine solche intracorticale Negativierung an der Cortexoberfläche als eine relative Positivität abgegriffen. Die Verminderung einer epicortical ausgelösten Gleichspannungsverschiebung nach einer Thalamus-Reizung würde in diesem Falle also einen Pseudo-Bremseffekt darstellen. Ich glaube jedoch nicht, daß solche Besonderheiten des Potentialabgriffs für das Zustandekommen der eingangs erwähnten reticulären Bremswirkung von Bedeutung sind. Dieses Phänomen dürfte zumindest vorwiegend physiologische Ursachen haben.

Zu E. Schütz. Verschiedene Untersuchungsbefunde lassen darauf schließen, daß die Beziehungen zwischen Gleichspannung und Dendritenpotential, die ich in meinem Referat erwähnte, auch auf die spontanen EEG-Rhythmen übertragbar sind. Wenn diese Zusammenhänge experimentell weiter erhärtet werden können, so lassen sich manche physiologischen und pathologischen EEG-Phänomene tatsächlich besser und vor allem wesentlich einheitlicher erklären, als dies bisher der Fall war. So könnte beispielsweise das „flache" EEG darauf beruhen, daß die Gleichspannungskomponente in Höhe des „Indifferenzniveaus" liegt. Auch bei einem normalen corticopetalen Erregungszustrom müßten unter diesen Bedingungen nämlich nennenswerte Potentialschwankungen im EEG fehlen. Das hirnelektrische Bild würde damit demjenigen entsprechen, das man im Tierexperiment bei einer schwächeren kathodischen Polarisation der Cortexoberfläche oder in bestimmten Stadien der GAB-Wirkung erhält. Weiterhin wäre auch das Schwebungsphänomen der occipitalen α-Wellen durch langsame Schwankungen der Gleichspannungskomponente zwischen dem Normal- und Indifferenz-Niveau erklärbar. Ferner ließen sich die Schlafveränderungen des EEG durch Verschiebungen der Gleichspannung zur positiven Seite relativ zwanglos deuten. Alle diese Erklärungsmöglichkeiten stellen vorläufig natürlich nicht viel mehr als eine Arbeitshypothese dar. Ich bin jedoch auch davon überzeugt, daß eine weitere Erforschung der Zusammenhänge zwischen Gleichspannung und Dendritenpotential auch für die praktische Elektroencephalographie wesentliche neue Aufschlüsse zu liefern vermag.

R. JANZEN:

Um Mißverständnissen, die auftauchen könnten, vorzubeugen, bitte ich Herrn CASPERS, seine Vorstellungen über die Beziehungen zwischen Makropotentialen und Neuronenentladungen abschließend noch einmal kurz zu formulieren.

H. CASPERS:

Relativ konstante Zeitbeziehungen zwischen Makropotentialen und Neuronenentladungen sind bisher nur bei bestimmten Formen der Makrowellen, wie den Krampfentladungen, den Barbituratspindeln und den oberflächenpositiven Komponenten der Aktionspotentiale nachgewiesen worden. Wie auch JUNG u. Mitarb. betonen, ist die Zuordnung der Einheitsaktivität zu den langsamen Potentialschwankungen insgesamt jedoch höchstens als sehr locker zu bezeichnen. Eine festere Koppelung besäße außerdem auch nur eine geringe Beweiskraft für eine kausale Verknüpfung der beiden bioelektrischen Phänomene, wie sie die Synchronisationstheorie fordert. Es ist nämlich sehr wahrscheinlich, daß die Zuordnung dort, wo sie gefunden wird, auf einer elektrotonischen Wirkung der Makropotentiale auf die spikeerzeugenden Strukturelemente eines Neurons beruht.

R. JUNG:

Ich habe noch eine Frage an Herrn CASPERS. Wird die Umpolung des Dendritenpotentials nach einer lokalen GAB-Applikation durch eine entgegengesetzte elektrische Polarisation der Hirnrinde wieder aufgehoben? Diese Aufhebung des GAB-Effektes stellt ja erst das experimentum crucis für einen ursächlichen Zusammenhang zwischen den Veränderungen des Dendritenpotentials und der Gleichspannung dar.

H. CASPERS:

Zu R. JUNG. Wir haben den Einfluß einer elektrischen Polarisation auf den GAB-Effekt bisher in zwei Versuchen überprüft. Dabei zeigte sich, daß die Umpolung des Dendritenpotentials durch eine *anodische* Polarisation der Cortexoberfläche je nach Höhe der angelegten Gleichspannung sowohl reduziert als auch aufgehoben werden kann. Weiterhin werden auch die Veränderungen der Dendritenreaktion, die sich im Verlauf einer epicorticalen Serienreizung ergeben, durch gleichzeitige Polarisierungen der Rindenoberfläche beeinflußt. Diese Befunde stellen auch nach unserer Auffassung einen Beweis dafür dar, daß die Umpolung des Dendritenpotentials und die meßbare Negativierung des Cortex in jedem Falle kausal miteinander verknüpft sind.

E. SCHÜTZ:

Vielleicht nimmt Herr CASPERS noch einmal zu den Befunden Stellung, nach denen eine tangentiale Reizung der Cortexoberfläche langsame Potentialschwankungen auslöst, ohne daß den Makropotentialen Einheitsentladungen zugeordnet sind.

H. CASPERS:

Bei einer „tangentialen" Reizung der Cortexoberfläche, die im wesentlichen nur die oberen Rindenschichten erfaßt, lassen sich durch schwache Reizimpulse isoliert langsame Potentialschwankungen hervorrufen. Erst bei höheren Reizstärken finden sich am selben Ableitungsort neben den Makropotentialen auch Neuronenentladungen vom Alles-oder-Nichts-Charakter. Dieser Befund stellt ein wesentliches Argument dafür dar, daß die Makrorhythmen der Hirnrinde nicht auf einer Synchronisierung neuronaler Spitzenpotentiale beruhen.

W. Sickel:

Zunächst möchte ich Herrn Caspers fragen: Muß die Substanz, die verwendet wird zur Herbeiführung einer Potentialumkehr, durchaus diese γ-Aminobuttersäure sein? Ich denke an eine allgemeinere Wirkung. Vielleicht darf ich kurz Befunde erwähnen, die wir erheben konnten an der Netzhaut. Die Netzhaut ist ja in verschiedener Beziehung herangezogen worden zur Interpretation von Verhältnissen am Cortex; ich möchte allerdings diese Beziehungen nicht zu weit führen, aber sie dürfen einfach als Demonstration gelten. Wenn man ein Vertebraten-Auge mit Licht reizt, dann kommt im allgemeinen etwas, das man als Elektroretinogramm (ERG) bezeichnet. Eine Änderung der Adaptation führt zu einer Veränderung der Gestaltung der Potentialformen. Wir haben diese Änderung in dem Charakter des ERG herbeiführen können dadurch, daß wir das umgehende Milieu änderten, und zwar im Sinne einer Verschiebung des p_H-Wertes. Dabei entspricht einer Hellwirkung eine Senkung des p_H-Wertes, ein Dunkel-Retinogramm einer Alkalisierung des Milieus. Wir denken bei der Interpretation, über die wir gegenwärtig noch sehr zurückhaltend sind, an Stoffwechseleinflüsse, wobei verschiedene Komponenten mehr oxydativer oder anoxydativer Natur ins Spiel kommen. Immerhin ist es möglich, daß zur Interpretation Ihrer Veränderungen der Potentialform, also auch der Polarität, derartige Gedankengänge mit herangezogen werden können. Vielleicht ist man dazu um so mehr berechtigt, als wir auch wieder an Befunden beim ERG gelegentlich feststellen können, daß das Bestandspotential sich so benimmt, als sei es aufgenommen durch eine Glaselektrode, d. h. also p_H-spezifisch. In irgendeiner Weise sind also die Strukturen aufzufassen als eine p_H- also H^+-empfindliche Elektrode, so wie man das auch für andere Elektrolyte, als Kalium- oder Natriumelektrode beim Erregungsvorgang gewohnt ist. Ich bringe diese Befunde auch noch aus einem anderen Grunde: Sie hatten ja weiterhin festgestellt, daß eine gewisse Gleichartigkeit einerseits bei Ihren Wahrnehmungen durch die Säurebehandlung — ich darf das so allgemein ausdrücken — und der Reizwirkung besteht, eben das sehen wir am Auge auch. Es entspricht eine Säuerung einer Reizwirkung. Welche Transformationsprozesse in dieser Kette beinhaltet sind, müssen wir vorläufig noch offenlassen, aber wir sehen diese Gleichartigkeit in der Phänomenologie.

H. Caspers:

Zu W. Sickel. Ihre Frage, inwieweit unspezifische p_H-Änderungen für die Umpolung des Dendritenpotentials durch GAB verantwortlich sind, wird sich erst sicher beantworten lassen, wenn ausreichende Vergleichsuntersuchungen mit anderen Testsubstanzen vorliegen. Daß Änderungen des p_H-Wertes von Bedeutung sein können, halte ich jedoch auch im Hinblick auf Ihre eigenen Untersuchungen am ERG für möglich.

G. Foitl:

Bei unseren toposkopischen Untersuchungen messen wir die Wellen im Makro-Bereich. Infolgedessen können wir die Brücke zu dem Mikrobereich vorläufig noch nicht finden. Mikrountersuchungen dieser Art sind von uns noch nicht durchgeführt worden. Wir finden im Makrobereich die Wellen in einer Kontinuität der Ausbreitung, und zwar haben wir bei den langsamen Wellen eine langsamere Ausbreitung und bei den schnelleren Wellen eine schnellere Ausbreitung gefunden. Wie ich morgen ausführen möchte, haben wir anhand eines Hirntumorfalles, den wir genau analysiert haben, ein Frequenzgeschwindigkeitsdiagramm aufgestellt und gesehen, daß die Beziehung zwischen Frequenz und Geschwindigkeit konstant ist und sich durch eine lineare Beziehung ausdrücken läßt.

H. Caspers:

Zu G. Foitl: Wie ich in meinem Referat betonte, weist die Summe der neueren Untersuchungsergebnisse darauf hin, daß es sich bei den langsamen Potentialschwankungen des EEG im wesentlichen um stationäre Potentiale handelt, die nicht geleitet werden. Der Eindruck einer Leitung könnte dadurch entstehen, daß sich neuronale Elemente mit einer Alles-oder-Nichts-Charakteristik der Erregung auf Grund der Feldwirkung eines Makropotentials entladen und ihre Impulse über Axonkollateralen und Interneurone weiteren axodendritischen

Synapsen zuführen. Unter Einschaltung solcher Zwischenglieder würde dann in der Nachbarschaft oder auch an entfernten Stellen eine neue langsame Welle ausgelöst. Die Ausbreitung eines Makropotentials könnte auf diese Weise auch gerichtet sein. Es läge jedoch keine echte, sondern nur eine scheinbare Leitung vor. Die Leitungsgeschwindigkeit einer EEG-Welle, die man mit dem Toposkopverfahren erfaßt, würde unter dieser Bedingung viele verschiedene Leitungsgeschwindigkeiten und synaptische Verzögerungen enthalten. Eine weitere Möglichkeit, sich über die Leitung von Makropotentialen zu täuschen, liegt in der Erfassung von Vektordrehungen. Darauf wurde bereits früher von SCHAEFER und JUNG hingewiesen. Natürlich sind die Mechanismen, die der Ausbreitung einer langsamen Welle zugrunde liegen, keinesfalls in allen Einzelheiten geklärt. Soweit ich die Literatur übersehe, spricht jedoch die überwiegende Mehrzahl der neueren Befunde dafür, daß eine echte Leitung der Makropotentiale, zumindest in nennenswertem Umfang, fehlt.

R. JANZEN:

Ich danke Herrn CASPERS für seine Stellungnahmen und bitte nun Herrn PATEISKY, sich noch zu dem Thema „Leitung der Makropotentiale" zu äußern.

K. PATEISKY:

Ich versuche eine Interpretion nach PETSCHE zu geben. Es ist so, daß die scheinbare Ausbreitung der langsamen Potentiale, die bei spezieller Ableitetechnik zu beobachten ist, unter dem Ausdruck „scheinbar" etwas erklärt, was in Wirklichkeit nicht vorhanden ist. Nun möchte ich vielleicht doch den Ausdruck „scheinbar" irgendwie mehr differenziert haben wollen. Wie Herr CASPERS ausgeführt hat, meint er unter dem „scheinbar", daß Neuronenketten angestoßen werden können, was dem „scheinbar" doch eine gewisse Realität gibt. Vom theoretischen Standpunkt aus wird „scheinbar" der richtige Ausdruck sein, aber im EEG *sehen* wir diese „scheinbare" Ausbreitung und mit der müssen wir uns abfinden.

R. JUNG:

Ich muß das „scheinbar" unterstreichen. Es ist nur eine Pseudoleitung, und das kann man nachweisen, wenn man im Ammonshorn reizt. Wenn die langsamen Wellen sich scheinbar langsam, die raschen schneller ausbreiten, so liegt das daran, daß das Potentialfeld der langsamen Wellen größer ist, sich langsamer dreht und entsprechend auch der Vektor an der Oberfläche. Das sieht dann an der Oberfläche so aus, als wenn sich eine Potentialwelle fortleiten würde. Man soll immer die einfachste Erklärung in der Biologie nehmen, nicht die kompliziertere. Die einfachste Erklärung ist eben die Vektorverschiebung in der Tiefe und nicht eine mysteriöse Wellenprojektion des Ammonshorns auf den Isocortex. Daß es auch im Isocortex selbst und beim Ammonshornkrampf echte bioelektrische Wellenausbreitung geben kann, will ich nicht bestreiten, und ich habe solche von occipital bis frontal laufende Wellen auch im generalisierten Krampf 1949 beschrieben. Aber was wir bei Ammonshornkrämpfen gesehen haben, ist im wesentlichen doch nur eine physikalische Vektorprojektion. Wir müssen diese beiden Dinge unterscheiden und man braucht dann keine neuronalen Vorgänge im Isocortex anzunehmen, wenn man die Phänomene auf so einfache Weise durch physikalische Ausbreitung vom Ammonshorn her erklären kann.

K. PATEISKY:

Ich frage mich nur das eine. Wenn im EEG, an der Oberfläche des Kopfes, diese langsamen Potentiale in ihrer zeitlichen Aufeinanderfolge eine so starke Prägung haben, daß sie durch langsame Wellen zur Darstellung kommen, dann ist anzunehmen, daß diese Potentialdifferenz auch an der Oberfläche der Gehirnrinde sich abspielt, wenn es auch eine Fortleitung ist, die durch einen Vektor bedingt ist, durch Veränderungen im Feldaufbau. Aber es ist wahrscheinlich auch anzunehmen, daß die Strukturen in diesem Feld, zumindest in einer Art der Erregbarkeitsbereitschaft, beeinflußt werden, und das ändert wiederum den Ausdruck des „scheinbaren".

H. SPATZ:

Als einem Laien, der ich auf dem Gebiete des EEG bin, sind mir zwei Einfälle gekommen, die ich gern los werden möchte. Vielleicht ist das, was da angeregt werden soll, schon längst gemacht worden. Das eine betrifft die Ableitung von einzelnen Neuronen. Man muß sich immer vergegenwärtigen, daß das Neuron nichts anderes ist als der Sonderfall einer Zelle, das Äquivalent der Zelle im allgemeinen. Die Zelle, die wir Neuron nennen, ist morphologisch gekennzeichnet durch die große Ausdehnung ihrer Fortsätze. Die Verschiedenartigkeit der Fortsätze und die große Ausdehnung bringen es mit sich, daß es schwer ist, ein ganzes Neuron isoliert elektrisch zu untersuchen. Es fragt sich, wo könnte es eine andere Zelle geben, in der auch Reizaufnahme und Erregungsleitung eine Rolle spielen, die günstiger wäre. Da kann man denken an die große Zelle der Alge Acetabularia, die außerordentlich genau in verschiedener Hinsicht untersucht worden ist, vor allem bezüglich des Einflusses des Kernes, den man wegnehmen kann. Die Zelle lebt dann lange weiter, auch in Bildungsvorgängen. Es sind 2 Pole vorhanden usw. Ich möchte anfragen, ob dieses so gut bekannte große Objekt schon von elektro-physiologischer Seite genauer untersucht worden ist ? — Das zweite, was mir eingefallen ist, bezieht sich auf den Einfluß der Tätigkeit von subcorticalen Zentren auf die elektrischen Erscheinungen, die Potentiale, der Großhirnrinde. Da könnte sich als ein Versuchsobjekt der Versuch von Nissl anbieten mit der Isolierung der Großhirnrinde. Nissl ist es gelungen, an neugeborenen Kaninchen den ganzen Neo-Cortex einer Seite zu isolieren. Er hat nachgewiesen, daß in einem solchen Rindengebiet, das also vollständig von dem übrigen Gehirn losgelöst ist, aber trotzdem lebt und sich weiter entwickelt — es wird ja von den Gefäßen der Oberfläche in der Pia ernährt, — daß da ein Unterschied besteht im Verhalten der Schichten. Die oberen Schichten entwickeln sich tadellos weiter, während in den unteren Schichten Ausfälle sind. Es wäre also möglich — die Tiere kann man lange am Leben erhalten —, daß man derartige isolierte Rindenstücke vielleicht verschiedener Areae elektrophysiologisch vergliche, mit entsprechenden Rindenstücken, die nicht der Operation unterzogen sind und mit den subcorticalen Zentren zusammenhängen.

R. Jung:

Das, was Herr Spatz vermutet hat, ist an der Riesenalgenzelle Nitella untersucht worden. Nitella hat ein Bestandspotential. Die Nitella kann man reizen. Man kann die verschiedenen Membran-Phänomene, die man sehr mühsam mit der Mikroelektrode am Neuron untersucht, an der Nitella sehr gut darstellen. Sie verlaufen aber wesentlich langsamer. Die zweite Frage ist untersucht bei den Leukotomien. Da traten eigentümliche Veränderungen auf, auch Veränderungen der Gleichspannungsphänomene, die allerdings nicht exakt genug gemessen worden sind. Soviel ich weiß, sind neben den akuten Versuchen beim Tier keine solchen angestellt, bei denen sehr früh ausgeschaltet wurde und bei denen man dann die herangewachsenen Tiere untersucht hat.

H. Spatz:

Bei der Leukotomie weiß man natürlich nie ganz sicher, ob die betreffende Rinde wirklich isoliert worden ist.

H. Caspers:

Die Frage, wie sich die isolierte Hirnrinde bioelektrisch verhält, ist auch im Tierexperiment schon mehrfach überprüft worden. Die Untersuchungsergebnisse sind jedoch nicht einheitlich. Verschiedene Autoren haben festgestellt, daß die isolierte Hirnrinde noch Rhythmen produziert. Burns, der bestimmte Lappen des Cortex unter Erhaltung der Gefäßversorgung abtrennte, fand dagegen, daß die neuronal komplett isolierte Hirnrinde bioelektrisch inaktiv ist. Sie entwickelt erst dann wieder Rhythmen, wenn der unterbundene Erregungszustrom aus subcorticalen Hirnstrukturen durch künstliche, direkt applizierte elektrische Reize ersetzt wird. Gegen die Untersuchungsergebnisse und Schlußfolgerungen von Burns sind meines Wissens jedoch auch Einwände erhoben worden. So soll die Blutversorgung der isolierten Rindenstücke zumindest nicht optimal gewesen sein.

R. Janzen:

Wird zu diesem Abschnitt des Referates und den sich daraus ergebenden Fragestellungen noch das Wort gewünscht ?

I. A. Sulg:

Ich darf auf eine Arbeit von Ingvar hinweisen, die sich mit dem bioelektrischen Verhalten isolierter Cortexgebiete befaßt. Ingvar konnte zeigen, daß neuronal isolierte und über die

Piagefäße mit dem übrigen Hirn verbundene Hirnstücke bioelektrisch nicht neutral sind. In diesen isolierten Gebieten fanden sich spikes und waves. Außerdem machte INGVAR die interessante Beobachtung, daß langsame Potentiale aus subcorticalen Regionen auf diese isolierten Cortexgebiete einwirken können.

R. JANZEN:

Bei der Besprechung der Potentialquellen hat Herr CASPERS schon angedeutet, daß neben den neuronalen Strukturen auch nicht-neuronale Elemente als Quellen der langsamen Potentialschwankungen diskutiert worden sind. Darf ich jetzt Herrn KORNMÜLLER bitten, zu diesen Problemen, die ja seine eigene Theorie aufs engste berühren, Stellung zu nehmen.

A. E. KORNMÜLLER:

Ich möchte kurz berichten über:

„Experimentelle Untersuchungen über die Natur des Spike im EEG"

In vorangegangenen Veröffentlichungen wurde die Auffassung vertreten und begründet, daß der *Spike* im EEG, wie er durch Massenableitungen abgegriffen wird, der bioelektrische Ausdruck der Aktion von solchen *Satellitzellen* (von Ganglienzellen) ist, die einen *inhibitorischen* Einfluß auf Ganglienzellen nehmen (KORNMÜLLER 1957, 1958a und 1958b). Demnach wäre also auch der besagte Spike ein „neurosekretorisches Potential[1]".

Am Beispiel des Spike soll nun unser methodisches Vorgehen bei den Untersuchungen über das Wesen des EEG weiter gekennzeichnet werden. Die experimentellen Grundlagen der eben erwähnten Vorstellung über die Natur des Spike werden nach früheren Hinweisen hier ergänzt.

Eine stark vermehrte Abgabe der vermeintlichen inhibitorischen Stoffe mußte nach unserer Annahme dann stattfinden, wenn die Spikes an Größe und Zahl am ausgeprägtesten sind. Das müßte also während eines „Krampfstromanfalles" geschehen. Die Kaninchen, aus deren Gehirnen *Extrakte* mit inhibitorischen Wirkungen gewonnen werden sollten, wurden daher unmittelbar oder nur wenige Minuten nach einem Elektrokrampf getötet, und zwar durch Dekapitation. Vorher wurden die Tiere aber bereits im Laufe von etwa 3 Wochen einer Serie von Elektroschocks unterzogen wegen der Annahme, daß so ein „Training" oder gar eine „Hypertrophie" der entsprechenden Satellitsyncytien bewirkt werden könnte. Die Gehirne wurden zuerst mit Aceton extrahiert. Es folgte eine Extraktion des getrockneten Hirnextraktes und der bei der Acetonextraktion übriggebliebenen Hirnmasse mit Äther im *Soxhlet*. Dieser Ätherextrakt wurde nach Trocknung für intramuskuläre Injektionen in Olivenöl gelöst, und zwar im Durchschnitt 60 mg in 1 cm³.

Beim *Kaninchen* wurde trotz wiederholter Injektionen von 4—6 cm³ des gelösten Extraktes in kurzen zeitlichen Abständen nie irgendwelche motorischen Krämpfe beobachtet. Das gleiche gilt auch für die zahlreichen Mäuse, denen solche Extrakte zur Prüfung auf Toxicität über längere Zeit zweimal wöchentlich injiziert wurden. Die elektroencephalographischen Untersuchungen, die an Kaninchen durchgeführt wurden, ergaben — wie die Abb. 1 zeigt — nach der Injektion eine Zunahme der spontanen Spikes und eine Abnahme der Aktionsströme der Area striata auf Augenbelichtungen. Das letztere ist als Ausdruck einer Schwellenerhöhung anzusprechen. Die Potentialschwankungen des einzelnen Aktionsstromablaufes sind etwas steiler bzw. spitzer geworden. Auf Abb. 1 stellt *A* einen Ausschnitt dar aus der Kontrollregistrierung vor der Injektion (Abgriff durch Schräubchen im Schädelknochen). Die obere Kurve der zweifachen Ableitungen ist jeweils von der Area praecentralis und die untere von der Area striata gewonnen. *B* wurde 2 Std. 22 min und *C* 50 Std. 23 min nach der Injektion registriert. Für solche Untersuchungen sind große Erfahrungen nötig, und ich verweise auf eine spätere Arbeit, die auch die Prinzipien der Austestung von Hirnextrakten eingehender behandeln soll.

An *Affen* (Rhesus) wurden 1—2 cm³ des oben bezeichneten Gesamtextraktes pro kg Körpergewicht intramuskulär injiziert.

---

[1] Bezüglich der sehr langsamen Hirnpotentiale, von denen Herr CASPERS hier berichtet hat, sei erwähnt, daß wir diese schon 1947 ebenfalls den Satelliten (den „Hüllplasmodien" der Ganglienzellen) zugeordnet haben. Siehe auf Seite 112 bei A. E. KORNMÜLLER, Die Elemente der nervösen Tätigkeit, Stuttgart: G. Thieme 1947.

Es zeigten sich nach Injektion dieses Extraktes in den ersten Stunden *klinisch* meist keine Besonderheiten. Manchmal, aber nicht immer, wurden bei stärkerer Dosierung nach etwa 3 Std. erste Veränderungen erkennbar. Der Affe wurde motorisch und in der Anteilnahme an seiner Umgebung etwas ruhiger. Gelegentlich konnte ein Gähnen beobachtet werden. Bei einer Fütterung erschien das Tier wieder mehr der Norm entsprechend. Dann wurden die Bewegungen, sogar auch Freßbewegungen, mit der Zeit merklich langsamer, und das Tier verharrte auch länger als sonst an seinem Platz. Es ließ sich durch Klopfen an den Käfig und andere stärkere Reize weniger oder nicht mehr aus der Ruhe bringen. Das zeigte sich oft erst mehr als 24 Std. nach der Injektion. Das Tier saß dann meist hockend da, mit nach vorn überhängendem Kopf. Die Lidspalten verkleinerten sich vorübergehend, und man bekam nach stärkeren Injektionen den Eindruck von absenceartigen Zuständen. Mehr als 48 Std. nach der

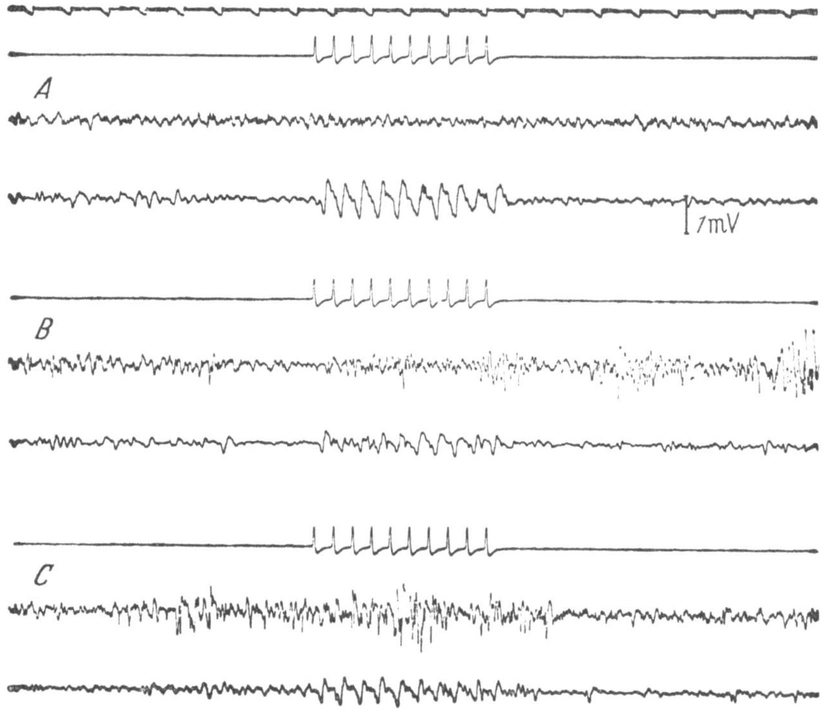

Abb. 1. Gleichzeitige Ableitungen über der Area praecentralis und der Area striata eines Kaninchens. *A* Registrierung vor, und *B* und *C* nach der Injektion des Hirnextraktes. Die Reizmarkierung (oberhalb der entsprechenden Kurven) gibt rhythmische Augenbelichtung an. Näheres im Text

Injektion zeigte sich ein allmählicher Rückgang der Erscheinungen; Verlangsamung und Einschränkung der Bewegungen, sowie eine gewisse Verminderung der Erregbarkeit auf Sinnesreize waren aber auch dann noch meist unverkennbar. Das klinische Verhalten der Affen wurde auch durch Filme protokolliert.

Das *EEG* des Affen ist nach Injektion dieses, also mit Recht als inhibitorisch zu bezeichnenden Hirnextraktes bemerkenswert. Siehe dazu Abb. 2. Die Ableitungen erfolgten unipolar mittels Schräubchenelektroden, die in die Schädelkalotte parasagittal eingeschraubt waren. Die Kontrollableitung vor der Injektion (*A*) zeigt bei der gewählten Registrierempfindlichkeit nur kleine Potentialschwankungen, die relativ langsam ablaufen und an die α-Wellen des Menschen erinnern. Nach der Injektion treten dagegen öfter vorübergehend deutliche Spikes in Erscheinung. Solche Ausschnitte der Registrierungen sind auf *B* und *C* dargestellt. *B* wurde 13 min und *C* 50 Std. nach einer Injektion dieses Extraktes abgeleitet. Während auf *B* neben den Spikes noch langsame Potentiale zu sehen sind, ist auf *C* von den trägen Wellen nicht mehr viel zu erkennen. Zwischen den Spikes ist die Kurve auf *C* wieder mehr gestreckt. Während der Registrierung solcher Abschnitte (wie *C*) war das Tier immer wieder in absenceartigen Zuständen (ohne motorische Besonderheiten und insbesondere auch ohne Krämpfe). Der Lidspalt war dabei meist klein. Als das Tier einige Zeit nach der Registrierung von *B*, und zwar 3 Std. nach der Injektion, abgespannt wurde und sich wieder frei bewegen konnte, waren noch keine sicheren Veränderungen im klinischen Verhalten erkennbar. Anscheinend muß der

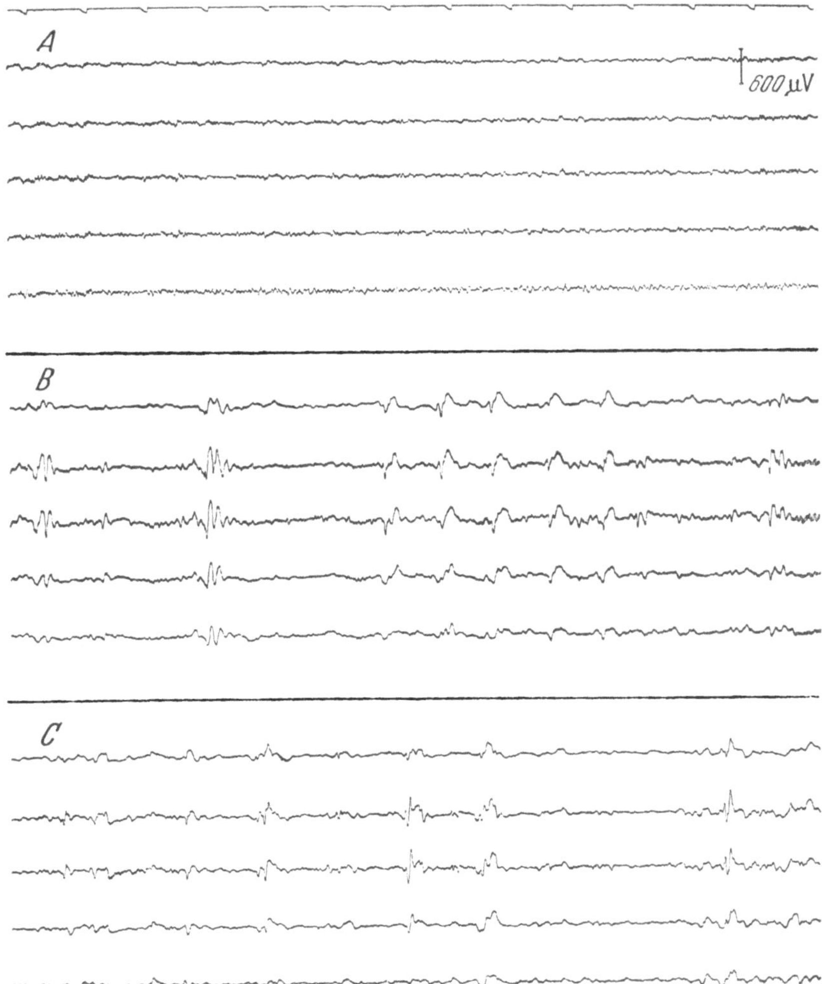

Abb. 2. Gleichzeitige Ableitungen über 5 parasagittal in einer Reihe gelegenen Punkten des Gehirns eines *Affen*. Obere Kurve von frontal, untere Kurve von occipital. *A* Registrierung vor und *B* und *C* nach der Injektion des Hirnextraktes. Näheres im Text

Spike-Vorgang hier erst eine Zeitlang stattfinden, daß eine inhibitorische Wirkung klinisch sichtbar wird.

Wir haben also nach einem verstärkten Spike-Vorgang (Krampfstromanfall) aus den betroffenen Gehirnen Extrakte hergestellt, und diese bewirkten an anderen Tieren wieder Spikes oder eine Vermehrung vorhandener Spikes. Nach den beschriebenen experimentellen Untersuchungen ist für uns auch der Spike ein stoffliches Problem. Er zeigt vermutlich einen neurosekretorischen Vorgang mit inhibitorischer Wirkung an.

3*

Literatur

Kornmüller, A. E.: Zum Wesen des EEG auf Grund spezieller Untersuchungen. IV. Internat. Kongreß für Elektroencephalographie, Brüssel, Juli 1957. London: Pergamon Press 1958. — Zum Wesen der Epilepsie auf Grund einer Analyse des EEG. Fortschr. Neurol. Psychiat. **26**, 470 (1958a). — Ein inhibitorisch wirkender Hirn-Extrakt. Arzneimittel-Forsch. 8, 975 (1958b).

R. Janzen:

Ich danke Herrn Kornmüller für diese Ausführungen. Sie führen uns auf ein Gebiet, von dessen Erforschung wir Aufschlußreiches erwarten. Wer hat Fragen an Herrn Kornmüller?

E. Schütz:

Ich möchte von Herrn Kornmüller wissen, wie er sich auseinandersetzt mit den Versuchen von Kroll.

A E. Kornmüller:

Kroll hat von Krampfstoffen gesprochen. Er hat Rindenreizungen an der Katze vorgenommen, dann am Reizort die Hirnrinde entnommen und nur die wasserlösliche Komponente extrahiert. Diese hat er gespritzt und gesagt, er hätte nach Injektion Krämpfe bei den Versuchstieren gesehen. Krampfstoffe habe ich hier nicht. Bei meinem Verfahren werden erfaßt in erster Linie die lipoidlöslichen Stoffe. In den Extrakten, die ich gespritzt habe, war das Wasserlösliche auch enthalten.

E. Schütz:

Sind die Krollschen Versuche bestätigt worden?

A. E. Kornmüller:

Nein. Auch die Schlafstoffversuche sind noch nicht bestätigt worden.

R. Jung:

Diese Extraktversuche sind sicher wichtig und interessant, aber der Wirkungsmechanismus ist noch völlig unklar. Wir sind nun, eigentlich gegen unseren Willen, in die Neuropharmakologie hineingeraten mit der Frage synaptischer Wirkungen von Extraktstoffen. γ-Aminobuttersäure ist eine solche Substanz, die von Florey in Hirnextrakten gefunden und von ihm als inhibitorische Substanz (Substanz I) bezeichnet wurde. Er hat festgestellt, daß diese Hirnextrakte hemmend auf die Spannungsreceptoren der Neurone des Krebses wirken, die mit Dendriten identisch sind. Wenn wir die GAB-Wirkung genau untersuchen wollen, so müssen wir auch bei höheren Tieren an das einzelne Neuron gehen und dort die Synapsenwirkung untersuchen. Grüsser und Saur und jetzt Creutzfeldt bei uns im Labor haben aber bisher keine sichere Blockierung der synaptischen Erregung am einzelnen corticalen Neuron durch GAB gefunden, weder nach direkter extracellulärer Applikation durch eine Doppelmikroelektrode, noch nach epicorticaler Applikation.

Daß sich mittels der Mikroelektrodentechnik Wirkungen von pharmakologischen Substanzen auf einzelne corticale Neurone nachweisen lassen, möchte ich Ihnen anhand des folgenden Beispiels demonstrieren, das ich bereits bei der letzten Naturforschertagung gezeigt habe. Sie sehen hier die Aktivierung eines B-Neurons des optischen Cortex durch Acetylcholin, das durch eine Doppelmikroelektrode elektrophoretisch in kleinsten Mengen direkt an die Ableitestelle herangebracht wird. Auf dem Höhepunkt der ACh-Wirkung, die an der hohen Entladungsfrequenz des Neurons, im Vergleich zur Ruheaktivität erkennbar ist, und nur 1—3 Sekunden dauert, kommt weder eine Lichtaktivierung noch eine Dunkelhemmung durch. Während der abklingenden ACh-Aktivierung ist noch eine länger anhaltende Potenzierung der physiologischen Aktivierung durch Licht zu beobachten. Das Beispiel soll zeigen, wie man mit der Mikroelektrodenmethode diese Mechanismen der neuronalen Tätigkeit untersucht. Ich glaube, daß die Aufklärung humoraler Nervenwirkungen auch von der Mikrotechnik kommen muß und daß die Makroableitung nur ein sehr allgemeines Bild gibt, vielleicht auch dann, wenn man die Gleichstrompotentiale berücksichtigt.

Für die Aufklärung humoraler Mechanismen sind INGVARs Untersuchungen noch sehr wichtig. Er hat gefunden, daß auch Reticularisreizung, wie SULG schon sagte, die isolierte Hirnrinde beeinflußt, obwohl sie neuronal völlig abgetrennt ist.

A. E. KORNMÜLLER:

Herr JUNG, Sie sagen, die Aufklärung kommt von den Mikroelektroden. Meine Hauptsorge war nicht die Aufklärung des Wirkungsmechanismus von den Stoffen, sondern meine Hauptmühe war, die Stoffe zu finden, die eine Wirkung haben. Erst muß man die haben, bevor man anfängt, in Mikrodimensionen ihren Wirkungsmechanisnus, mit Hilfe von Mikroelektroden, zu klären. Nun habe ich zum Austesten von Gehirnextrakten und von Fraktionen von Hirnextrakten sehr viele Jahre gebraucht. Wir haben das physiologische Milieu des Gehirns bewußt bewahrt und haben mit Schräubchen-Elektroden aus den Knochen diese Massenableitung gemacht. Es gibt nämlich viele Extrakte, und dies sind sogar meistens die interessanteren, und Fraktionen von Extrakten, deren Wirkung sehr langsam kommt. Es handelt sich offenbar dabei um schwer resorbierbare Stoffe. Da können wir auch am Patienten erst mehr als 24 Std. nach der Injektion klinisch etwas feststellen. Sie könnten mit Mikroelektroden nicht erst eine Kontrollableitung vornehmen und dann die Mikro-Elektrode mehr als 24 Std. im Tiergehirn lassen. Das gibt z. B. auch eine Reaktion, und Sie werden sicher durch die mechanische Einwirkung der sog. Mikroelektrode — die wird noch immerhin ziemlich groß sein — eben doch Veränderungen in der bioelektrischen Tätigkeit bemerken, die wesentlich stärker sind als die Wirkung der auszutestenden Extrakte. Von den Extrakten oder Fraktionen sind viele nicht wirksam oder schwach wirksam usw. Insofern ist es zum Auffinden von wirksamen Extrakten nach meiner Meinung vorerst wichtiger, das physiologische Milieu zu bewahren und mit Schräubchen-Elektroden in Knochen zu arbeiten. Natürlich will ich dabei nicht bestreiten, daß das, was ECCLES und Herr JUNG versuchen, nämlich mit Hilfe von Mikroelektroden Auskünfte über den Wirkungsmechanismus zu bekommen, von großer Wichtigkeit ist. Das ist selbstverständlich sehr nützlich, hat aber auch seine Grenzen.

R. JANZEN:

Dann darf ich diesen Abschnitt der Diskussion beschließen. Ob außer den speziellen neuronalen Elementen und dem Hüllplasmodium noch andere Spannungsquellen in Frage kommen, darüber wissen wir noch nichts. Wir wollen aber die Zwischenstrukturen nicht ganz aus unserem Blickfeld schwinden lassen.

J. F. TÖNNIES:

Ich möchte betonen, daß wir gelegentlich durchs Mikroskop sehen müssen, wenn wir uns über funktionelle Dinge unterhalten. Die Anatomen unterhalten sich gelegentlich auch über physiologische Dinge. Die Existenz der Zwischen-Neurone, allgemein der vielen kleinen Neurone, die nur ihre Ausläufer in die allernächste Nachbarschaft entsenden, teils auch etwas weiter, aber jedenfalls vorwiegend eine Zwiesprache mit der Nachbarschaft halten, deren Existenz und Funktion sollten wir nicht so oft übersehen. Wenn von Potentialen gesprochen wurde, die eine Dauer von 100, 200 und 300 msec haben sollen, dann können wir annehmen, es sind die Zwischen-Neurone, die noch funktionell im Zusammenspiel mit den großen Neuronen eine Bedeutung haben. Für das Rückenmark hat diese Funktion der Zwischenneurone erfreulicherweise schon eine größere Beachtung gefunden. Wir kennen im Rückenmark den monosynaptischen Reflex, der von den Hinterwurzeln direkt auf die großen Zellen der motorischen Einheiten einwirkt. Wir wissen aber, daß das nicht der alleinige Weg ist, sondern daß Multi-Neuronen-Reflexe im Rückenmark eine ebenso große Rolle spielen. Das ergibt sich z. T. einfach aus der Tatsache, daß wir eine längere synaptische Verzögerung haben. Wenn wir den Reiz z. B. an der Hinterwurzel setzen, dann haben wir eine gute präzise Zeitangabe über das Eintreffen dieser Erregungen an den weiteren Strukturen des Rückenmarks. Die Anregung von Professor SPATZ möchte ich unterstreichen. Wir müssen versuchen, das Verhalten der Elementar-Prozesse an einfachen Strukturen aufzuklären und nicht gleich hoffen, daß wir es unter den sehr schwierigen Bedingungen des Cortex zu einer Offenbarung bringen. Das Rückenmark ist in der Beziehung eine Zwischenstufe an Kompliziertheit. Wir haben hier definierte Reiz-Einströmungswege und die Motoneurone als Effektororgan geben leicht erfaßbare Informationen. Ich möchte eine Lanze brechen für die stärkere Beachtung der „kleinen Leute", die auch noch mitarbeiten im Gehirn.

H. CASPERS:

Ich glaube, Sie haben mich in einem Punkte mißverstanden, Herr Dr. TÖNNIES. In meinem Referat habe ich die Zwischen-Neurone als mögliche Quellen langsamer Potentialschwankungen keineswege ausgeschlossen. Das demonstrierte Neuronen-Schema sollte keinen *bestimmten* Elementtyp darstellen. An diesem vereinfachten morphologischen Grundgerüst habe ich lediglich zu erläutern versucht, daß diejenigen neuronalen Strukturanteile, die eine Alles-oder-Nichts-Charakteristik der Erregung aufweisen, an der Entstehung der Makropotentiale sehr wahrscheinlich nicht beteiligt sind. Als Spannungsquellen des EEG kommen ganz allgemein in erster Linie die Dendriten, die axodendritischen Synapsen und die feineren Verzweigungen markloser präsynaptischer Fasern in Betracht. Wenn ich Ihre Ausführungen richtig verstanden habe, geht Ihre eigene Auffassung wohl in dieselbe Richtung.

R. JANZEN:

Ich danke Herrn CASPERS für seine Bemerkung und glaube, daß sie zur weiteren Klarstellung dessen, was im Referat gesagt worden ist, beigetragen hat. Ich darf eine weitere Frage an ihn richten, die bisher noch nicht diskutiert worden ist. Sie betrifft die Beziehungen zwischen den Makropotentialen des EEG und den Effekten, die, z. B. bei Krampfentladungen, in der Körperperipherie sichtbar werden können.

H. CASPERS:

Wie die Erfahrung zeigt, treten im EEG häufig sog. Krampfpotentiale auf, ohne daß den steileren Potentialschwankungen entsprechende motorische Effekte zugeordnet sind. Im Tierexperiment lassen sich in bestimmten Narkosestadien weiterhin auch generalisierte und länger dauernde Krampfpotentialserien hervorrufen, bei denen ein motorisches Äquivalent fehlt. Alle diese Befunde zeigen zunächst, daß die Krampfpotentiale des EEG nicht unmittelbar für die Auslösung motorischer Krampferscheinungen verantwortlich sein können. Das Auftreten peripherer Krämpfe setzt eine Erregungsleitung über eine mehr oder minder große Anzahl von Neuronen voraus. Andererseits ist ebenso bekannt, daß Krampfpotentiale des EEG auch mit entsprechenden motorischen Effekten einhergehen können. Diese fakultative Koppelung zwischen EEG-Phänomenen und peripheren Reaktionen wird leichter verständlich, wenn man davon ausgeht, daß die langsamen Potentialschwankungen die Erregbarkeit der Neurone auf elektrotonischem Wege modulieren. Die Neurone werden erst dann zu einer synchronisierten efferenten Entladung veranlaßt, wenn die elektrischen Felder der Makropotentiale eine kritische Dichte erreichen und sich mit genügender Steilheit ändern. Erst unter dieser Bedingung findet man in der Regel ja auch eine konstante Zuordnung der Neuronenentladung zu den langsamen Potentialschwankungen. Möglicherweise spielt darüber hinaus auch noch die Polung der Makropotentiale für die Anregung der Neurone eine Rolle.

R. JUNG:

Nicht nur Narkose, sondern auch Schlaf ist sehr instruktiv. Beim schlafenden Patienten — das hat GIBBS zuerst beobachtet — ereignet sich, gekoppelt mit Krampfentladungen, motorisch nichts. In dem Moment, in dem Sie ihn aufwecken, kommt dann der große Krampfanfall. Im Schlaf besteht eine Blockierung, wenn der Patient wach ist, dann geht die Erregung in die Peripherie hinüber. Der Mechanismus ist noch unbekannt.

R. JANZEN:

Ein weiteres Beispiel darf ich hinzufügen, das wir vor Jahren studiert haben und dem SELBACH u. Mitarb. auch ihre Aufmerksamkeit zugewandt haben: Wenn man z. B. in der Präzentralregion chemisch reizt und Spitzenpotentiale als Einzelabläufe, in Gruppen oder Serien erzeugt, so ist mit jedem sP eine motorische Entladung in der Peripherie gekoppelt, also Einzelzuckungen bis zum Tetanus. An der symmetrischen Stelle der anderen Hemisphäre treten, durch nervöse Fortleitung, gleichzeitig Spitzenpotentiale auf. Jedem folgt regelmäßig eine Gruppe schneller Schwankungen, die im Grundrhythmus dieser Region in anderen Intervallen sich zeigen. Mit diesen Vorgängen in der kontralateralen Hemisphäre ist kein Effekt in der Peripherie gekoppelt. Meines Erachtens ist hier ein Modell zur Aufklärung der Vorgänge.

Die physikalischen Grundlagen des EEG

Von

J. F. Tönnies

Mit 12 Abbildungen

Mein Referat wird sich im ersten Teil mit allgemeinen Fragen der *Verstärkertechnik*, der *Störungsvermeidung* und der Registrierapparaturen beschäftigen, also mit Dingen, die wahrscheinlich den meisten von Ihnen gut bekannt sind. Wenn ich trotzdem diese elementaren Grundtatsachen bespreche, so geschieht dies auf ausdrücklichen Wunsch des Vorstandes und auch deswegen, weil damit Ansatzpunkte für die weitere Diskussion gegeben werden sollen.

Ich werde dann auf einige Fragen eingehen, die sich mit dem *Wege* beschäftigen für die Ausbreitung der Spannungen *von* den jeweils aktiven *Hirnzellen bis* zu dem Berührungspunkt mit den Ableite-*Elektroden*. Ich möchte zeigen, welche Tatsachen die Genauigkeit unserer EEG-Befunde begrenzen, und damit entschuldigen, daß wir in fast drei Jahrzehnten EEG-Forschung noch so unsicher sind in unseren Aussagen über die Herkunft der EEG-Kurven.

Am Schluß möchte ich ausführlicher auf die *EEG-Kurven-Analyse* eingehen und einen neuen eigenen Vorschlag zur automatischen Auswertung von EEG-Kurven begründen.

I. Verstärkertechnik und Störungsvermeidung

In Abb. 1 ist die Verstärkerröhre mit 3 Grundelementen dargestellt. Die *Katode* wird durch innere elektrische Beheizung zur Freisetzung von negativ geladenen Elektronen in den umliegenden evakuierten Raum veranlaßt. Die Elektronen treten aus der Katodenoberfläche aus wie Wasserdampf aus erhitztem Wasser. Die *Anode* steht unter positiver Spannung und zieht die negativen Elektronen zu sich herüber, es fließt ein Anodenstrom. Die Menge der aus der „Raumladung" der Katode übertretenden Elektronen ist aber kontrolliert durch das im Wege dazwischen liegende *Steuergitter*. Dies steht unter einer geringen negativen Spannung, die aber ausreicht, um den Elektronen das positive Anodenblech mehr oder weniger elektrisch zu verbergen. Es sind hier vier verschieden hohe negative Gitterspannungen dargestellt, die mit abnehmender Abschreckung der Elektronen durch geringer werdende Negativität des Gitters den Weg für einen zunehmenden Anodenstrom freigeben. Bei geringer oder gar keiner Gitter-Negativität werden die mit einer gewissen Anlaufgeschwindigkeit aus der Katode austretenden Elektronen teilweise vom Gitter aufgenommen. Es fließt dann

Gitterstrom, und die normalerweise leistungsfreie Spannungsabnahme vom Ableite-objekt ist mit einem Stromfluß verbunden, der für Eingangsschaltungen von EEG-Apparaten unpräzise Ableite-Bedingungen ergibt. Ein älterer amerikanischer Apparat war in dieser Beziehung nicht ganz einwandfrei.

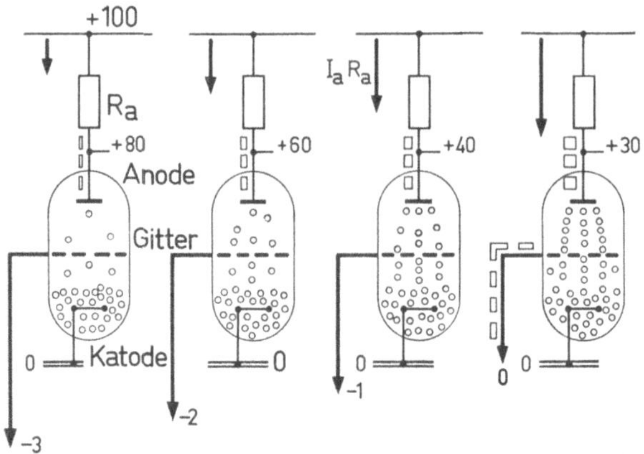

Abb. 1. *Grundfunktion einer Verstärkerröhre.* Triode für vier verschiedene Gitterspannungen. Verstärkungsfaktor zwischen —3 und —1 V Gitterpotential = —20; zwischen —1 und 0 V, infolge von Gitterstrom nur noch = —10

Der mehr oder weniger starke Anodenstrom, angedeutet durch die Länge der Pfeile, verursacht nun im Anodenwiderstand einen entsprechenden Spannungs-abfall $(Ia \cdot Ra)$. Die Änderungen des Spannungsabfalls sind jetzt vielfach größer als

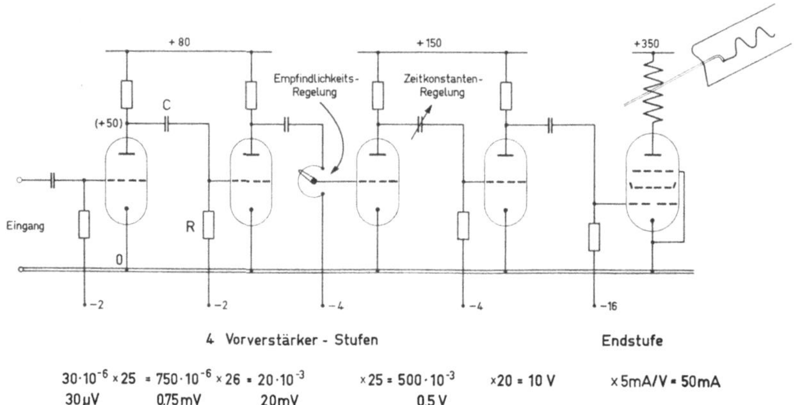

Abb. 2. *Einseitig geerdeter mehrstufiger Verstärker mit Schreibgerät an der Endstufe.* Die Zahlen zeigen den Verlauf der Verstärkung, in den ersten drei Stufen zur Spannungserhöhung, in der Endstufe zur Leistungserhöhung

die Spannungsänderungen am Steuergitter. Für je 1 Volt Erhöhung der Steuer-spannung am Gitter ist das Anodenpotential um 20 Volt gesunken. Man sieht also einerseits, daß die Spannungsänderungen zwanzigmal so groß geworden sind wie die der Steuerspannung, wir haben also eine *zwanzigfache Spannungs-verstärkung*, und andererseits hat es für die Verstärkertechnik eine gewisse Bedeu-tung, daß in jeder Verstärkerröhre das Vorzeichen der Änderung umgetauscht wird. Das Gitter wurde um 1 Volt weniger negativ und die Anode um 20 Volt weniger positiv.

Abb. 2 zeigt einen *mehrstufigen Verstärker*, in dem durch mehrfache Wiederholung der Verstärkung die sehr kleinen EEG-Spannungen auf die für die Bewegung einer Schreibfeder nötige Stromstärke-Änderung gebracht werden. Die Faktoren der Verstärkung können für die einzelnen Stufen miteinander multipliziert werden, wie es in den Zahlen erscheint. Wir hatten gesehen, daß die Steuerspannung des ersten Gitters, also die von den Elektroden kommenden EEG-Spannungen an der Anode verstärkte Spannungsänderungen erzeugen. Diese werden über den Kondensator C auf das Gitter der nächsten Stufe übertragen und dort wiederum verstärkt. Der Kondensator kann die Änderungen ohne Verlust weitergeben, er hat nur die Aufgabe, das positive Potential der Anode von dem negativen Potential des Gitters abzutrennen. Die Kondensatoren müssen dafür ausgezeichnet hohe Isolationswerte haben. Mängel der Isolationswerte in den Kopplungskondensatoren bilden einen häufigen Fehler in den Verstärkern. Die Kopplungskondensatoren müssen erneuert werden, wenn die Verstärkung sich während des Betriebes ändert (meistens im Sinne des Verstärkungsabfalls).

Die Größe der Kondensatoren C zusammen mit dem Wert der Gitterwiderstände Rg bestimmen die Zeitkonstante des Verstärkers, also die Fähigkeit, sehr tiefe Frequenzen richtig wiederzugeben. Ein Kopplungskondensator von 1 μF ($= 10^{-6}$F) mit einem Ableitewiderstand von 1 Megohm $= 10^6$ Ohm ergibt $T = C \cdot Rg = 10^{-6} \cdot 10^6 = 1$ sec. Die Zeitkonstante (T) wirkt sich aus als die Zeit, nach der eine plötzliche Spannungsänderung der Größe 1 in der typischen Exponentialkurve auf den Wert 0,37 abgeklungen ist. Für das EEG genügt ein Wert von etwa $T = 0,4$ sec, der bei zu großer Unruhe des Patienten auch auf kleinere Werte herabgesetzt werden kann, wie das zwischen Stufe 3 und 4 angedeutet ist. Allerdings entsteht dann die Gefahr, daß die für die Pathologie so bedeutsamen sehr langsamen Wellen in der Registrierung verlorengehen.

Die Konstruktion der Geräte soll einen gewissen Überschuß an Verstärkung haben, so daß für eine günstige Kurvenwiedergabe die Verstärkung mehr oder weniger herabgesetzt werden muß. Dafür sind an einer oder an mehreren Stellen die Gitter-Ableite-Widerstände als Potentiometer ausgebildet. Besonders bei Krampfpotentialen und im epileptischen Anfall muß die Empfindlichkeit um mehrere Stufen zurückgeschaltet werden. Die Endstufe des Verstärkers ist dafür bestimmt, die nunmehr ausreichend verstärkten Spannungsänderungen in genügend kräftige Stromänderungen zu wandeln, mit denen die erhebliche Antriebsleistung für das mechanische Schreibsystem gewonnen wird.

Ein besonders kritischer Teil einer EEG-Apparatur ist die Ausgestaltung des *Verstärker-Einganges*. Das Problem dort ist folgendes: Das Starkstromnetz hat meistens 220 V effektive Wechselspannung. Der Ausdruck „effektiv" bedeutet die Messung des mittleren Wertes der Wechselspannung. Der Spitzenwert ist dann 1,4fach größer, also etwa 310 V, und dies „wechselt" 50mal pro Sekunde vom höchsten positiven zum höchsten negativen Wert, also um 620 V. Man schreibt dies 620 V_{ss} (von Scheitel zu Scheitel) oder 620 V_{pp} (peak-peak). In der EEG-Technik haben wir meistens keine regelmäßigen Wellen, und wir messen deswegen immer im Maßstab der Unterschiede zwischen höchster und tiefster Auslenkung, also als μV_{ss}. 28 μV_{pp} wären also nur 10μV_{eff}. Es kann deswegen Irrtümer geben, wenn Fabrikanten von EEG-Apparaten den Störpegel mit 1 μV_{eff} angeben, er wäre dann $= 2,8$ μV_{ss}. Eine Störeinwirkung von 6 μV_{ss}

würde jede EEG-Kurve schon so verderben, daß die Auswertung behindert ist. Dies ist aber nur der 10^{-8}te Teil, im Vergleich zur Störquelle ($620 \cdot 10^6 \ \mu V_{ss}$). Akustisch würde das bedeuten, daß vor dem Hause eine Kanone abgefeuert wird, ohne daß es hier im Hörsaal gehört wird. Als HANS BERGER 1924 seine EEG-Untersuchungen begann, bediente er sich zunächst eines *Saitengalvanometers*, dann eines *Spulen-Galvanometers*, also einer elektromechanisch direkten Umsetzung der vom Gehirn abgenommenen elektrischen Leistung in winzige Bewegungen einer Saite oder eines lichtstrahl-ablenkenden Spiegels. Obwohl eine solche Anordnung nach heutigen Kenntnissen sehr leicht völlig unempfindlich gegen elektrische Störungen gemacht werden könnte, war BERGER sehr darauf bedacht, jeden Einwand gegen seine damals sehr zögernd anerkannten Befunde auszuschließen, daß etwa bei seinen Registrierungen Artefakte irgendwelcher Art mitwirken könnten.

Mit Einführung der Verstärker-Röhren-Technik war es möglich, die schwierige Handhabe eines mechanisch ungewöhnlich empfindlichen Registrierinstrumentes zu umgehen, denn BERGER mußte seine Apparatur auf Gummiblasen setzen, und es durfte sich niemand im Raume während der Ableitungen bewegen. Mit den Verstärkern wuchs aber die Empfindlichkeit gegen elektrische Störeinwirkungen, und man mußte mit der Erdung der Verstärkeranlage auch eine Erdung des Ableiteobjektes durchführen. Daraus entstand der Zwang, die EEG-Ableitungen in besonders *abgeschirmten Räumen* und auch sonst unter besonderen Vorsichtsmaßnahmen auszuführen. Bei unseren ersten tierexperimentellen Untersuchungen in Berlin-Buch im Jahre 1931 mit A. E. KORNMÜLLER und M. H. FISCHER wurde mit einer Kombination aus einem einstufigen Vorverstärker und einem Seitengalvanometer gearbeitet, aber es zeigte sich bald, daß die EEG-Studien nur mit einem *direkt registrierenden Aufzeichnungsverfahren* ausreichend bequem bearbeitet werden konnten. Damals entwickelte ich den *Neurographen* (*17*) als ersten brauchbaren Direktschreiber zur EEG-Aufzeichnung mit Tintenschreibern. Während BERGER von Anfang an *bipolare Ableitungen* zwischen mehr oder weniger weit voneinander entfernten Punkten des Schädels anwendete, waren wir in *Berlin-Buch* im Rahmen des hirnanatomischen Forschungsinstituts von OSKAR VOGT um lokalisatorische Fragestellungen bemüht und bevorzugten dafür eine *unipolare* Ableitetechnik. Das ergab sich auch daraus, daß unsere damalige Verstärkertechnik bei mehreren gleichzeitigen Ableitungen nur einen gemeinsamen geerdeten Bezugspunkt erlaubte.

Mit dem Fortschreiten der Untersuchungen entstand jedoch auch das Bedürfnis nach mehreren bipolaren Ableitungen, weil der Vergleich von zwei unipolar gewonnenen Kurven zeigte, daß streckenweise die Kurvenzüge stark parallel liegen, so daß eine isolierte Darstellung der etwaigen Differenz zwischen den beiden Ableitepunkten wünschenswert wurde. Es wurden dafür zunächst Verstärker benutzt, die mit schwebenden Batterien arbeiteten in einer Schaltung, die in ähnlicher Weise auch von MATTHEWS in Cambridge zur gleichen Zeit benutzt wurde. Die weitere Bearbeitung dieser Frage ergab dann die Erfindung des *Differential-Verstärkers*, dessen Prinzip ich Ihnen ausführlicher darstellen muß, weil es die methodisch wichtigste Grundlage für die gesamte EEG-Ableite-Technik darstellt. Es ist im Jahre 1935 nicht zu einer richtigen Veröffentlichung dieser Erfindung (*15*) gekommen, weil ich mich in dieser Zeit wegen der damals für wissenschaftliches Arbeiten in Deutschland ungünstigen Situation für einige Jahre an das Rockefeller Institute nach New York begeben hatte. In der ausländischen wissenschaftlichen Literatur ist es deswegen nicht zu einer Zuschreibung dieses Prinzips an meinen Namen gekommen. Ich habe es aber um so dankbarer empfunden, daß die Deutsche EEG-Gesellschaft mir als Anerkennung für meine Beiträge aus der Anfangszeit des EEG die Ehrenmitgliedschaft verliehen hat.

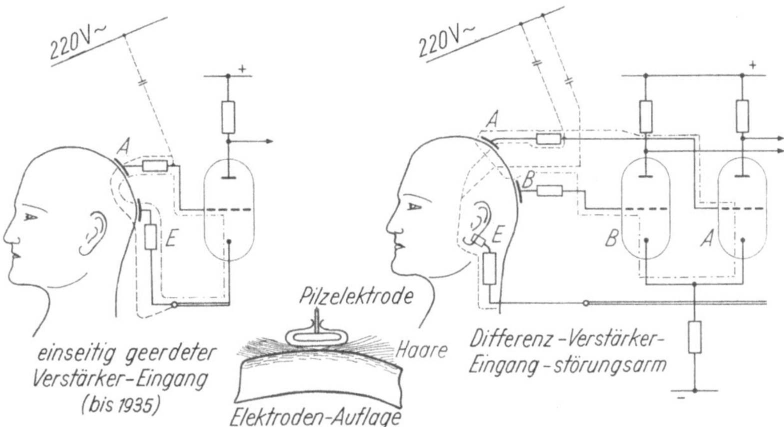

Abb. 3. *Wirkung des Differenzverstärkers:* Vergleich der Störeinwirkung auf einen einseitig geerdeten Verstärkereingang mit dem Störungsausgleich in einem Differenz-Eingang. Der Lauf der Störströme, die durch die kapazitive Kopplung zu einer Wechselstromleitung entstehen, ist in beiden Fällen durch gestrichelte Linien gezeigt. Der für die Ableitung der EEG-Spannungen wirksame Stromkreis ist strichpunktiert dargestellt

In Abb. 3 ist gegenübergestellt das einseitig geerdete Verstärkersystem, wie es allgemein in der Elektrophysiologie bis etwa 1935 benutzt wurde, und die Ableitung mit einem Differenz-Verstärkereingang[1]. Als Störeinwirkung ist das angenommen, was meistens vorliegt, nämlich die *Kopplung* über eine sehr kleine Kapazität zu irgendeinem nicht vollständig abgeschirmten *Teil* einer unter Netzspannung stehenden *Leitung*. Das kann ebenso gut ein nicht abgeschirmter Schalter, eine Steckdose, eine Lampenfassung sein wie das Stück einer Zuleitung. Ich habe soeben genannt, daß eine Störspannung im Anteil von 1:100 Millionen schon eine EEG-Ableitung unfreundlich beeinflussen kann. Das ist eine beinahe astronomische Zahl. Wenn wir also annehmen, daß die Eingangsleitung zwischen Elektrode und der ersten Verstärkerröhre eine Kapazität von 200 pF ($= 2 \cdot 10^{-10}$ F) hat, genügt eine Kapazitätskopplung in der Größenordnung von $2 \cdot 10^{-18}$ F bereits, um eine unzulässige Störeinwirkung auszulösen, wenn man das bis 1935 gebräuchliche Verstärkersystem benutzt, bei dem die Katode der ersten Röhre geerdet ist, zusammen mit einer Erdverbindung des Versuchsobjektes, und bei der die Elektrode des zu untersuchenden Punktes zum Gitter geführt ist. Eine so gute Entkopplung zu irgendeiner Wechselstromleitung ist praktisch selbst mit einer guten Raumabschirmung kaum darzustellen. Wir können mindestens teilweise die Verhältnisse des einseitigen Verstärkereinganges dann auch heute noch erleben, wenn von zwei Elektroden eine keinen Kontakt macht. Wir erhalten

---

[1] Obgleich in dem Diapositiv des Vortrages noch der Ausdruck „Differen*tial*-Verstärker-Eingang" benutzt wurde, ist im Sinne der Diskussions-Bemerkung von Dr. SCHAEDER für die Drucklegung der in Zukunft zu bevorzugende Ausdruck „Differ*enz*-Eingang" gewählt.

eine Brummeinwirkung, trotz einer guten Raumabschirmung, die man direkt als Hinweis dafür benutzt, daß eine Verbesserung der Elektroden nötig ist.

Wie wirkt nun physikalisch die Störung auf den Verstärker ein? Der Weg für die Störwirkung ist in der Abb. 3 mit einer Punktfolge dargestellt. Über die Kopplungskapazität fließt ein sehr kleiner kapazitiver Ladestrom. Auf dem Wege zur Erde hat dieser Ladestrom zwei Möglichkeiten. Der Weg über die Leitung des Verstärkereingangsgitters hat praktisch einen so hohen Widerstand, daß der Ladestrom hier nicht zur Erde abgeleitet werden kann. Er muß den anderen Weg benutzen, nämlich den Weg über die erdende Elektrode. Für beide Elektroden ist der innere Widerstand der Elektroden, der niemals gleich Null sein kann, mit einem besonderen Symbol (als Rechteck) abgebildet. *Der Widerstand* innerhalb der Metallteile der Elektrode spielt keine Rolle, aber unter Elektrodenwiderstand verstehen wir den Übergang von der Metalloberfläche der Elektrode in den Elektrolyten, mit dem die Elektrode bedeckt ist, den Übergang von diesem Elektrolyten auf die *Hautoberfläche* des Patienten, den inneren Widerstand der *Hautschichten* und die geringeren Widerstände in den tieferen Gewebsschichten der Schädeldecke. Dabei hat im allgemeinen die größte Bedeutung die Tatsache, daß nur auf einer *begrenzten Fläche* eine innige Berührung zwischen dem Elektrolyten der Elektrodenumgebung und dem der Hautoberfläche hergestellt ist. Das ist bei der EEG-Ableitung besonders dadurch erschwert, daß man nicht den Patienten an den Ableitestellen die *Kopfhaare* beseitigen kann, sondern man muß bestrebt sein, die Haare an der Berührungsstelle etwas beiseite zu schieben und durch Elektrodenpaste oder durch reichliche Befeuchtung der Berührungsstelle und Erzielung des notwendigen Elektrodenandrucks eine gute Berührung mit der Kopfhaut herzustellen. Der Widerstand in der Kopfhaut selbst kann ebenfalls beträchtliche Werte annehmen, z. B. wenn durch eine stärkere *Fettschicht* die Durchfeuchtung des Epithels verhindert wird. Die Durchfeuchtung tritt zuweilen erst nach mehrfacher Betupfung der Elektrode ein, und es weiß jeder, daß man erst nach längerer Einübung einen zuverlässigen Zustand der Elektroden erreichen kann. Es sind dann Elektrodenwiderstände in der Größenordnung von 2—10 kOhm als guter Kontakt anzusehen, es sind aber auch noch Ableitungen möglich, wenn der Widerstand bis zu 50 kOhm oder mehr ansteigt. Eine Widerstandsmessung mit den gebräuchlichen Ohm-Metern ist nicht immer zuverlässig, weil die unter der Einwirkung der kleinen messenden Gleichspannung entstehenden Polarisationsgegenspannungen das Ergebnis verändern. Die Messung mit einer kleinen Wechselspannung wäre zuverlässiger.

Wir haben gesehen, daß der von einer Störquelle herrührende *Ladestrom über die erdende Elektrode* fließen muß. Je nach der Größe des in der erdenden Elektrode vorhandenen Widerstandes erzeugt dieser Strom — es ist ein Wechselstrom — an dem Widerstand einen mehr oder weniger großen Spannungsabfall. Dieser Spannungsabfall an dem inneren Widerstand der erdenden Elektrode liegt für den linken Teil der Abbildung in dem Stromkreis, in dem die EEG-Spannungen gemessen werden sollen, der aus dem Wege Katode — erdende Elektrode — Patient — ableitende Elektrode — Gitter-Katode gebildet wird. Wir können also bei der Messung nicht unterscheiden, ob die am Verstärkerausgang erscheinende Spannung in diesen Stromkreis eingetreten ist als Spannungsabfall an der erdenden Elektrode oder als im Patienten vorhandene EEG-Spannungen. Wir könnten nur durch die zeitlichen Charakteristika den Unterschied zwischen Störspannung und EEG-Spannung herausfinden. Wir wollen aber nicht darauf angewiesen sein, daß aus einer durch Störspannungen verdorbenen Kurve der wahre EEG-Gehalt ausgesucht werden muß, und es ist unentbehrlich, die Kurven so darzustellen, daß sie tatsächlich nur echte EEG-Spannungen enthalten.

Wir betrachten nun die Verhältnisse der Störeinwirkung bei einem *Differenz-Verstärkereingang*. Dieser besteht bekanntlich darin, daß wir nur Spannungen verwerten, die zwischen zwei nicht geerdeten Elektroden entstehen. Es wird an den Patienten zusätzlich eine erdende Elektrode angelegt, deren Ort und, wie wir sehen werden, auch deren Innenwiderstand keine große Bedeutung mehr hat für die Fragen der Störeinwirkungen. Wir haben jetzt einen A- und einen B-Eingang, die beide mit dem Gitter einer Verstärkerröhre verbunden sind. Man kann meistens annehmen, daß die *kapazitive Kopplung* dieser beiden Elektroden zu der einstreuenden Wechselstromleitung *ziemlich gleich* ist. Die störenden Ladeströme, die auf die beiden Elektroden einwirken, müssen auch hier zur Erde abgeleitet werden, und sie nehmen auch in dieser Anordnung ihren Weg über die erdende Elektrode und hinterlassen dort einen Spannungsabfall. *Der Weg für die Spannungen, die zur Verstärkung kommen sollen, nämlich für die EEG-Spannungen, sieht aber jetzt anders aus.* Er führt von der Katode der Verstärkerröhre A auf das Gitter der Röhre A, über die Ableitungselektrode A, über den Patienten, über die Ableite-Elektrode B und über das Gitter der Röhre B zurück zur Katode der Röhre B, die mit der Katode der Röhre A verbunden ist. Auf diesem Wege wird der Widerstand der erdenden Elektrode nicht mehr durchlaufen, so daß auch der Spannungsabfall, der in dieser erdenden Elektrode aufgetreten ist, nicht mehr auf den Verstärker einwirken kann. Die Schaltung muß unempfindlich sein für alle Spannungen, die auf beide Eingänge gemeinsam einwirken (Störspannungen und Spannungsabfälle in der erdenden dritten Elektrode). Die Empfindlichkeit, d. h. die Weitergabe an folgende Verstärkerstufen, soll dagegen nur gegeben sein für die Differenzen zwischen den beiden Elektroden A und B, d. h. also für die von den Störspannungen isolierten EEG-Nutzspannungen. Dies ist erfüllt, wenn die Schaltung der Eingangsstufe eine vollwertige Differenz-Wirkung hat, die mit der Güte des *Differenz-Faktors* ausgedrückt wird. In der amerikanischen Literatur wird dies mit "ratio of rejection" bezeichnet. In Preislisten findet man zuweilen Angaben, daß ein Gütefaktor von 10000 vorhanden ist. Dies kann man mit verschiedenen technischen Mitteln erreichen, aber es ist zu erwarten, daß unter den praktischen Betriebsbedingungen ein solcher Wert auf die Dauer nicht erhalten bleibt. Es ist deswegen ausreichend, daß man z. B. mit einer *Güte von 500* rechnet, was bedeuten würde, daß 1/500, d. h. 0,2% der auf beide Eingänge A und B gemeinsam einwirkenden Spannungen, also z. B. der in der erdenden Elektrode wirksamen Spannungsabfälle, die Verstärkung beeinflussen kann. Es würde dann z. B. ein störender Spannungsabfall in der Größenordnung von 500 μV, der in der einfachen Schaltung bereits jegliche Registrierung unmöglich machen würde, auf 1 μV reduziert sein und damit im unvermeidlichen Rauschpegel verschwinden.

Diese Güte der Differenz-Wirkung ist nur in Schaltungen zu erreichen, in denen die Katoden der ersten Verstärkerstufe über einen größeren *Widerstand* zu einer *negativen Spannung* des Anodenstromkreises geführt sind. Dieses Merkmal war in den ersten Apparate-Konstruktionen aus Sparsamkeitsgründen nicht immer angewendet, obgleich die Notwendigkeit zu einer solchen Schaltungsweise bekannt war. Die Ergebnisse konnten deswegen nicht immer befriedigend sein. Heute kann man durch Ersetzen des gemeinsamen Katodenwiderstandes mit Röhrenschaltungen die Wirkung noch genauer und sicherer gestalten.

Die Güte des Differenzfaktors ist nicht nur aus Gründen der Störungsminderung bedeutsam, sondern auch zur sicheren Isolierung der einzelnen Ableite-Elektrodenpaare. Das EEG wird heute mit 8, 12, 16 oder mehr Elektroden-Paaren abgenommen, und es soll selbstverständlich die Spannung einer Ableitung in keiner Weise auf irgendeine andere Ableitung einstreuen können. Die in den einzelnen Ableitungen aufgenommenen Spannungen müssen so genau, wie es die inneren elektrischen Bedingungen im Schädel zulassen, nur den jeweils ausgewählten Punkten zugeordnet sein. Wir haben also erst durch die Einführung der Differenz-Verstärkungstechnik die uns heute selbstverständliche Möglichkeit erhalten, beliebig bipolare und unipolare Ableitungen und auch beliebige Kombinationen zwischen Elektroden einer „Längsreihe" oder „Querreihe" aufzunehmen. Diese Freizügigkeit bedeutet tatsächlich noch einen größeren Gewinn als die Unterdrückung äußerer Störeinwirkungen.

Manche Konstruktionen enthalten eine Prüfmöglichkeit für die Güte des Differenzfaktors, indem eine größere gemeinsame Aussteuerung auf beide Eingangsleitungen A und B gleichzeitig gegeben werden kann. Wenn z. B. 5 mV = 5000 μV auf beide Leitungen gemeinsam gegeben wird, darf bei einem Differenzfaktor von 1:500 nur eine Wirkung in der Größe von 10 μV oder weniger auftreten.

Ein noch besserer Differenzfaktor bringt deswegen wenig Gewinn, weil praktisch genommen die Elektrodenwiderstände unterschiedlich ausfallen und weil die Störeinwirkungen sehr oft mit einem kleinen Unterschied auf zwei zu einer Ableitung gehörenden Elektroden einfallen. Beides kann auch durch einen unendlich guten Differenzfaktor nicht ausgeglichen werden. Auch das nicht völlig ideale Verhalten der Verstärkerröhren setzt eine Grenze dieser Größenordnung. Ich möchte nicht in eine Behandlung von Transistorverstärkern eintreten, weil diese bei uns noch keine praktische Bedeutung für das EEG erlangt haben. Es ist jedoch kein Zweifel, daß in einigen Jahren deren Vorteile auch für das EEG ausgenutzt sein werden.

Über *Registriergeräte* brauche ich nicht viel zu sagen. In Deutschland sind ganz überwiegend die Apparate mit *Durchschreibeverfahren* über Kohlekopierpapier nach Schwarzer (*14*) im Gebrauch. Die im Ausland überwiegend benutzten Apparate mit tintengefüllten Schreibfedern schreiben meistens auf Kreisbögen und haben deswegen bei uns nur beschränkte Verbreitung gefunden. Die Kohlepapier-Durchschrift hat sich als ein zuverlässiges Verfahren bewährt, das vor allem durch das Schreiben gegen eine lineare Kante Aufzeichnungen in *rechtwinkligen Koordinaten* liefert und dabei immer eine genau zeitliche Koinzidenz der verschiedenen Ableitungen sichert. Das ist zur Auswertung von Phasenbeziehungen unentbehrlich, und es ist deswegen anzunehmen, daß dieses Schreibverfahren auch die Zukunft beherrschen wird. Auch das in Schweden von Elmquist entwickelte Spritz-Schreibverfahren, das in seinem Frequenzgang über die Notwendigkeiten des EEG weit hinausgeht, hat sich für das EKG, nicht aber für das EEG einführen können. Bei diesem technisch sehr interessanten Verfahren ist der sonst übliche mechanische Schreibzeiger durch einen mit hohem Druck aus einer feinsten Düse ausgepreßten Flüssigkeitsstrahl ersetzt. Bei etwas ungleichem Druck der einzelnen Schreibstrahlen wird die zeitliche Koinzidenz der Schreibspuren untereinander gefährdet und dies ist für die EEG-Auswertung in keiner Weise zulässig.

Es sind auch für Tintenschreiber technische Möglichkeiten gegeben, in rechtwinkligen Koordinaten zu schreiben. Die ersten von mir 1932 und 1934 gebauten Neurographen schrieben so auf einer gewölbten Papierfläche, aber dies ist doch schwieriger zu unterhalten, so daß nur vereinzelte Konstruktionen mit Tintenschreibern rechtwinklige Koordinaten aufweisen.

II. Der Weg von der aktiven Hirnzelle zu den Elektroden

Wir haben uns bisher mit den außerhalb des Körpers liegenden Teilen des Ableitungssystems beschäftigt. Im Rahmen unserer Tagung ist natürlich sehr viel wichtiger und interessanter die Betrachtung der physikalischen Beziehungen zwischen der aktiven Zelle und der zur Potentialableitung bestimmten Elektrodenoberfläche.

Wir beginnen mit einer Betrachtung der Ableitung aus der weißen Substanz, weil wir hierfür gewisse Beziehungen zu den übersichtlicheren Bedingungen der peripheren Nerven herstellen können. Wir wissen, daß die subcorticalen Strukturen und auch die zellfreien Fasergebiete des Großhirns bioelektrisch weniger aktiv sind, als die zellreiche graue Substanz der Hirnrinde. Die hier auftretenden Wellenformen sind allerdings sehr ähnlich dem Elektrocorticogramm, wozu häufig eine Einstreuung aus corticalen Gebieten mitwirken mag. Die geringeren Spannungen der weißen Substanz beruhen vielleicht darauf, daß von allen vorhandenen Fasern nur ein sehr viel kleinerer Anteil gleichzeitig aktiviert wird. Dies ist nicht unwahrscheinlich, weil die interneuronale Integrationsarbeit des Cortex einerseits schon von der Aktivität verhältnismäßig weniger afferenter Fasern angeregt werden kann, und weil dann bis zur hochwertigen Verarbeitung dieser Afferenzen oder auch als Ergebnis der spontanen Rindentätigkeit verhältnismäßig wenige efferente Impulse als Ergebnis absteigen. Die Fasern der weißen Substanz dienen jedoch nicht nur der Verbindung zur Peripherie, sondern dem ständigen, funktionell ebenso wichtigen und zweifellos sehr lebhaften Erregungsaustausch zwischen verschiedenen Feldern des Cortex sowie zwischen Cortex und Hirnstamm. Aber wir wissen quantitativ nicht viel über diese Gegebenheiten. Wir wollen deswegen die Tatsache behandeln, warum in den faserreichen Gebieten von der tatsächlichen Aktivität der Faserverbindungen verhältnismäßig wenig in unsere Ableite-Elektroden gelangt.

Tab. 1 zeigt uns, wie uns je nach den Ableitebedingungen mehr und mehr von den tatsächlichen Potentialänderungen verlorengeht.

Tabelle 1. *Nervenfaser-Potentiale*

Einzelfaser, unipolar	100 mV	100%
Faserbündel, unipolar nach synchroner Reizung	10 mV	10%
Faserbündel, bipolar nach synchroner Reizung	3 mV	3%
Faserbündel, bipolar spontan (zeitlich gestreut) aktiv	300 μV	0,3%
Faserbündel, bipolar, im Gewebe liegend, spontan aktiv	30 μV	0,03%

Wenn wir in der Neurophysiologie bei peripheren Experimenten Aktionspotentiale von Nervensträngen oder einzelnen Fasern ableiten, so ist es selbstverständlich, daß wir die abgeleiteten Nervenstränge freipräparieren und von der Berührung mit den Nebenschlüssen des Muskel- oder Bindegewebes möglichst ausschließen. Wenn wir den freipräparierten Ischiadicus mit einem genügend kräftigen einzelnen Stromstoß zu einer zeitlich genau synchronen Erregung aller vorhandenen markscheidenhaltigen Fasern bringen, erhalten wir vom Nerven ein Aktionspotential in der Größe von 10 mV für die Dauer von etwa 1 msec. Dies ist nur möglich, wenn der Nerv durchschnitten ist, wenn das Ende durch Abtötung einen Kurzschluß zum Faserinnern hat und wenn das Ende frei hängt. Die Dauer von 1 msec ist dadurch im Vergleich zur Dauer der einzelnen spikes schon verlängert, weil sofort eine gewisse räumliche und zeitliche Streuung der auf die Elektroden einwirkenden Potentiale vieler Fasern wirksam wird. Diese synchrone Erregung von 100% aller vorhandenen stärkeren Fasern stellt aber für intakte Nerven das erreichbare Optimum an Potentialausbeute dar. Es wird nur dann übertroffen, wenn wir durch das Freipräparieren einer einzelnen Faser alle potentialverbrauchenden Nebenschlüsse beseitigen, und wir übertragen dann die tatsächlich in der aktiven Membranoberfläche wirksame Potentialänderung auf unsere Elektroden, mit einem Wert, der in der Größenordnung von 100 mV liegt, wenn die Zellmembran ein Ruhepotential von etwa 70 mV hat.

Wir sehen, daß schon die *Nebenschlüsse in einem Nervenfaserbündel die Potential-Ausbeute auf den 10. Teil herabsetzen.* Wenn wir auf die besonders günstige unipolare Ableitebedingung verzichten und ein Elektrodenpaar an einen zwar freipräparierten, aber nicht durchtrennten Nerven anlegen, dann wird einerseits die Kurve viel komplizierter, es sind nämlich 4 verschiedene Potentialdifferenzen wirksam und man sieht deswegen solche Ableitungen fast nie abgebildet und andererseits vermindert sich die Spannungsausbeute nochmals um den Faktor 3 (etwa 3 mV). Die Kurve enthält vor allem jetzt gleichzeitig negative und positive Auslenkungen und dadurch steigt die Wahrscheinlichkeit, daß sich in einem bestimmten Zeitpunkt ein negatives Potential teilweise oder ganz nach außen mit gleichzeitigen positiven Wirkungen aufhebt.

Unter experimentellen Bedingungen der Peripherie ist es leicht, durch einen elektrischen Reiz oder durch synchrone mechanische Erregung der Receptoren alle oder fast alle der vorhandenen schnellen Fasern genau synchron zu aktivieren. Bei spontaner, also zeitlich beliebig gestreuter Anregung der nebeneinander liegenden Fasern — diese Bedingung ist für das ZNS fast immer gültig — haben wir für jede aktivierte Faser eine große Anzahl von inaktiven Fasern, die als Nebenschlüsse nicht mehr die Potentialausbreitung unterstützen, sondern sie verschlucken. Selbst in Zeitabschnitten, in denen in statistischer Streuung relativ viele Fasern aktiv sind, erreichen wir nur noch den zehnten Teil der Spannungswerte im Vergleich zur synchronen Aktivierung.

Die bisher genannten Spannungswerte galten für Nervenbündel, die von ihrem Nachbargewebe freipräpariert waren und durch Elektrodenkörper oder umgebendes Paraffinöl isoliert sind gegen die Nebenschlüsse aus dem umgebenden Gewebe. Ein Nervenfaserbündel *in situ* macht den Potentialübergang auf unsere Elektroden aber nochmals sehr viel ungünstiger durch den Nebenschluß der großen Querschnitte des umgebenden inaktiven Gewebes. Wir kommen damit zu so kleinen Spannungen, daß sie häufig gerade an der Grenze der Erkennbarkeit dicht über dem Rauschpegel liegen. Eine kurzzeitige Synchronisation vieler Fasern, wie bei der elektrischen Reizung, ist in der weißen Substanz deswegen nicht gegeben, weil diese aus verschiedenen Rindengebieten stammen können, wahrscheinlich von verschiedenen Schichten der Hirnrinde ausgehen und auch ihre von der Peripherie kommenden Aktivitäten niemals in einem streng synchronen Rhythmus erhalten.

Eine weitere physikalische Bedingung ist im Gehirn sehr viel ungünstiger als in der Peripherie. Die Aktivierung einer α-Faser ist gleichzeitig auf einer Länge von 3—4 cm vorhanden. Man spricht von der „Wellenlänge" und die Ableitung erhält die höchsten Spannungswerte, wenn der Abgriff in ähnlicher Länge erfolgt. Das ist aber im Gehirn, selbst bei den Dimensionen des Menschen, niemals möglich, weil bei so weiten Abgriffen speziellere Lokalisationen verlorengehen.

Das sind die Ursachen, warum wir nur kleinere Potentiale mit geringer Deutungsmöglichkeit aus der weißen Substanz des Gehirns ableiten können. Unter normalen Bedingungen ist nur eine zeitlich gleichmäßig gestreute Aktivität der nahe bei den eingestochenen Elektrodenspitzen liegenden Fasern vorhanden. Nur unter den Bedingungen des Krampfanfalls und dann vor allem im späteren klonischen Stadium haben wir eine stärker synchrone Aktivität, die dann auch von Fasergebieten kräftigere Spannungsschwankungen liefert. Die normalerweise entstehenden kleinen Potentiale sind oft überdeckt durch Einstreuungen aus benachbarten Rindengebieten. Auch die Hirnrinde zeigt außerordentlich viele Faserverbindungen, wenn man sich ein Silber- oder Markscheiden-Bild eines Hirnrindenschnittes ansieht. Im Golgibild sieht man außerdem, wieviele Kollateralen und Dendritenverästelungen bereits ein einzelnes Neuron hat, dessen Millionenzahl dicht gepackt den Cortex ausfüllt.

Das corticale Gewebe besteht also auch ganz überwiegend aus Faserverbindungen. Es muß aber bedacht werden, daß der weitaus größere Anteil dieses Fasergewirrs anatomisch und räumlich und infolgedessen auch in der bio-elektrischen Aktivität in engster Beziehung steht zu corticalen, also nahe gelegenen Nervenzellen.

In Abb. 4a ist zunächst vereinfachend die Zelle als Kugel dargestellt, die gegen ihre Oberfläche eine isolierende Membran hat. Wenn die isolierende Eigenschaft der Membran auf der ganzen Oberfläche zu gleicher Zeit aufhört, würde zwar auf der ganzen Kugeloberfläche ein Potentialausgleich stattfinden mit dem entsprechenden Austausch von Kalium- und Natrium-Ionen, wie wir jetzt wissen, aber es würde für einen außenstehenden Beobachter, also für eine extracelluläre Mikro-Elektrode oder für unsere makroskopischen EEG-Elektroden keinerlei Wirkung nachweisbar sein von diesem internen Vorgang auf der Kugeloberfläche.

Diese Überlegung behält einige Bedeutung, wenn man nur den Zellkörper in Betracht zieht, wie er in *b* in der schematischen Darstellung einer Nissl-Färbung vorliegt. Sobald wir die vereinfachende Annahme verlassen, daß der ganze Zellkörper nicht mehr zur gleichen Zeit auf seiner Oberfläche aktiviert wird, haben wir bereits im Umkreis dieser einzelnen Zelle einen Stromfluß zwischen den aktivierten und nichtaktivierten Gebieten der Zellmembran. Dieser Stromfluß ist bekanntlich notwendig, um die Ausbreitung der Aktivität über die weiteren Membranteile vorzunehmen. Auch wenn man nur 0,2 msec annimmt für die

Ausbreitung der Erregung, wie sie vom ursprünglichen Erregungsfocus ausgeht, über den ganzen Zellkörper, wird damit schon eine gewisse elektrische Wirkung ausgestreut, die allerdings auf den engsten Umkreis der Zelle beschränkt bliebe, wenn wir nur die Aktivität des Zellkörpers in Betracht ziehen. Wir wissen aus der Technik von extracellulären Ableitungen mit Mikroelektroden, daß diese fast immer das Potential einer einzelnen benachbarten Zelle stark bevorzugen und größer wiedergeben. Es ist also offenbar ein steiler Gradient vorhanden für die Abnahme der Potentialwerte mit zunehmender Entfernung von der Zelle.

Für die Darstellung der tatsächlichen Verhältnisse ist in Abb. 4c eine vollständige Zelleinheit mit wesentlich geringerer Vergrößerung wiedergegeben, in der also insbesondere das umfangreiche Dendritennetz berücksichtigt ist, sowie der Achsenzylinder mit den etwa vorhandenen Kollateralen. Wir sehen jetzt, daß in bezug auf räumliche Ausdehnung der Zellkörper beinahe ganz verschwindet,

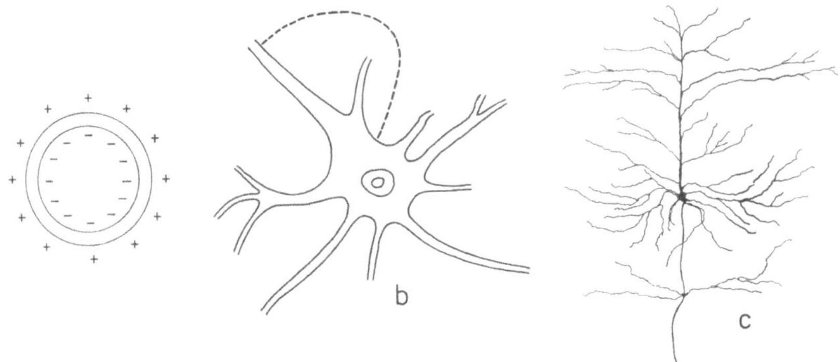

Abb. 4a—c. *Neuronenschema:* a Primitiv dargestellte Zelle mit Potentialdifferenz zwischen innen und außen. b Nervenzelle mit der über die Dendriten gegebenen, aber noch wenig bekannten Verkoppelung der Zell-Potentiale zur Umgebung. Die gestrichelte Linie deutet eine Stromschleife an in einem Zeitpunkt, in dem die Dendriten von einer Aktivierung noch weniger erfaßt sind als das Zellzentrum. c Gesamtdarstellung einer Rindenzelle, in der die größere Bedeutung der Dendriten und Axon-Kollateralen für die Potentialausbreitung hervorgehoben werden soll, gegenüber dem Einfluß des Zellzentrums

und dies Überwiegen der äußeren Zellteile gilt mit Sicherheit auch, wenn man die Gesamtoberfläche des Dendritennetzes in Beziehung setzt zur Oberfläche des eigentlichen Zellkörpers. Auch das Volumen an nervöser Substanz wird wahrscheinlich für die Dendriten vielfach größer sein als das eigentliche Zellvolumen.

HUXLEY und STÄMPFLI (*8*) haben festgestellt, daß das Zellplasma in Nervenfasern eine fast ebensogute Leitfähigkeit hat wie die Ringerlösung. Die spezifische elektrische Leitfähigkeit innerhalb des Zellkörpers und mindestens innerhalb der dickeren Dendritenäste wird deswegen besser sein als die spezifische Leitfähigkeit der umgebenden Glia, die durch die Anfüllung des Extracellularraumes mit den Membranen (hohen Widerstandes) von fremden Zellkörpern und Zellausläufern sehr eingeschränkt wird in ihren Querschnitten.

Das was uns bei der kugelförmigen Zelle fehlte, nämlich der Referenzpunkt, wodurch uns die Aktivierung geheimgehalten werden konnte, ist mit der Einbeziehung des Dendritennetzes gegeben. Wir haben jetzt den elektrischen Referenzpunkt auch für eine zunächst isolierte Aktivierung des Zellkörpers. Es ist auch bei zahlreichen früheren Erörterungen dieses Themas festgestellt, daß man das Dendritennetz als Potentialbezugspunkt für den Zellkörper ansehen kann.

Der Leitungsquerschnitt in den Dendriten ist vor allem in den feinen Ausläufern klein, aber dafür ist die Zahl dieser feinen und feinsten Ausläufer sehr groß und es ist der Weg für den Rückstrom infolge seiner dreidimensionalen Ausdehnung sehr erleichtert. Ob diese Bezugspunkt-Eigenschaft der Dendriten ihre eigentliche und wichtigste Aufgabe darstellt, erscheint unwahrscheinlich. Die immer anatomisch sehr speziell ausgebildete Ausbreitung der Dendriten deutet darauf hin, daß über ihr Netz Erregungen von afferenten Synapsen zum Zellkörper und umgekehrt auch Nachrichten der stattfindenden Aktivierung ihres Zellkörpers an andere Orte getragen werden sollen [Rückmeldung (16)].

Die Frage, welche elektrischen Wirkungen die Ausbreitung von Erregungen über das Dendritennetz haben kann, hat Herr Dr. CASPERS heute vormittag mit eindrucksvollen Experimenten behandelt. Es lag mir daran, eine gewisse Beziehung zwischen den dabei gewonnenen Vorstellungen und meinen Überlegungen herzustellen. Ergänzend kann ich noch auf einen Punkt hinweisen. Das Argument ergibt sich aus einer Betrachtung der mikroskopischen Struktur der Hirnrinde. Bei Betrachtung solcher Präparate erkennt man, daß zunächst die oberste Rindenschicht, die also unseren Ableite-Elektroden am nächsten liegt, und zweifellos die besten Aussichten hat zur Potentialausbreitung durch Schädelknochen und Kopfschwarte, fast keine Zellen enthält und ganz überwiegend aus Dendriten und Faserverbindungen besteht. Diese Strukturen haben ihre dazugehörigen Neurone fast immer in tieferen Rindenschichten, so daß man allgemein von einer Tendenz sprechen kann, daß sich die Aktivitätswellen in tieferen Schichten der Hirnrinde beginnend aufsteigend nach der Oberfläche zu ausbreiten. Es sei daran erinnert, daß bei peripherer Aktivierung die erste Auslenkung die Oberfläche elektropositiv macht. Dies könnte der Ausdruck sein dafür, daß die tiefer liegenden Zellkörper bei der plötzlichen Aktivierung elektronegativ wurden, wofür das Dendriten-Gegengewicht elektropositiv wurde.

Zwischen unseren heutigen intra- und extracellulären Mikroelektroden-Ableitungen und den Makroelektroden-Sammelableitungen liegt wahrscheinlich eine ganze Fülle von elektrischen Erscheinungen, über die wir noch wenig wissen und die deswegen fast ganz in unseren Betrachtungen fehlen. Es ist zwar im Rückenmark KOLMODIN (11) und SKOGLUND (10) gelungen, intracelluläre Einzelableitungen von kleineren Zellkörpern, von Zwischenneuronen zu machen, aber dies gelingt sehr viel seltener als von den großen Motoneuronen. Im Cortex ist die Zahl von kleinen Zellen (Körnerzellen) vielfach größer, als die Zahl der größeren Zellen, die sich in unseren Mikro-Ableitungen mit ihrer Aktivität melden. Die Chance zum Treffen und Anstechen einer Zelle von einigen Mikron Größe ist quadratisch mit dem Durchmesser abnehmend geringer und die Chance, daß die Zelle dies überlebt ist ebenfalls sehr viel geringer. Wir wissen, daß die Entladungsdauer größerer Zellen, z. B. der spinalen Motoneurone mit 0,8 msec in ähnlicher Größe liegt, wie die der davon ausgehenden Faser (mit 0,4 msec spike-Dauer). Die kleinen Zellen sind mit sehr viel dünneren Axonen verbunden, von denen wir aus der peripheren Neurophysiologie die spike-Dauer mit einigen msec Dauer kennen. Dementsprechend haben vielleicht die zahlreichen kleineren Zellen Entladungsdauern von 4—5 msec ähnlich den Sympathicus-Zellen [R. M. ECCLES (2)]. Für eine β-Welle mit 50 msec Dauer oder für die eine Hälfte einer α-Welle oberhalb oder unterhalb der Mittellinie mit gleicher Dauer wäre der

Aufbau aus der Aneinanderreihung von 10—12 Entladungsdauern schon eher vorstellbar, als der Aufbau aus 50 hintereinanderliegenden Zeiten von 1 msec der größeren Zellen. Wir wissen eben noch zu wenig von der bioelektrischen Aktivität der unendlich vielen und in vielen Formen vorhandenen kleinen und kleinsten Zellen des Cortex.

Diese Überlegungen über den großen Verlust an Spannung zwischen den aktiven Gewebsteilen und unseren Ableite-Elektroden haben gleichermaßen Gültigkeit, ob wir von der Kopfhaut das EEG, vom freigelegten Cortex das Corticogramm oder mit Einstichelektroden extracellulär Rindenpotentiale ableiten.

Da wir das EEG immer von der Kopfhaut in einiger Entfernung vom Gehirn ableiten, ist eine physikalische Betrachtung notwendig über die Verluste bei

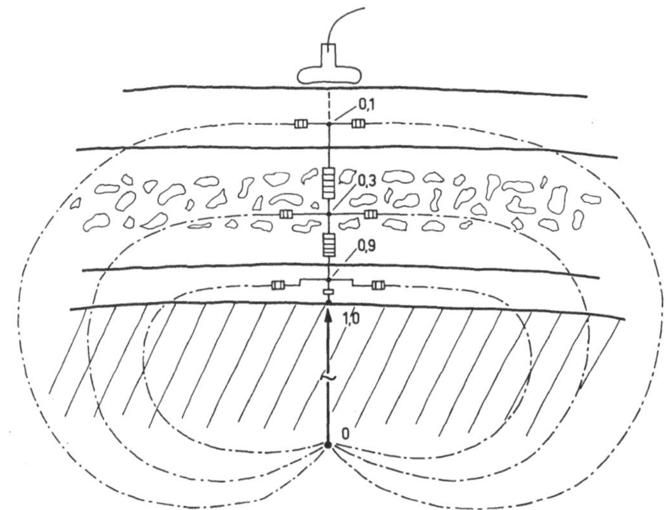

Abb. 5. *Spannungsminderung der EEG-Potentiale auf dem Weg vom Cortex zur Elektrode*

Durchleitung durch den Schädelknochen, Kopfschwarte und die Kopfhaut. Diese habe ich in der Anfangszeit des EEG in Berlin-Buch anhand der in Abb. 5 wiedergegebenen Abbildung experimentell und theoretisch bearbeitet (*17*). Ein in der Hirnrinde gedachter Dipol kann seine Potentialdifferenz auf verschiedenen Wegen ausbreiten. Uns interessieren vor allem die Wege, die von der Cortex-Oberfläche durch den Schädelknochen führen. Es liegt dafür ein geschichtetes Medium vor, von dem der subdurale Liquorraum und die Hirnrinde selbst als gut leitend, die Tabula interna und externa des Schädelknochens als schlechtleitend mit größerem Spannungsabfall, die besser durchblutete Diploe und die Kopfschwarte wieder als gut leitend angesehen werden können. In den gut leitenden Schichten findet nun jedesmal ein Spannungsausgleich statt mit seitlichen Gebieten, die nicht unter der Einwirkung des Dipols stehen. Ableitungen aus Bohrlöchern, die eine Auflage der Elektroden auf der Dura erlauben, ergeben fast vollständig die Spannungshöhe der Ableitung vom freigelegten Cortex, aus der Diploe erhalten wir aber nur noch ein Drittel, weil eine Spannungsteilung eintritt beim senkrechten Durchtritt durch den hohen Widerstand der Tabula interna mit dem geringen Widerstand für die großflächige seitliche Ausbreitung in der Diploe. Diese Spannungsteilung tritt nochmals beim Durchtritt durch die Tabula externa und die seitlich gut leitende Kopfschwarte auf, so daß zwischen Cortex und Kopfhautableitung ein Verlust mit einem in der Größenordnung 10 liegenden Faktor auftritt. Im Tierversuch werden die Verluste noch größer, weil der größere Teil der Schädeldecke noch mit Muskeln bedeckt ist. Die Durchleitung durch die Schädeldecke wird wesentlich günstiger, wenn unter der Ableitestelle nicht ein punktförmiger spannungsgebender Dipol liegt, sondern eine über eine größere Fläche synchrone und gleichgerichtete Aktivität. Dann entfallen die Verluste durch die seitliche Ausbreitung in den gut leitenden Schichten, weil die Nachbargebiete auf gleiches Potential gebracht werden, so daß kein seitlicher Stromfluß gegeben ist. Damit ist bei den Kopfhaut-Ableitungen eine starke Bevorzugung gegeben für gemeinsame Aktivitäten größerer Flächen, während engumschriebene isoliert auftretende Potentiale, wie wir sie zur Gewinnung lokalisatorischer Daten brauchen, nur erkennbar werden mit bipolaren Ableitungen und auch dann nur mit einer erheblichen Unschärfe. Dies erklärt, daß die im Kopfhaut-EEG vorhandene Dominanz von α- und β-Wellen im Corticogramm zurücktritt, wo mehr unregelmäßige frequente Abläufe erkennbar sind.

Zum Schluß dieses Abschnittes komme ich auf einen Punkt zurück, zu dem Herr CASPERS uns heute wichtige neue Daten geliefert hat, nämlich auf die Frage des *Aktivitätsnullpunktes*. Wenn wir von einem Nerven ableiten, so haben wir, solange dieser keine spontane oder künstliche Erregung führt, ein ganz bestimmtes Ruhepotential an unseren Ableite-Elektroden, aus dem sich mit gesicherter Polarität und auch mit quantitativ ziemlich gut vorher bestimmbarer Größe die bioelektrischen Folgen der gereizten oder spontanen Aktivität herausheben. Das gilt für Muskelfasern in gleicher Weise. Die etwaigen Nachpotentiale in Verbindung mit Stoffwechsel- und Erholungsvorgängen erreichen im Verhältnis zur Aktivitätsspike nur wenige Prozent, sind aber dafür vielfach länger. Der klare Unterschied zwischen Ruhe und Aktivität ist auch noch in hohem Grade bei Ableitungen vom Rückenmark gegeben. Die Spontan-Aktivität des Rückenmarks ist relativ klein und bei elektrischer Reizung von Hinterwurzeln oder auch von peripheren gemischten Nerven der Vorderwurzeln hebt sich der Reizerfolg eindeutig von einem gesicherten Grund-Niveau ab. Auf dem Cortex und ebenso in subcorticalen Zentren ist eine ähnlich klare Bezugnahme auf einen Aktivitäts-Nullpunkt nicht möglich. Naturgemäß muß eine bipolare Ableitung in dieser Beziehung noch mehr unklar bleiben, wie eine gut arrangierte unipolare Ableitung. Wenn man Negativität mit gesteigerter Aktivität in Beziehung setzt, so kann bei bipolarer Ableitung sowohl die eine wie die andere Elektrode negativ werden, und wir können infolgedessen Aktivitätsausschläge in beiden Polungen erhalten. Wir haben diese Verhältnisse praktisch vorliegen, wenn wir über dem inaktiven Focus eines lokalisierten Tumors in der einen Annäherung die umgekehrte Phasenlage vorfinden, wie in der anders gerichteten Annäherung.

Auch der Charakter der langsamen Wellen gestattet uns nicht, in dieser Frage Anhaltspunkte zu gewinnen. Wir haben nur im klonischen Zustand einer Krampfentladung mit einer unipolaren Ableitung ein klares Bild, wenn die Gegenelektrode auf wirklich inaktivem Gewebe liegt. Zwischen den einzelnen Klonusentladungen ist meistens eine so starke Erschöpfung der Hirnrindentätigkeit durch den

vorhergehenden tonischen Teil des Krampfes übrig geblieben, daß man eine kl.
Null-Linie erhält. Auch mit dem kondensatorgekoppelten Verstärker heben sich
die einzelnen Klonusentladungen deutlich aus der Null-Linie heraus, so daß wir
wirklich sehen können, wie einerseits die elektrische Grundlinie für völlig fehlende
Neuronenaktivität liegt und wie andererseits die Aktivität wirkt. Die bioelektrischen Verhältnisse der Krampfentladungen, bei denen sich wahrscheinlich
fast alle in der Nähe der Elektroden vorhandenen nervösen Elemente an der
gleichzeitigen oder nahezu gleichzeitigen Entladung beteiligen, haben aber zu
wenig Beziehung zu der normalen Hirnrindenaktivität. Es ist keineswegs zulässig,
das bio-elektrische Geschehen der Krampfentladung nur als ein quantitativ
erhöhtes Aktivitätsniveau zu betrachten. Es ist in bezug auf den Erregungsaustausch und die Funktionsgesetze etwas grundsätzlich anderes, so daß wir sehr
zurückhaltend sein müssen, die Befunde einer Krampfentladung zur Ausdeutung
der elektrischen Erscheinungen der Spontan-Aktivität zu benutzen. Das geht
auch daraus hervor, daß eben hier die Referenzlinie niemals gegeben ist. Wir
können, wenn wir in einer corticalen Ableitung 200 μV von Spitze zu Spitze der
Wellen messen, nicht aussagen, ob die Aktivitäts-Null-Linie in 300—500 oder
800 μV Abstand liegt. Es ist durchaus denkbar, daß die tatsächliche Aktivität
um einen Mittelpunkt von 500 μV schwankt mit Spitzenwerten zwischen 400 und
600 μV, wovon wir aber nur 200 μV als Umfang des Wechsels in der Ableitung
erhalten. Einen Bezugspunkt herzustellen dadurch, daß wir die corticale Aktivität
durch Narkose oder Asphyxiierung ausschalten, kann zu keinen Ergebnissen
führen, weil durch diese Maßnahmen gleichzeitig das Ruhepotential der Hirnrinde
um viele 1000 μV durch die veränderten Kreislauf- und chemischen Bedingungen
abgewandelt wird. Erstaunlicherweise zeigt auch eine nach tiefer Narkose oder
nach Asphyxiierung langsam wieder beginnende partielle Aktivität nicht ein
Muster, in dem sich einzelne langsame Wellen in einer Polarität aus einer Null-
Linie herausheben, sondern auch die schwache Aktivität zeigt in unseren Ableitungen eine Wellenform, die uns eine Beziehung zum Inaktivitätszustand nicht
offenbaren kann. So wird uns durch die wichtige und erfreuliche Tatsache, daß im
normalen Gehirn immer eine EEG-Aktivität vorhanden ist, am meisten behindert,
in der Beziehung zwischen EEG-Wellen und nervösem Substrat genauere physikalische Deutungen zu gewinnen.

Fortsetzung s. S. 58.

Diskussion

R. Janzen:

Ich danke Herrn Tönnies für sein überlegen gestaltetes Referat. In der Diskussion mögen
die Fragen der Physiologie an Herrn Tönnies und an die Physiker und Techniker unter uns
im Vordergrund stehen.

R. Jung:

Herr Tönnies hat mit Recht auf die elektrophysiologischen Unterschiede der verschiedenen Nervenfasern, die marklosen und die markhaltigen, hingewiesen, und ich möchte
in diesem Zusammenhang auf einen Befund Gassers aufmerksam machen, der bisher nie für
die Deutung des EEG verwendet wurde, obwohl er manche Hinweise geben kann. Man hat
zwar von Nachpotentialen gesprochen, aber bekanntlich bilden die Nachpotentiale beim
markhaltigen Nerven nur einen winzigen Bruchteil des spike-Potentials und deswegen können
sie keine große Rolle spielen. Aber es gibt eine Nervenfaserart, die Gasser (4) untersucht hat:

die marklosen Hinterwurzelfasern, die er d.r.C-Fasern *(dorsal root C-fibres)* nennt, und die sich anders verhalten als die anderen C-Fasern. Sie haben die Eigenschaft, daß sie ein *großes Nachpotential* haben, das bis zu einem Drittel der spike-Höhe aufweisen kann.

Es könnte sein, daß sich im Cortex gewisse Nervenzellen mit ihren Dendriten, die ja marklose Strukturen sind, ähnlich verhalten, vor allem bestimmte Zwischenneurone und ihre Dendriten. Deren langsame Nachpotentiale könnten für das EEG eine Rolle spielen, im Gegensatz zu den dicken Nervenfasern und Nervenzellen, deren kurze spikes wir mit Mikroelektroden ableiten. Durch d.r.C-ähnliche Nachpotentiale in räumlich ausgedehnten Dendritenstrukturen wären langsame und langdauernde EEG-Wellen mit großen Amplituden besser erklärbar. Das ist aber bisher noch nicht genügend untersucht worden. Mikroelektrodenableitungen mit Vergleich der Einzelneuronableitungen und Oberflächenpotentialen werden vielleicht einiges ergeben, wenn wir beides durch afferente oder corticale Reizung synchronisieren, weil Untersuchungen der spontanen Tätigkeit mit einzelnen Mikroelektroden große statistische Probleme aufwerfen.

Dann noch eine andere Beobachtung über Gleichstrompotentiale im klinischen EEG, die nur wenig beachtet wurde: die Potentialverschiebung beim petit mal-Anfall. Beim petit mal verläuft das gesamte Potential bei unipolarer Ableitung von der frontalen bis parietalen Schädelkonvexität jeweils auf der *elektronegativen Seite* der ursprünglichen Grundlinie (mit Bezug zum Ohr). Wenn wir mit dem Gleichstromverstärker ein petit mal ableiten, dann sieht man alle spikes and waves auf der elektronegativen Seite und nur durch die Kondensator-Eigenschaften unserer CW-Verstärker kehren die Ausschläge wieder über die Grundlinie zurück. Beim petit mal, wo wir sehr große Amplituden haben, die wir sonst im klinischen EEG nie sehen, muß offenbar eine massive oberflächennegative Gleichstrompolarisierung der Hirnoberfläche vorhanden sein. Ich habe das 1939 kurz erwähnt in einer Arbeit (8), die sich mit den vegetativen Veränderungen und der Blockierungswirkung von Sinnesreizen beim petit mal beschäftigte. Diese Beobachtungen gewinnen heute wieder vermehrtes Interesse, da eine oberflächennegative Potentialververschiebung am Cortex auch tierexperimentell durch Reticularis- oder Thalamusreizung erzeugt werden kann, wie wir schon mit Herrn CASPERS diskutiert haben.

F. SCHWARZER:

Ich hätte noch einen Punkt zur apparativen Seite, den ich Differentialprüfung nennen möchte. Herr TÖNNIES hat vorhin erläutert, daß bei einseitig schlechter Elektrode Störartefakte auftreten. Wir haben häufig Abschirmungen in den Kliniken mit so großartiger Ausführung angetroffen, daß selbst bei schlechtester Elektrodenlage keine Artefakte auftraten. Wir haben mit einem Münchener Herrn eine kleine Einrichtung ausprobiert, mit der eine kleine Wechselspannung von 50 Hz, mit etwa 10 mV, in die Massezuleitung des Patienten eingeschaltet werden kann, durch Betätigen eines Druckknopfes. Man hat dann das gleiche Bild, wie in einem mit 50 Hz gestörtem Raum, aber genauer definiert in der Störgröße. Man kann damit das Elektroden-Auflegen zuverlässiger kontrollieren und wir werden dazu vielleicht einen kleinen Zusatzapparat anfertigen. Man kann damit die gestörten Elektroden sofort ausfindig machen.

J. A. SCHAEDER:

Ich darf in Ergänzung zu der Bemerkung von Herrn SCHWARZER erwähnen, daß TÖNNIES in Berlin-Buch etwa 1934 an den Fünffach-Neurographen eine Wechselstrommeßbrücke angebaut hatte, mit der man durch Eintasten von Störsignalen den Elektrodensitz kontrollieren konnte. Es ist also eine bewährte Methode.

Es war die Rede vom Differential-Faktor, der in vielen Fällen angegeben wird mit 10 000, der an sich aber nur mit 300 oder einem ähnlichen Wert gegeben zu sein braucht. Ich glaube, es ist nicht so, daß er nicht höher als 300 mit Sicherheit gehalten werden kann. Es gibt Schaltungen, die ihn auch mit technischer Sicherheit in einer Größenordnung von besser als 1000 festhalten. Eine andere Frage ist es, ob dieses hohe Störschutzverhältnis auch ausgenutzt werden kann. Die in die Patienten-Zuleitungen eintretenden Störungen sind ja nur z. T. kapazitiver Natur und können auch durch kleinste magnetische Streufelder induktiv einwirken. Dagegen ist aber die Rejektion im Sinne der Differential-Verstärkung unwirksam und man kann nur durch enges Zusammenlegen der Elektrodenleitungen die Induktionsschleifen vermeiden. Ein besserer Rejektionsfaktor als 1000 ist deswegen kaum noch sinnvoll.

Schließlich möchte ich noch etwas sagen zu der Bezeichnung „Differential-Verstärker" und ich bitte um Entschuldigung, wenn ich damit Herrn Tönnies, der mich in die Verstärkertechnik eingeführt hat, entgegentrete. Der Name hat sich eingebürgert, aber ich möchte darauf hinweisen, daß kein Differential verstärkt wird, sondern eine *Differenz*. Ich meine, daß man dieses auch heute noch richtigstellen sollte. In der Elektrokardiographie hat man sich zu dieser Bereinigung entschlossen und benutzt jetzt die Bezeichnung „*Differenz-Verstärker*".

J. F. Tönnies:

Was Herr Schaeder sagt, ist zweifellos richtig. Der Ausdruck Differential-Verstärker, an dessen Entstehung ich mitgewirkt habe, ist vielleicht dadurch eingeführt, daß ich damals, Anfang 1936, nach Amerika kam mit geringen englischen Sprachkenntnissen und daß ich meine Gedanken über den Nutzen dieses Prinzips unter dieser ungenauen oder unrichtigen Bezeichnung verbreitet habe. Ich möchte jedoch die Notwendigkeit unterstreichen, den Begriff „Differenz-Verstärker" für die hier besprochene Technik der Störungs-Unterdrückung und der Möglichkeit zu einer beliebigen Anzahl von unabhängigen Einzel-Ableitungen, zu trennen von einem echten Differential-Verstärker. In der experimentellen Neurophysiologie werden Schaltungen, in denen tatsächlich der Differentialquotient eines Spannungsverlaufs erkennbar gemacht wird, jetzt häufiger angewendet. Bei Mikroelektroden-Untersuchungen an einzelnen Zellen [Eccles (*1b*) u. a.] und Studien über die saltatorische Nervenleitung [Stämpfli (*8*) u. a.] erhält man zusätzliche Informationen mit einer Darstellung der Anstieg-Steilheit neben einer Darstellung des Anstieg-Verlaufs. Solange die Spannung zunimmt, ist die Kurve des Differentialquotienten positiv, sie wird mit Erreichen des Spannungs-Gipfel gleich Null und zeigt während der Spannungsabnahme entsprechend der Steilheit des Verlaufs mehr oder weniger große negative Werte. In solchen Kurven wird der Übergang auf verschiedene Steilheiten des Verlaufs sehr viel deutlicher hervorgehoben und man kann diesen Änderungen der Steilheit bestimmte physikalische Prozesse der Erregungsausbreitung zuordnen. Die Schaltungen dafür sind einfach, indem man Ankopplungen über extrem kurze Zeitkonstanten benutzt.

Die Anregung von Herrn Schwarzer zur besseren Erkennung von ungenügender Elektrodenauflage kann man auch ohne spezielle Apparatur verwirklichen durch Unterbrechung der Erdleitung. Es erhöht sich dann auch die auf das Elektrodenpaar gemeinsam einwirkende Störspannung sehr stark, allerdings nicht in einer gut definierten Größe, aber ein ungewöhnlich hoher Übergangswiderstand einer einzelnen Elektrode wird auch damit deutlicher erkennbar.

Der Hinweis von Jung auf die marklosen Dendriten-Ausläufer sollte dahin ergänzt werden, wie Jung es bei anderer Gelegenheit betont hat, daß diese in ganz ungewöhnlich dünnen und deswegen sehr langsamen Verästelungen auslaufen. Es wird heute auch von vielen Forschern angenommen, daß die Erregungen beim Austreten aus dem Zellkörper keineswegs vollständig bis in die letzten Spitzen der Dendriten hinein sich fortpflanzen, daß sie also unterwegs stecken bleiben. Von peripheren Nerven wissen wir, daß die Geschwindigkeit der Fortleitung sich sehr stark verlangsamt, wenn wir durch Kälte, Kompression oder Pharmaka einen partiell wirksamen Block einwirken lassen. Ein vollständiges Abklingen der Fortleitung in den Dendritenausläufern würde zu der ohnehin längeren Aktivierungszeit in kleinen und kleinsten Zellen und in dünnen und dünnsten Fasern erhebliche Zeitelemente hinzufügen, die sich besser zum Aufbau der EEG-Wellen eignen, als die kurze Entladungsdauer der großen Neurone und Axone (1 msec), an die wir wegen unserer besseren elektrophysiologischen Kenntnisse dieser Elemente unberechtigterweise immer zuerst denken. Wir brauchen deswegen keine bisher unentdeckten neuartigen bioelektrischen Qualitäten im Cortex zu fordern, wenn uns eine Zusammensetzung aus vielen 1 msec-spikes nicht vernünftig erscheint. Ein Aufbau aus vielen Einzelprozessen von 10 msec Dauer ist als Arbeitshypothese schon akzeptabler.

Als Stütze für die Annahme, daß sich die EEG-Wellen aus den bio-elektrischen Spuren der Entladungen vieler Einzel-Zellen aufbauen, können wir auch auf die Tatsache hinweisen, daß die Wellen von evoked potentials, also die Entladungen nach peripheren Reizen, z. B. nach Augenbelichtungen, grundsätzlich ähnliche Zeiten zeigen, wie schnelle EEG-Wellen. Wir wissen aus Mikroelektroden-Ableitungen mit Sicherheit, daß nach dem Eintreffen der afferenten Reizung am Cortex eine größere Anzahl von Zellen bevorzugt und in festliegender zeitlicher Kopplung zum Reiz zur Aktivität gebracht werden. Es gibt also durchaus positive

Hinweise für die Beziehung zwischen Einzelzell-Entladungen und den EEG-Wellen neben den vielen Fällen, in denen es uns zu unserer Enttäuschung nicht gelingt, eine Beziehung zu bestätigen.

R. Jung:

Diese Korrelation ist nur für den *oberflächenpositiven Anteil der evoked potentials* zutreffend. Die folgende elektronegative Welle zeigt dagegen nach GRÜSSER und GRÜTZNERs Untersuchungen meistens fehlende Spikes. Es muß sich also um eine langsame Potentialverschiebung, unabhängig von den Einzelzellentladungen, handeln.

Allgemein kommen wir beim EEG nicht um die Annahme *langsamer Potentialverschiebungen* herum, seien sie Oscillationen um ein geregeltes Gleichgewicht verschieden gerichteter D. C.-Potentiale oder langsame Zwischenglieder mit Membranveränderungen langer Zeit-Konstante, die in Serie zwischen den raschen Spikes und unseren Ableitungen geschaltet sind. Welche Membranstrukturen hierfür in Frage kommen, ist noch unbekannt.

A. Kofes:

Könnte man nicht die Schaltung, die wir bisher Differentialverstärker nennen, mit dem Ausdruck „Gegentakt-Verstärker" bezeichnen, wie dies sonst in der Technik geschieht, im Gegensatz zum „Eintaktverstärker". Bei Benutzung von kurzen Zeitkonstanten in der Nähe der oberen Grenzfrequenz fängt ja auch ein richtiger Differentialverstärker an, den Differentialquotienten zu bilden.

J. F. Tönnies:

Die Bezeichnung „Gegentakt-Verstärker" wäre in mancher Beziehung sinnvoll und auch der gebräuchlichen technischen Ausdrucksweise angepaßt. Trotzdem kann man Bedenken dagegen haben, weil der Ausdruck Gegentakt oder push-pull vor allem betont, daß der Aussteuerung der einen Verstärkerseite eine etwa gleichgroße entgegengesetzte der anderen Seite entspricht. Für den Differenzverstärker braucht dieses Merkmal keineswegs gegeben zu sein, oft ist zwischen einer ohrnahen Elektrode und dem Ohr (als Referenzpunkt) fast keine Aussteuerung vorhanden und die Nutzaussteuerung liegt nur auf einer Elektrode, mit der wir eine unipolare Ableitung anstreben. Das wichtigere Merkmal ist dann die Rejektion, also die Ausschaltung der auf beiden Elektroden liegenden Stör-Aussteuerung, also die Heraushebung der Differenz. In der ersten Verstärkerstufe wird dann allerdings schon in der üblichen Schaltung eine Gegentaktaussteuerung daraus, aber es gibt auch Differenz-Eingangs-Verstärker-Schaltungen, die nach der ersten Stufe im Eintakt weiter geführt werden können. Darin ist nirgends Gegentakt-Wirkung oder etwas ähnliches vorhanden.

A. Kofes:

Man kann doch einen Gegentaktverstärker auch als Differenz-Verstärker benutzen, weil die Bedingung für eine hohe Rejektion dadurch gegeben ist, daß beide Seiten gleichen Verstärkungsfaktor haben.

J. F. Tönnies:

Das stimmt ungefähr für die gebräuchlichen Eingangsschaltungen mit gemeinsamem Kathodenwiderstand. Wenn man dagegen die Kathoden erdet oder festhält, bleibt es immer noch ein Gegentaktverstärker, aber ein echter Differenzverstärker ist dadurch nicht gegeben, weil auch die gemeinsamen Aussteuerungen mit weiterverstärkt werden und dann am Ausgang schon die Kennlinien verstopfen können, wenn die wiederzugebende Differenz-Aussteuerung noch klein ist.

F. Schwarzer:

Auch ich habe die Auffassung vertreten, daß der Differenzverstärker nicht mit dem einfacheren Gegentaktverstärker, der nur eine spezielle bzw. simplifizierte Form des Differenzverstärkers ist, identifiziert werden kann. Dem Gegentaktverstärker fehlt das Kennzeichen, daß er auch von unsymmetrischen (einseitig bis zum Grenzwert Null) Spannungen einwandfrei durchsteuerbar ist.

A. Kofes:

Was Herr Schwarzer eben sagte, geschieht jedesmal, wenn wir unipolare Ableitungen machen, dann erden wir die eine Seite dieses von mir als Gegentakt-Verstärker bezeichneten Aufbaus und machen dadurch aus einem Gegentakt-Verstärker einen Eintakt-Verstärker.

J. F. Tönnies:

Es bleibt aber die Differenzbildung auch dann noch erhalten, wenn wir, wie das üblich ist, die inaktive Elektrode an einem nicht aktiven Gewebeteil, z. B. am anderen Ohr, anbringen. Wir müssen deswegen doch, wenn wir neue Ausdrücke formen, begrifflich getrennt halten den „Differenz-Verstärker“ oder den „gemeinsame Aussteuerungen zurückwerfenden Verstärker“ von dem Begriff „Gegentakt-Verstärker“, der technisch andere Merkmale hervorhebt und nicht unbedingt Differenz bildend sein muß.

R. Janzen:

Ich darf diesen Teil der Diskussion als abgeschlossen betrachten und Herrn Tönnies um den letzten Teil seines Referates bitten über die *„Analyse des EEG-Kurvenbildes“*.

J. F. Tönnies:

III. Die Kurvenanalyse des EEG

Man ist überrascht bei der Feststellung, daß schon im Jahre 1932, als das EEG noch kaum geboren war, durch den physikalischen Mitarbeiter von Hans Berger, G. Dietsch (*1a*), eine *Frequenzanalyse der EEG-Kurven* ausgeführt wurde. Es ist

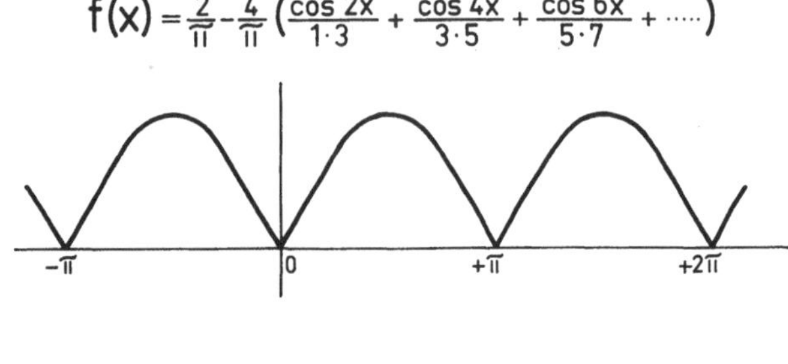

$$f(x) = \frac{2}{\pi} - \frac{4}{\pi}\left(\frac{\cos 2x}{1\cdot 3} + \frac{\cos 4x}{3\cdot 5} + \frac{\cos 6x}{5\cdot 7} + \cdots\right)$$

$$f(x) = \frac{8}{\pi}\cdot b\left(\sin x - \frac{\sin 3x}{9} + \frac{\sin 5x}{25} - \cdots + \cdots\right)$$

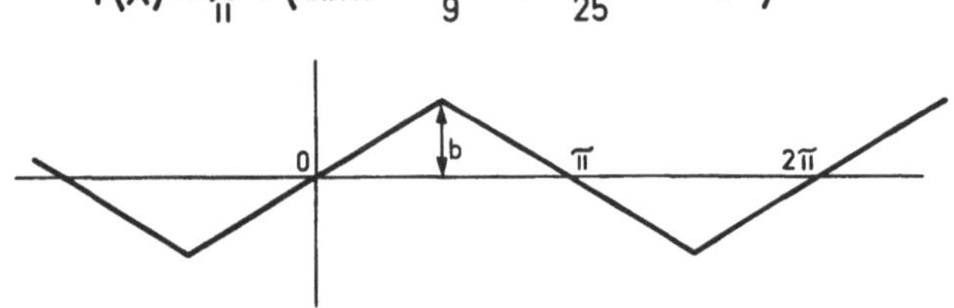

Abb. 6. *Frequenzanalyse:* Zwei Beispiele einer mathematischen Kurvenanalyse nach Fourier. Die Formeln sind nur richtig für eine unendlich lange Kurvendauer

damals allerdings bei der Auswertung einer einzelnen Kurve geblieben, weil nämlich das Verfahren sich der graphischen Mittel bediente, wie sie seit langer Zeit für die Mathematiker bekannt sind. Die Kurve muß in ausreichender Vergrößerung mit einem Hebelmechanismus mehrmals durchfahren werden und gibt dann im Sinne der Fourier-Analyse den Frequenzgehalt der Grundschwingung und den der dazugehörigen Oberschwingungen. Da wir uns noch weiterhin mit der Methode der Fourier- oder harmonischen Analyse zu beschäftigen haben, soll kurz auf die mathematische Grundstruktur hingewiesen werden. Wir sehen in Abb. 6 zwei Grundformeln einer Fourier-Analyse. Das erste Glied ist das wichtigste, es gibt auch den größten Wert an, nämlich den Gehalt der Kurve in der Grundfrequenz. Die weiteren Glieder enthalten die Werte der 2., 3. und höherzahligen harmonischen Schwingungen, also der Obertöne. Die Kurve wird also aufgelöst nach dem Gehalt einer Grundschwingung und nach dem zusätzlichen Gehalt an genau harmonisch dazu stehenden Obertönen. Wir können also in einer Kurve mit 10 Hz Grundschwingung den Gehalt feststellen an Oberschwingungen von 20, 40, 80 Hz usw. Die Formel läßt sich erweitern durch Angaben darüber, in welcher Phasenbeziehung die einzelnen Komponenten zueinander stehen. Diese Grundformeln sind trotzdem nur im strengen Sinn anwendbar für Kurven, in denen andere Grundfrequenzen und deren Oberschwingungen nicht enthalten sind. Sie ist außerdem ihrer mathematischen Natur nach beschränkt auf die Analyse von Kurven beliebig langer Dauer. Eine Kurve, die plötzlich beginnt und plötzlich beendet wird oder ihre Amplitude und Frequenz nach einigen Wellen wechselt, kann im mathematischem Sinne auf diese Weise nicht analysiert werden. In einer Erweiterung des Verfahrens besteht allerdings die Möglichkeit, die Kurve zu untersuchen auf die Gehalte in anderen Grundschwingungen, aber Sie werden aus diesen Angaben erkannt haben, daß die Analyse eines kleinen Kurvenstückes mit einem graphischen Analysator außerordentlich zeitraubend sein muß. Infolgedessen hat man auch nur gelegentlich den Versuch einer graphischen Analyse wiederholt. Es handelt sich um eine Umsetzung aus der Ausdrucksform des Kurvenbildes in die Ausdrucksform der mathematischen Formel, wobei es sehr fraglich ist, ob der EEG-Auswerter mit der mathematischen Formel viel zusätzliche Information gewinnen kann, weil nämlich diese nur eine Auswahl von Angaben im Sinne des Oberwellengehaltes gibt und weil andere möglicherweise wichtige Eigenschaften (andere Frequenzen) nicht zur Anzeige kommen.

In der Technik ist eine Untersuchung von Frequenzgemischen auf ihren Frequenzgehalt gebräuchlich mit dem sog. Suchton-Verfahren. Die Originalkurve wird dazu überlagert mit einem Suchton langsam ansteigender Frequenz. Aus den sich dabei ergebenden Schwebungen zwischen dem Suchton und einem engen Frequenzband des Gemisches wird über einen engen Filter, der nur durchlässig ist für den jeweils passenden Frequenzgehalt, herausgefunden, wieviel Amplitude in dem betreffenden Frequenzband vorhanden ist. Eine nach diesem Prinzip arbeitende EEG-Kurven-Analyse ist schon vor dem Kriege mit einer von GRASS gebauten Apparatur ausgeführt worden, und ich zeige Ihnen, weil die Ergebnisse dieser Art von Analyse durchaus interessant und wegen der Erfassung aller Frequenzen mit einer guten Aussagefähigkeit behaftet sind, davon einige Beispiele. Die Abb. 7 stammt aus einer Arbeit von GIBBS, WILLIAMS und Frau GIBBS (6) und betrifft Untersuchungen über die Veränderung des Kurvenbildes im Sauerstoffmangel und bei der Erhöhung des CO_2-Gehaltes der Atmungsluft. Man erkennt, daß unter allen Bedingungen ein gewisser Gehalt an α-Wellen bestehen bleibt, aber es zeigt sich bei der normalen Versuchsperson eine deutliche Anhebung im ganzen Spektrum der tieferen Frequenzen, und im Vergleich dazu ist unten das Verhalten eines in dieser Beziehung labileren Patienten dargestellt, bei dem die gleichen Versuchsbedingungen eine vielfache Erhöhung des Gehaltes im unteren Frequenzspektrum wiedergibt. Technisch wird dieses Verfahren so gehandhabt,

daß man aus einem geschriebenen EEG einen bestimmten ausgesuchten Kurven-
abschnitt in eine Schattenkurve überträgt, also in eine Kurve, die je nach ihrer
Auslenkung einen mehr oder weniger großen Teil des Lichtes abdecken kann,
welches auf einen Schlitz fällt, hinter dem eine Photozelle angeordnet ist. Man
kann auf diese Weise aus einer geschriebenen Kurve wieder eine lebendige elektrische Stromschwankung hervorrufen. Der Suchton wird dann auf eine bestimmte

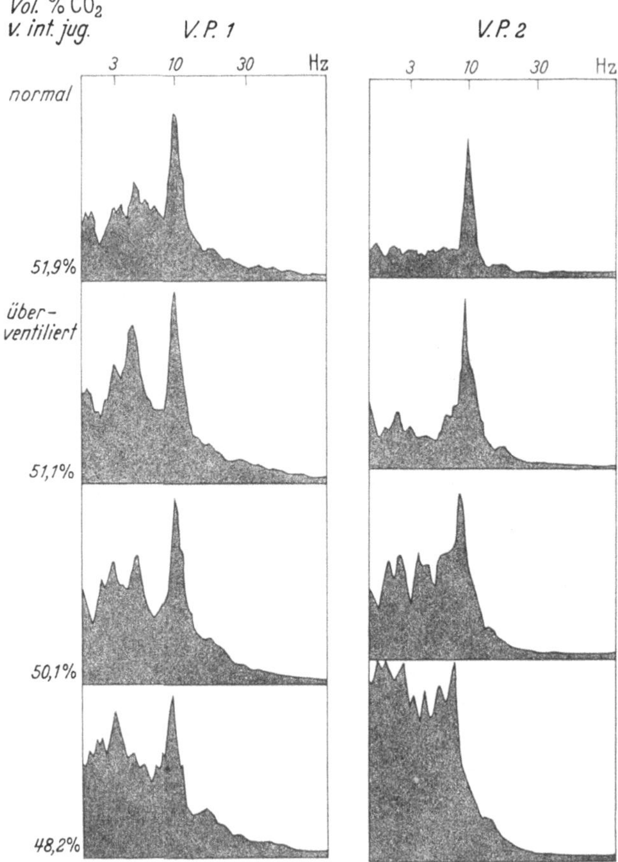

Abb. 7. *Analyse eines kurzen Kurvenstückes mit dem Suchton-Verfahren*

Frequenz eingestellt, und das ganze untersuchte Kurvenstück gibt seinen Gehalt,
der für den Filter genau passenden Frequenz dann in statistischer Auswertung
für das gesamte Kurvenstück wieder. Zu einer praktischen Anwendung dieses
Analyse-Verfahrens für die Verarbeitung des klinischen EEG ist es meines
Wissens nicht gekommen, weil eben auch bei diesem Verfahren die Herstellung
der Schattenbildkurve umständlich ist und die Analyse auf jeweils ein begrenztes
und besonders auszusuchendes Kurvenstück beschränkt bleibt. In dem dar-
gestellten Beispiel ist jedoch schon gezeigt, daß es Fragestellungen gibt, in denen
eine solche Analyse-Methode sehr nützlich sein kann und in denen vielleicht als
Meßergebnis die Veränderung des EEG-Charakters deutlicher veranschaulicht
werden kann als mit dem direkten Kurvenbild. Zweifellos wären auch in dem

Original-EEG-Kurvenbild diese Unterschiede sehr eindrucksvoll für den erfahrenen EEG-Auswerter erkennbar geworden, aber die Originalkurven sind der Arbeit nicht beigefügt.

Eine Erweiterung hat dieses Verfahren der Suchton-Analyse gefunden, in einer Arbeit, die von HOEFER, MARKEY und SCHOENFELD (7), auch in USA, im Jahre 1949 veröffentlicht wurde. Das in Abb. 8 gezeigte Verfahren wurde jetzt darauf ausgedehnt, daß man nicht mit einem einzigen Suchton nacheinander das zu untersuchende Kurvenbild in Verbindung brachte, sondern indem man eine Apparatur baute, die gleichzeitig eine große Anzahl von Frequenzbändern mit

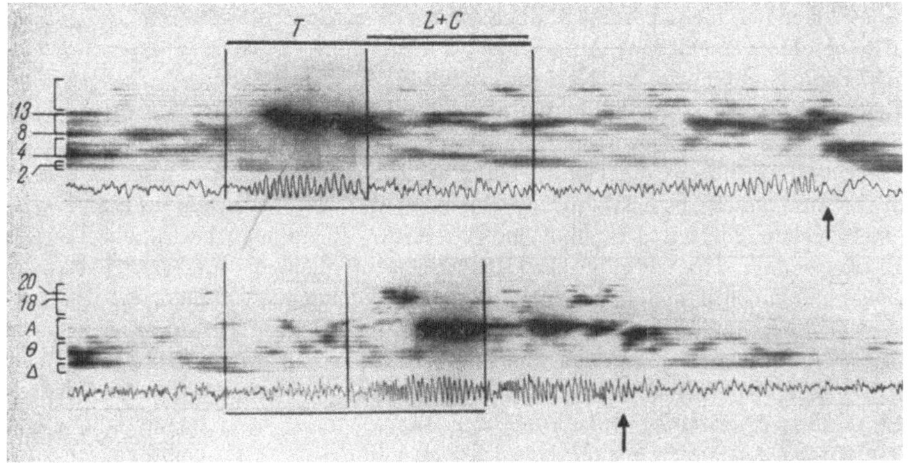

Abb. 8. *Kontinuierliche Fourier-Frequenzanalyse* in einer Apparatur von BEKKERING und STORM VAN LEEUWEN
Aus einer Arbeit von GASTAUT u. Mitarb. (1957) über die Wirkung bedingter Reflexe auf das EEG.

je einem eigenen Suchton auf die dabei entstehenden Schwebungen untersuchte und das Ergebnis jedes einzelnen dieser Kanäle dann in einem gemeinsamen Photogramm festhielt. Diese Methode ist insofern schon sehr viel leistungsfähiger, als die Notwendigkeit zu einer Umschreibung der Kurve entfällt, so daß jetzt also kontinuierlich mit der EEG-Kurve auch die Analyse aufgezeichnet werden kann. Vor einigen Jahren ist von BEKKERING, KAMP und STORM VAN LEEUWEN (1) eine ähnliche Apparatur („Spectrograph") gebaut worden, bei der ebenfalls eine große Anzahl von Suchtonkanälen gleichzeitig benutzt wird, so daß es möglich ist, sofort ein Frequenzspektrum des sich von Moment zu Moment ändernden Kurvenbildes zu analysieren. Dieses Gerät ist von GASTAUT u. Mitarb. (5) benutzt worden, zu umfangreichen Untersuchungen über den Einfluß bedingter Reflexe auf die EEG-Kurven. Wir haben hier eine experimentelle Aufgabe vorliegen, in der eine Frequenzanalyse notwendig ist, die den von Moment zu Moment wirksamen Frequenzgehalt wiedergeben kann. In anderen Fällen, auf die wir noch zu sprechen kommen, ist die Analyse des einzelnen Momentes sogar unerwünscht. Wir sehen in Abb. 8 ein Musterstück aus dieser Arbeit, die veröffentlicht ist in dem Bericht von GASTAUT u. Mitarb. (5), und es ist hier zu sehen, wie mit der Einwirkung der akustischen und optischen Reize sich das Bild der EEG-Kurve verändert, wie es uns bei „Augen auf" und „Augen zu" täglich geläufig ist, aber die Frequenzanalyse zeigt hier doch eine Anzahl weiterer Einzelheiten. Ich will im Rahmen meines Referates nicht auf die Wirkung bedingter Reflexe eingehen, aber man sieht, daß dieses verfeinerte Analyseverfahren, das wirklich jeden einzelnen Zentimeter der Kurve zu einer Bewertung des Frequenzgehaltes bringt, für Fragestellungen dieser Art sehr nützlich sein kann.

In der zuletzt gezeigten Fragestellung war zweifellos nur eine Analyse zu benutzen, die Punkt für Punkt der Kurve der Analyse unterworfen werden kann. Es gibt aber ebenso viele Fragestellungen, bei denen uns an einer Auskunft für die einzelne halbe Sekunde nichts gelegen sein kann, weil wir keinerlei Beziehung herstellen können zwischen diesem ständig wechselnden Frequenzspektrum der EEG-Kurve und irgendeinem anderen Ereignis. Wenn wir uns die EEG-Kurve eines ruhenden, nicht besonders abgelenkten Menschen betrachten, so zeigt diese abwechselnd verschiedene Amplituden, verschiedene Grundfrequenzen und verschiedene Kombinationen. Natürlich wechselt in dieser Zeit auch das jeweilige Bewußtsein- oder Gedankenbild des untersuchten Patienten, selbst dann, wenn dieser sich in einem gewissen Dämmerzustand befindet, also wenn man sagen kann, daß eigentlich sein Gehirn keine spezielle Arbeit leistet. Aber es war ja in der Anfangszeit des EEGs für alle Experimentatoren ebenso wie für die Journalisten, Kriminologen und Psychologen eine starke, aber glücklicherweise eindeutige Enttäuschung, daß wir mit dem EEG keine Möglichkeit zum Gedankenlesen gewonnen haben. Es sind also selbst zeitliche Beziehungen zwischen dem Charakter des Kurvenbildes einerseits und lebhaften und aktiven Denkprozessen kaum herzustellen. Wenn jemand aus dem Zustand des Dösens durch die Stellung einer Rechenaufgabe aufgeschreckt wird, zeigt sich eine Veränderung des Grundcharakters, aber eine Umlenkung der Denkprozesse vom Kopfrechnen auf Schriftlesen oder auf Musikhören wird sich kaum besonders nachweisen lassen, wahrscheinlich auch dann nicht, wenn wir Punkt für Punkt der Kurve einer genauen Analyse des Frequenzspektrums unterwerfen könnten.

Das, was bei der normalen EEG-Auswertung interessiert, bezieht sich immer auf die Bewertung längerer Zeitabschnitte. Aus diesem Grunde können wir niemals mit einer EEG-Kurve zufrieden sein, die nur für wenige Sekunden Dauer aufgenommen ist. Auch dann, wenn sehr deutliche Kurvenmerkmale in der Ableitung enthalten sind, wollen wir diese Merkmale an einem längeren Kurvenstück bestätigt finden, um ihr Erscheinen in unserem Befund zu verwerten. Deswegen wird für ein Verfahren der Kurvenanalyse die statistische Bewertung längerer Zeitperioden das größere Interesse verdienen. Ebenso wie für die praktische EEG-Arbeit eine photographische Registrierung sich nicht behaupten konnte, sondern schon fast von Anfang an durch direktschreibende Kurvenschreiber ersetzt werden mußte, ebenso muß auch für ein Analysenverfahren gefordert werden, daß es für eine längere Meßzeit ohne photographische Darstellung auf möglichst billige Weise ein sofort verwertbares Ergebnis liefert.

Ein solches Verfahren ist seit vielen Jahren bekannt und auch in zahlreichen ausländischen Labors in Benutzung genommen, nämlich das von GREY WALTER inspirierte und von BALDOCK und der Firma Ediswan durchgearbeitete Analyseverfahren (21). Auch dieses Verfahren untersucht die Kurve nach ihrem Gehalt an Sinuswellen-Komponenten, aber nicht mehr mit dem Suchtonverfahren, wie die beiden vorher genannten Beispiele, sondern durch Ausfilterung der einzelnen Frequenzkomponenten. Die erste Ausführung hat dazu mechanische Schwingungssysteme benutzt, die durch den jeweiligen Gehalt der untersuchten Kurven an Frequenzkomponenten, wie sie durch Abstimmung des einzelnen mechanischen Schwingers gegeben sind, in eine mehr oder weniger starke Aufschaukelung gebracht wurden. In späteren Ausführungen hat man dies durch elektrische, nahezu in Resonanz stehende Schwingungskreise ersetzt, und man hat damit offenbar eine Reihe der Mängel beseitigt, die der ursprünglichen Ausführung anhafteten. Nach Abb. 9 wird die Anregung dieser einzelnen mechanischen oder elektrischen Filterungselemente für Analyse-Perioden von je 10 sec Dauer mit roter Tinte über die normalen EEG-Kurven auf das gleiche Papier aufgeschrieben.

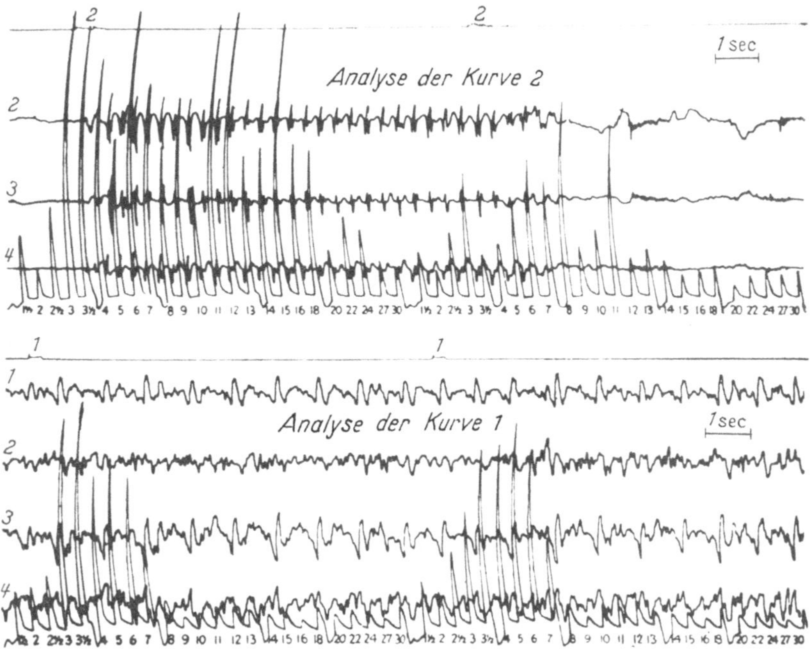

Abb. 9. *Frequenzanalyse des EEG* mit dem von G. WALTER und Fa. Ediswan entwickelten Verfahren.

Sie sehen in diesem Diapositiv außer den EEG-Kurven diese kurvenförmigen Ausschläge, von denen jeder einzelne den bei der Analyse einer 10 sec-Periode ermittelten Frequenzgehalt angibt. In der Wiedergabe sind die einzelnen Frequenzen der Ausschläge mit Ziffern bezeichnet. Normalerweise erkennt man die einzelnen Frequenzbänder dadurch, daß jeder fünfte Ausschlag etwas unter die Null-Linie geht, und nach Abschluß einer Analyse-Periode erfolgt ein etwas längeres Abweichen der Grundlinie.

Die Unterlagen für dieses Diapositiv wurden mir freundlicherweise von Herrn HESS jun. in Zürich verfügbar gemacht, und Herr HESS schreibt mir dazu, daß er sich später den Apparat umgebaut habe, indem er nur die halbe Anzahl von Frequenzbändern zur Analyse benutzt, daß er aber gleichzeitig mit zwei Analyse-Einheiten arbeitet, damit er bei seinen Ableitungen sofort einen Seitenvergleich des Analyse-Ergebnisses aufzeichnen kann. Das ist zweifellos der richtige Weg des Vorgehens, indem man sich darüber klar wird, daß auch ein sehr präzises Analyse-Ergebnis nur bestätigt, was alle EEG-Leute wissen, nämlich daß eine ausgedehnte

Schwankungsbreite aller Merkmale schon bei gesunden Personen als Regel gilt, so daß die Unterschiede innerhalb dieser Schwankungsbreite nur geringe Bedeutung haben. Dagegen ist ein Analyse-Ergebnis eines Seitenvergleichs sofort sehr viel aufschlußreicher und kann dann sogar aufschlußreicher sein als die Betrachtung von zwei kontralateral aufgenommenen Kurven. Gerade in bezug auf die Zwischenwellen oder die δ-Wellen liefert der Seitenvergleich sichere Indikationen für das Vorliegen eines speziellen pathologischen Prozesses in der mit langsamen Wellen stärker aktivierten Seite des Gehirns. Es ist mir nicht bekannt, ob sich ein solcher Ediswan-Apparat auch in Deutschland befindet und ob Erfahrungen im Sinne der deutschen EEG-Praxis gesammelt werden konnten.

Für die weitere Behandlung dieses Themas ist der Hinweis wichtig, daß auch dieser Apparat eine Analyse nach dem Gehalt an sinusförmigen regelmäßigen Frequenzen voraussetzt, und ich möchte an diesem Punkt eine sehr deutlich ausgesprochene Kritik zitieren, die der amerikanische Neurophysiologe ALEXANDER FORBES 1950 in einer kleinen Notiz im EEG-Journal (3) ausgesprochen hat. Er sagt: „Keines dieser Dinge — gemeint sind verschiedene elektrobiologische Prozesse wie EKG, Muskelaktionsströme und auch EEG — hat irgendeine nahe Beziehung zu Wechselstrom. Die Kurven sind erzeugt auf einem völlig anderen Prinzip, als wir es in schwingungsfähigen, elektrischen Gebilden kennen, sie sind also erzeugt als elektro-chemische Prozesse, in denen es schwingungsfähige Gebilde dieser Art nicht gibt." Er lehnt deswegen eine Analyse auf Sinuswellengehalt eindeutig ab.

Dieser Hinweis scheint mir von grundsätzlicher Bedeutung zu sein für die Betrachtung aller Analyseverfahren. Wenn man mit schöner Regelmäßigkeit die α-Wellen auf dem Registrierstreifen entstehen sieht, ist man natürlich versucht, an die Herkunft aus einer Art Oscillator zu denken. Nun sind aber die α-Wellen zwar ein besonders eindrucksvoller Teil des EEG-Bildes, aber keineswegs der wesentliche Teil. Schon das Auftreten der β-Wellen zeigt selten eine solche Regelmäßigkeit wie sie viele Personen mit ihrer α-Wellenproduktion besitzen. Die Frequenz ist weniger konstant, wechselt rascher, und die Zeiten eines mit β-Wellen ausgefüllten Kurvenabschnittes sind wesentlich kürzer. Bei allen langsameren Wellen müssen wir dagegen eine ähnliche Regelmäßigkeit, wie sie die α-Wellen zeigen, vergeblich suchen. Es sind dabei häufig nur ein oder zwei aufeinander folgende Erhebungen zu beobachten, die von kleineren Schwankungen eines unspezifischen Charakters abgelöst werden, und der zeitliche Abstand dieser Schwankungen, mit anderen Worten ihr Frequenzgehalt, ist wesentlich breiter gestreut. Es folgen aufeinander einzelne Schwankungen, die in ein 2-4-3 Hz-Frequenzband passen würden in kurzer Folge. In mechanischen oder elektrischen schwingungsfähigen Gebilden ist auch eine im EEG häufig zu beobachtende Erscheinung nicht möglich, nämlich das was wir als Phasensprung bezeichnen. Es kommt häufig vor, daß nach einer Folge mehrerer α-Wellen plötzlich eine einzelne längere Welle den Takt um eine halbe Schwingungsweite verschiebt und daß dann weitere α-Wellen folgen. In einem mechanischen oder elektrischen Schwingungsgebilde könnten wir einen solchen Phasensprung nur unter erheblich vergrößerter Energiezufuhr einleiten. Im EEG ist dies häufig ohne wesentliche Änderung der Amplitude zu beobachten. Wenn wir eine regelmäßige Aufeinanderfolge von Wellen beobachten, so ist das Verhalten zwar ähnlich, wie das eines

Sinus-Wellen-Generators, aber wichtige Merkmale beweisen uns, daß es sich doch nur um ein vorübergehend periodisches Verhalten einer an sich aperiodischen, d. h. nicht schwingungsfähigen Substanz handelt.

Aus solchen Überlegungen heraus habe ich von jeher eine Analyse der EEG-Kurven im Sinne einer Aufteilung in den Gehalt sinusförmiger Frequenzen abgelehnt. Ich bin häufig gefragt, warum ich nicht einen entsprechenden Apparat entwickelt hätte, und ich habe dazu gesagt, daß ich eine Analyse in diesem Sinne nicht als das adäquate Mittel anerkennen könne. Auch die 1949 vorgeschlagene Methode des Grundrhythmusschreibers (20), der die einzelnen Grundwellen des EEGs als Ordinaten darstellt, war unbefriedigend und hat sich in der Praxis nicht durchgesetzt.

Auf dem internationalen EEG-Kongreß 1953 hat KNOTT einen kritischen Bericht über die bekannten Analysatoren gegeben, der im Kongreßbericht der Symposia enthalten ist (10). W. G. WALTER (22) hat auf derselben Tagung auch über sein Toposkop berichtet, das für die Phasenkorrelation der EEG-Wellen nützlich sein kann, ebenso wie die andersartige Toposkop-Analyse von MARKO und PETSCHE (13a).

Wie wir es heute morgen getan haben, so muß man auch für die EEG-Analyse zurückgehen auf die Kenntnisse von Elementarprozessen, wie sie uns aus der allgemeinen Nervenphysiologie und aus spezielleren Studien über solche Elementarprozesse bekannt sind. Insbesondere aus den immer zahlreicher werdenden Arbeiten mit corticalen Aktivitätsstudien durch Ableitungen mit Mikro-Elektroden steht uns ein erhebliches Material zur Verfügung über das, was einzelne Nervenzellen tun (9).

Sie tun nämlich auch das, was uns aus den Studien über die Spontanaktivität peripherer Nerven als gut gesicherte Kenntnis verfügbar ist: es werden Einzelimpulse in einer mehr oder weniger schnellen Zeitfolge ausgesendet, die zwar eine gewisse Tendenz zu einer Regelmäßigkeit der Zeitfolge besitzen, in denen aber jegliche Merkmale eines schwingungsfähigen Systems fehlen. Man hat häufig vermutet, daß die Aufeinanderfolge der Entladungen gesteuert werde nach ähnlichen Gesetzen, wie sie z. B. ein Glimmlampen-Oscillator haben kann. Bei diesem wird eine Kapazität langsam aufgeladen; nachdem die Ladespannung den Zündspannungswert der Glimmlampe erreicht hat, fließt die Ladung in einem kurzen Stromstoß wieder ab, und das Spiel einer Aufladung kann von neuem beginnen. Ähnlich stellt man sich vor, daß auf die Nervenzelle für eine Zeitlang mehr oder weniger kräftige depolarisierende Einflüsse einwirken, die dann nach Erreichen einer gewissen Summierungswirkung die Nervenzellen plötzlich zum Abfeuern veranlaßt. Dies ist zwar ein rhythmischer Vorgang, aber es ist kein oscillierender Vorgang im Sinne einer Sinuswelle.

Es gibt starke neurophysiologische Argumente gegen eine solche Betrachtungsweise, indem nämlich experimentell ein Nachweis einer Reizwirkungs-Summierung über eine längere Zeit, wie sie dem Abstand von zwei spontan beobachteten Entladungen einer Einheit entspricht, also z. B. von 50 msec, nicht gelingt. Bei Reflexstudien im Rückenmark ist eine Summierung unterschwelliger Reizwirkungen selbst über sehr kurze Zeitabschnitte nicht wirksam, und man darf ruhig sagen, daß eine solche langzeitliche Summierung von synaptischen Reizwirkungen nicht wahrscheinlich ist. Eine solche Betrachtungsweise geht viel zu sehr aus von der klassischen Frage: Wie ist es überhaupt möglich, daß eine synaptische Übertragung zustande kommt? Viel wichtiger ist die Frage: Wie müssen wir es uns vorstellen, daß nur eine seltene, sehr spezifisch gezielte synaptische Übertragung stattfindet als *Auslese* aus den unendlich vielen, potentiell vorliegenden Übertragungsmöglichkeiten? Man kann auch sagen, daß in planmäßigen Aktionen des Gehirns die für die betreffende Arbeit notwendige Entladung der einzelnen Zelle wahrscheinlich nicht zur rechten Zeit stattfinden könnte, wenn diese erst langsam über einen größeren Zeitraum bis zum Schwellenwert vollgepumpt werden müßte. Die planmäßige differenzierte Arbeit des Gehirns dürfte nicht nur die Entladung ganz bestimmter Nervenzellen nötig haben, sondern noch spezifischer deren Entladung in einem sehr definierten Zeitplan, also zu einem sehr präzise festliegenden Zeitpunkt.

Zahlreiche moderne Neurophysiologen fordern auch für die Tätigkeit des Cortex bei den schnellen Denkprozessen mit jeder einzelnen synaptischen Übertragung, die bekanntlich innerhalb von 0,6 msec stattfinden kann, daß chemische Überträgerstoffe an den synaptischen Übertragungsstellen aktiviert werden, die dann die elektrische Ausbreitung über die synaptische erregte Zelle veranlassen. Der Zeitpunkt der Zellerregung ist aber auch nach den schönen Experimenten von Eccles (*16*) im wesentlichen bestimmt von der momentan ankommenden präsynaptischen Erregungsmenge und diese ist abhängig von der interneuronalen Schaltung und von der Afferenz aus der Peripherie.

Etwas anders kann man die Spontan-Aktivität beurteilen. Es ist denkbar, daß neben der wohlgeregelten synaptischen Auslösung einer Zellentladung im System von zweckgerichteten Hirnprozessen auch eine Auslösung von Neuronenentladungen stattfindet, die unabhängig wäre von einem entsprechenden synaptischen Anströmen von Aktivierung. Wenn wir dem Grundgedanken von R. Jung (*9*) folgen, daß wir uns die Spontantätigkeit des EEG vorstellen als ein auf mittlerem Erregungsniveau geregeltes relatives Gleichgewicht von Erregung und Bremsung mit Schutz gegen Übererregung und epileptische Massenentladung der Neurone, wäre es durchaus berechtigt, an eine solche spontane Tätigkeit der Neurone zu denken. Diese Vorstellung von Jung fordert, daß von Zeit zu Zeit jedes einzelne Neuron zur Entladung kommen muß, damit nicht zu viele Neurone in einen Zustand der Entladungsbereitschaft geraten, der bei einer großen Zahl gleichzeitig erregbarer Neurone eine krampfartig ungezügelte Erregungsausbreitung auslösen würde. Diese Betrachtungsweise der Spontanaktivität würde allerdings nicht ausschließen, daß auch für diese Art von Selbstauslösung der Neuronenentladung als letzter Trigger-Impuls noch die Mitwirkung eines synaptischen Anstroms von Erregungen mitwirkend wäre.

Unabhängig von dieser Frage, was die einzelnen Neuronen jeweils zur Entladung veranlaßt, haben wir bisher gute Nachweise einer elektrisch begleiteten Aktivität der Neuronen nur für Vorgänge, die mit einer spike-Entladung beginnen und dann mit einer mehr oder weniger lang dauernden Nachpotentialwelle ausklingen. Die Feststellung von Forbes (*3*) muß mit uneingeschränkter Gültigkeit anerkannt werden, nämlich, daß wir bisher nichts kennen, was auf die Erzeugung sinuswellenförmiger Elementarprozesse auch nur andeutungsweise hinleiten könnte. Die von Kornmüller (*13*) gewählte Darstellung, daß sich die α-Wellen in elegantem Bogen um die einzelnen Neuronen herumschlängeln, ist ohne experimentelle Unterstützung geblieben.

Die Verneinung solcher sinusförmiger Elementarprozesse schließt selbstverständlich nicht aus, daß die vielen tausend großen und kleinen Zelleinheiten, die sich jeweils im Wirkungsbereich auch einer engen bipolaren corticalen Ableitung befinden, sich vereinigen zu einem Erregungsablauf, dessen Gesamtergebnis in der statistischen Ausmittelung aller der vielen zugrundeliegenden Einzelprozesse eine sinuswellenartige Gesamterscheinung formen. Wir haben bisher keinen anderen Weg zur Deutung der Tatsache, daß ein erheblicher Teil der EEG-Kurven die Merkmale von Oscillationen mit Sinuswellencharakter aufweisen.

Wenn man sich etwas mehr in geistiger Beziehung hält zu den Elementarprozessen und sich demgegenüber nicht so sehr von dem häufigen, aber nicht immer gegebenen sinusförmigen Erscheinungsbild der Kurven verlocken läßt, kann man einer analysierenden Kurvenauswertung mindestens mit gleichem Recht die Aufgabe zuschreiben, die EEG-Kurven grundsätzlich als einen *aperiodisch erzeugten Prozeß* zu bewerten. Die Analyse muß in der Lage sein, die aperiodischen Komponenten, die tatsächlich die zahlreicheren sind, unvermindert und gleichberechtigt zu bewerten.

Ein von mir im letzten Jahr ausgearbeitetes *neues Analyseverfahren des EEG* benutzt deswegen eine Auswertung, die ganz auf die aperiodische Bewertung jedes einzelnen Kurvenpunktes eingerichtet ist *(Intervall-Analyse)*. Es geht von der Betrachtung aus, daß beim Vorhandensein eines bestimmten Potentialniveaus dieses Niveau als Ausdruck dafür betrachtet werden darf, daß zu diesem Zeitpunkt eine bestimmte Anzahl von neuronalen Einheiten sich in Erregung befindet und daß bei einer Wiederkehr des gleichen Potentialniveaus wiederum eine ebenso große Anzahl von Neuronen erregt wurde. Wenn ich sage, daß eine gleiche Anzahl von Neuronen als aktiviert für ein bestimmtes Potentialniveau unterstellt wird, so ist damit keineswegs eine Aussage gemacht worden, ob diese gleiche Anzahl sich aus denselben Individuen zusammensetzt, wie bei der vorherigen Erzeugung des gleichen Potentialniveaus. Es ist vielleicht anzunehmen, daß eine gewisse Anzahl von Neuronen sich wiederholt in dem entsprechenden Zeitpunkt, aber es ist ebenso gut möglich, daß regelmäßig alternierend oder auch statistisch unbestimmt streuend ganz andere neuronale Individuen ihren Beitrag zur Erzeugung dieses Potentialniveaus geliefert haben. Für die wiederholte Erreichung des gleichen Potential-Niveaus soll unterstellt werden, daß eine gleiche oder ähnliche Anzahl von Neuronen wieder aktiviert wurde. Insofern stützt sich also das Analyseverfahren darauf, daß festgestellt wird, ähnlich wie wir dies bei der Auswertung von Mikro-Elektrodenableitungen machen, in welchem Zeitabstand eine gleich große Anzahl einzelner Einheiten wieder zur Entladung kommt. Die Zeit-Intervalle bis zur nächsten Wiederholung sollen ausgewertet werden.

Die Abb. 10 zeigt eine schematisierte EEG-Kurve im ersten Teil aus größeren α-Wellen, im zweiten Teil aus kleineren β-Wellen. Man sieht 8 Längslinien gezeichnet. Diese stellen 8 Abtastspuren dar. Es werden aus der Kurve nur die Spannungsänderungen verwertet, die in der Kurve als Aufstriche erscheinen. Die abwärts gerichteten Potentialänderungen bleiben ohne jede Wirksamkeit auf das Meßergebnis. Wir werden später sehen, zu welcher Konsequenz diese Beschränkung führt. Sobald ein Schnittpunkt eines aufsteigenden Kurvenastes mit einer der Abtastspuren stattfindet, wird ein elektrisches Signal ausgelöst, das wir Spursignal nennen. Die Zeitpunkte, in denen solche Schnittpunkte stattfinden, sind für die 8 Spuren in der unteren Reihe nochmals dargestellt. Die ganz oben gezeichnete Spur hat 3 mal einen Schnittpunkt ergeben, und der Abstand von Schnittpunkt zu Schnittpunkt beträgt 95 und 95 msec. Die Spur 2 hat ebenfalls drei Schnittpunkte ergeben, aber in der Spur 4, die auch die kleineren Potentialänderungen mit erfassen wird, sehen wir eine Anzahl von weiteren Schnittpunkten. Was bedeutet der Abstand zweier Schnittpunkte ? Man kann leicht umrechnen, daß für einen Zeitabstand von 95 msec bei der regelmäßigen Wiederkehr dieser Zeichnung eine Frequenz vorhanden gewesen ist, die etwas über 10 Hz liegt. Wir

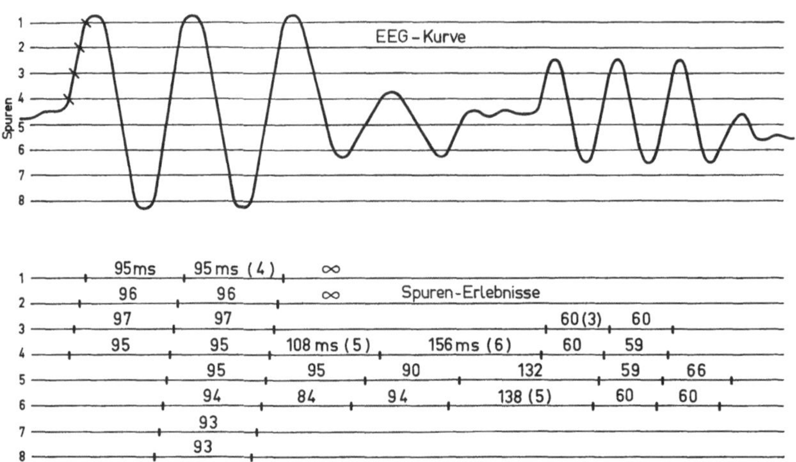

Abb. 10. *Intervallanalyse:* Auflösung eines EEG-Kurvenstückes in verschiedene Zeitintervalle, nach denen auf 8 verschiedenen Spuren (= Potentialniveau) die Wiederholung eines entsprechenden neuronalen Zustandes der abgeleiteten Stelle angenommen werden darf

haben es also mit einer typischen α-Welle zu tun. Die Schnittpunkte der Spur 4 zeigen aber nach dem Übergang auf kleinere Amplituden eine verlängerte Zeit, nämlich 108 msec und an der folgenden Stelle sogar 156 msec.

Man sieht also, daß aus diesem Kurvenstück eine ganze Anzahl von Zeitelementen ermittelt sind und diese von den 8 Spuren ermittelten Zeitelemente sollen das Ergebnis der Intervallanalyse bilden. Sie werden bemerkt haben, daß ich nicht das Wort „Frequenzanalyse" benutze, weil damit ausgedrückt würde, daß die regelmäßige Wiederholung, wie sie im Begriff „Frequenz" enthalten ist, eine Rolle spielt, sondern daß ich das Wort „*Intervall*" benutze. Das Wort „Intervall" hat natürlich eine enge Beziehung zur Frequenz, indem damit der reziproke Wert einer Frequenz gegeben ist, aber die für den Begriff „Frequenz" geforderte regelmäßige Wiederholung braucht nicht für den Begriff „Intervall" zu gelten. Die Intervalle der aufeinanderfolgenden Spurenabtastschnittpunkte können unmittelbar nacheinander beliebige Längen haben, und darauf kommt es mir besonders an. Die Auswertung jedes einzelnen Kurvenpunktes soll unabhängig sein von den vorhergehenden Ereignissen und zwar ebenso unabhängig, wie ich annehme, daß die einzelnen Neuronen den Zeitabstand in der Wiederholung ihrer Entladungen nach allen in der Umgebung vorhandenen Umständen festlegen.

Es ist ein bestimmtes Sortierungsschema gewählt worden, nach dem die auf den einzelnen Spuren gemessenen Intervalle zusammengestellt werden (Tab. 2).

Tabelle 2

Zeit-gruppe	Intervalldauern in msec	Frequenz-bereich in Hz	Mittlere Frequenz in Hz	Theoretisch mögliche Meßzahl in 10 sec	Meßzahl für 100 Druckwerk-Einheiten	100 Druckwerk-Einheiten in Prozent der möglichen Meßzahl
1	14—33	70—30	45	3600	1440	40
2	33—67	30—16	22	1760	704	40
3	67—100	16—10	12	960	480	50
4	100—140	10—7	8,5	680	340	50
5	140—200	7—5	6	480	240	50
6	200—312	5—3,2	4	320	160	50
7	312—500	3,2—2	2,5	200	120	60
8	500—1000	2—1	1,5	120	84	70

Man erkennt, daß der Bereich um 10 Hz absichtlich in zwei Teile gespalten ist, nämlich in einen langsameren und einen schnelleren Teil, so daß ein Intervall von 98 msec als etwas oberhalb 10 Hz liegend in den Bereich 3 fällt und ein Intervall, welches länger als 100 msec ist, in den tieferen Frequenzbereich 4, dessen Mitte bei 8,5 Hz liegt. Ich habe dies absichtlich getan, einerseits um eine Unterscheidung zwischen den langsameren und schnelleren α-Wellen wiedergeben zu können, und andererseits um bei der Dominanz dieses Frequenzbereiches nicht allzu schnell die verfügbare Zählmenge ausgefüllt zu haben. Wenn der Bereich so angeordnet wäre, daß er von 9—11 Hz reichte, würden praktisch alle Intervalle, die in den Bereich der α-Wellen fallen, in einem Meßbereich zusammenkommen. Dieser Meßbereich hätte also sehr schnell eine sehr große Anzahl von Intervallen ermittelt. Da ich die Zähleinrichtung, die uns das Ergebnis auswirft, auf 100 E begrenzt habe, würde diese Menge von 100 E zu schnell verbraucht sein im Vergleich zu den anderen Intervallbereichen, die nicht so zahlreiche Meßintervalle aus den Kurven liefern.

Wir kehren nochmal zu Abb. 10 zurück und sehen jetzt, daß die in einigen Fällen eingetragenen in Klammern gesetzten Ziffern angeben, in welchen Bereich die einzelnen gemessenen Intervalle eingeordnet werden. In dem Kurvenbeispiel sind nur wenig langsame Entladungen vorhanden, so daß nur ein einziges Intervall auf den Bereich 6 entfällt und gar keine auf die noch langsamer liegenden Bereiche 7 und 8. Dieses lange Intervall für den Bereich 6 ist auch nur dadurch entstanden, daß in der Zwischenzeit eine Art Pause vorhanden war, die keinen Schnittpunkt ergab. Das entspricht aber unserer vorhergegangenen Überlegung, nämlich der zu Grunde gelegten Annahme, daß an den betreffenden Schnittpunktstellen eine gleiche Anzahl von nervösen Elementen aktiviert wurde. Es ist eben danach ein soviel langsameres Intervall vorhanden gewesen im Aktivierungsrhythmus der hier betrachteten Neuronenzahl. Daß eine andere Anzahl von Neuronen, die an der Entstehung der fraglichen Ablenkung beteiligt waren, die Pause nicht ganz so lange eingehalten haben, kommt zum Ausdruck in dem hier mit 138 msec Dauer ermittelten Intervall, das noch in den Bereich 5 fällt.

In Abb. 11 ist ein *Gesamtschema der Anordnung zur Intervallanalyse* dargestellt. Wir sehen hier zunächst einen *Wahlschalter*, mit dem der Analysator an jeweils einen von *8 EEG-Kanälen* angeschlossen werden kann. Dies ist vielleicht der Zeitpunkt, in dem ich darauf hinweisen muß, daß trotz eines außerordentlich großen Aufwandes an Verstärkerröhren und Schaltmitteln nur jeweils eine einzelne Kurve zu gleicher Zeit der Analyse unterworfen werden kann. Die vom EEG-Apparat abgezweigten Spannungen eines EEG-Kanals werden nochmals verstärkt und gelangen dann auf die *8 Spurabtaster*, also auf diejenigen Schaltmittel, die ein *Spursignal* geben, wenn die Kurve einen Schnittpunkt mit einem

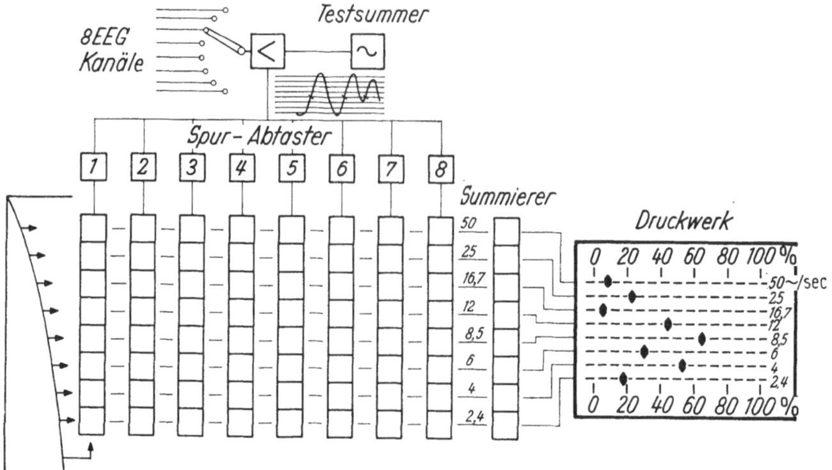

Abb. 11. *Intervall-Analysator* im Block-Funktions-Bild

der durch die Spurlinien wiedergegebenen Potentialniveaus erlebt. In den Spurabtastern wird nach der Dauer des ermittelten Intervalls zu Anfang und zu Ende je ein Spursignal erzeugt. Im linken Teil der Abbildung ist dies schematisch dargestellt. Am oberen Ende ist das erste Spursignal gegeben. Dieses hat einen Kondensator entladen, der unmittelbar anschließend beginnt, sich wieder aufzuladen. Mit zunehmender Intervalldauer erreicht er eine zunehmende Spannung. Wenn jetzt das zweite Spursignal kommt, wird der Spur-Kondensator sofort wieder entladen und gleichzeitig erfolgt eine Auslösung in dem *Zeitgruppierer* der betreffenden Abtastspur. Wir nehmen z. B. an, daß in dem 3. Zeitbereich das zweite Spursignal eintrifft. Es wird dann der Spur-Kondensator entladen und es beginnt damit gleichzeitig der Beginn einer neuen Intervallmessung. Vorher hat jedoch diese Entladung in dem Zeitgruppierer einen Impuls erzeugt, der jetzt auf einen *Summierungskondensator* für diesen 3. Meßbereich einwirkt. Wenn wir zahlreiche Spursignale auch auf den 7 anderen Spuren erhalten haben, die alle in den Bereich 3 fallen, wird der Summierer veranlaßt, dies an das ihm zugeordnete *Druckwerk* weiterzugeben. Es wird nicht jeder einzelne Impuls von den Zeitgruppierern verwertet, weil dies viel zu schnell eine Anzahl von 100 Druckeinheiten ausfüllen würde. Die Verbindung zum Summierer ist so gestaltet, daß nur eine größere Anzahl von Impulsen das Druckwerk zu einem Schritt veranlaßt.

Wenn das Druckwerk einen Schritt vorwärts macht, indem es hier den Druckstempel, der über eine Zahnstange mit einem elektromagnetischen Zählwerk verbunden ist, fortbewegt, wird gleichzeitig der Summierer um einen bestimmten Betrag entladen, so daß er zu einem neuen Druckwerkimpuls erst dann veranlaßt wird, wenn ihm die notwendige Anzahl von Zeitgruppierersignalen nachgeliefert ist.

Wenn ich nochmals in kurzen Worten die Funktion wiederholen darf, so kann ich es diesmal so ausdrücken: Bei kurzen Zeitintervallen werden die in den Spurabtastern liegenden Zeitgruppierer der kurzen Intervall-Werte angeregt, und die Summierer der Druckwerkstangen für die Intervall-Bereiche 1 oder 2 aufgeladen. Es werden damit diese Druckwerkstangen auf höhere Zahlenangaben vorwärtsgeschoben und es ergeben sich in dem nach je 10 sec erfolgenden Abdruck entsprechende Anzahlen. Das gilt für längere und längste Intervalle entsprechend. Wenn auf ein erstes Spursignal nach einer bestimmten Zeit, die auf 1000 msec bemessen ist, überhaupt kein zweiter Impuls folgt, hat auch der Zeitgruppierer für die längste Intervall-Dauer kein Spursignal erhalten und es erfolgt dann überhaupt keine Aufzeichnung und Bewertung.

Wir sehen rechts in Abb. 11 einen Abdruck eines Analyse-Ergebnisses. Die schwarzen Punkte werden durch kleine Druckstempel erzeugt, die mit Zahnstangen zwischen den Stellungen 0 und 100 verschoben werden. Die Zahnstangen werden durch elektromagnetische Zählwerke angetrieben und je nach der Anzahl von Intervallen, die sich in der Analyse-Periode gezeigt haben, ist ein mehr oder weniger großer Vorschub dieser Druckstempel erfolgt. In dem gezeigten Abdruck ist eine reichliche α-Wellenaktivität vorhanden und es ist erkennbar, daß die Frequenz etwas oberhalb von 10 Hz liegt. Wenn z. B. mit pharmakologischer Einwirkung der α-Rhythmus in geringem Umfang verlangsamt wird, so würde dies seinen Ausdruck darin finden, daß die größere Anzeige aus dem über 10 Hz liegenden Bereich in den tieferliegenden überwechselt. Gleichzeitig war in diesem Falle auch in den tieferen Frequenzen eine größere Anzahl von Intervallen aufgezeichnet. Sie werden in diesem Zusammenhang vielleicht fragen, wie ist es möglich, daß in dem gleichen Kurvenstück eine so starke α-Aktivität gleichzeitig mit der Aktivität im Zwischenwellen- und δ-Bereich vorkommt? Das liegt daran, daß die Anzeige angepaßt wurde auf die im Mittel zu erwartenden Intervallmengen. Man kann etwa so rechnen, wenn in einer 10 sec-Analysier-Periode dauernd eine volle Amplitude von α-Wellen vorhanden wäre, so würde dies pro Sekunde 10 Wellen ergeben, pro 10 sec also 100 Wellen, und wenn die Amplitude so groß ist, daß alle Spurabtaster einen Schnittpunkt erhalten, würden 800 Impulse entstehen. Man kann getrost annehmen, daß es dies niemals gibt. Einerseits würde ein Teil der Intervalle doch in die Nachbarbereiche fallen, und andererseits treten auch bei sehr lebhafter α-Aktivität zwischenzeitlich immer Zeiten mit verminderter Amplitude auf. Infolgedessen kann das Druckwerk schon die Anzeige 100% anzeigen, wenn in Wirklichkeit nur etwa 50% der theoretisch möglichen Impulse vorhanden gewesen sind. In den anderen Bereichen ist mit etwas anderen Prozentzahlen von den theoretisch möglichen Maximalwerten auch schon früher eine 100%-Anzeige des Druckwerkes erreicht. In der Tabelle 2 sind die Verhältnisse zwischen der theoretisch möglichen Meßzahl von Intervallen und der für die Auslösung von 100 Druckwerkeinheiten tatsächlich nur erforderlichen Anzahl mit der Meßzahl und dem Prozentsatz angegeben.

Zum Schluß noch etwas zur Kritik dieses Meßverfahrens: Die Abb. 12 zeigt eine Anzahl von theoretisch möglichen Kurvenformen, die aber durch die Eigenschaften der Intervall-Analyse alle zu einem gleichen Ergebnis ausgewertet werden müßten. *Die Intervall-Analyse kann nur den Abstand der Schnittpunkte mit den Abtastspuren feststellen,* und sie ist vollständig *blind für das, was zwischen diesen Schnittpunkten sich ereignet.* Es würde also eine Sinuswelle in dieser Analyseform ebenso bewertet werden wie zwei spike-artige Entladungen, die sich in dem entsprechenden zeitlichen Abstand aufeinander gefolgt sind. Auch diese anderen Kurven mit Dreiecken oder Treppenstufen der einen oder anderen Art liefern

Abb. 12. *Grenzen der Intervallanalyse:* Darstellung verschiedener Kurvenformen, die alle bei der Intervall-Analyse ein gleiches Auswertungsergebnis haben würden

das gleiche Ergebnis. In einer Analyse nach dem Frequenzgehalt würden diese Kurven auch den in ihnen tatsächlich enthaltenen starken Oberwellenanteil bewertet erhalten. Glücklicherweise, könnte man sagen, hat aber das EEG eine größere Neigung, solche merkwürdig geformten Kurvenzüge zu vermeiden, und man könnte danach sagen, daß kein großer Unterschied zu den Analyse-Verfahren mit Frequenzauswertung gegeben ist. Der Unterschied wird tatsächlich auch nicht von entscheidender Größe sein, so daß ich niemals behaupten möchte, dieses Analyse-Verfahren sei den von anderen Instituten viele Jahre früher ausgearbeiteten Methoden grundsätzlich überlegen. Wenn man sich die Kurven der Ediswan-Analyse ansieht, so erhält man fast niemals einen isolierten Ausschlag in einem Frequenzbereich, sondern es sind immer die Nachbarbereiche in ähnlicher Weise mit angeregt. Das liegt z. T. daran, daß die Frequenzbereiche feiner unterteilt sind, und teilweise liegt es daran, daß die beinahe in Resonanz stehenden Schwingungskreise der Frequenzanalysatoren auch ansprechbar werden, wenn die doch meistens nicht ganz periodisch kommenden Anregungen im Nachbarbereich liegen. Wenn man die Schwingungskreise allzu selektiv gestalten würde, würde dies Schwierigkeiten ergeben bei kleinen Differenzen zwischen der tatsächlich anregenden Frequenz und zwischen der Resonanzfrequenz des Filterungskreises. Tatsächlich ist es bei diesem Verfahren möglich, daß eine aufgeschaukelte Anregung eines Schwingungskreises nach einem Phasensprung, d. h. also durch Einschiebung einer einzelnen Welle mit verzögerter Wiederkehr eine gegenphasige Anregung erhält, die dann die vorher erreichte Anregung zunächst infolge der Gegenphasigkeit wieder vernichten muß. Solche Schwierigkeiten können bei der Intervall-Analyse nicht vorkommen, weil hier die Intervall-Ermittlung als aperiodisches Verfahren völlig unabhängig von den vorher und nachher wirksamen Intervallzeiten ist. Das ist eben der Grundgedanke dieses Verfahrens, daß die in der Grundnatur aperiodische EEG-Anregung auch mit einem grundsätzlich aperiodisch arbeitenden Verfahren bearbeitet wird.

Ich möchte zum Schluß nochmals ausdrücklich darauf hinweisen, daß die Anwendung der bisherigen Frequenz-Analysatoren nur ganz enttäuschend wenig verwertbare Ergebnisse geliefert hat für die tägliche EEG-Diagnose. Ich möchte deswegen glauben, daß selbst dann, wenn sich mit diesem Verfahren gewisse Vorteile erweisen im Vergleich zu den bekannten Frequenz-Analysatoren, daß diese Vorteile es nicht erhoffen lassen, den Anwendungsbereich des Analysators entscheidend zu verbessern. Das von mir gebaute Gerät ist entstanden zur Unterstützung der experimentellen Arbeiten von MAX SCHNEIDER in Köln, für die Untersuchungen über die Überlebenszeit und Erholungsverzögerungen des Gehirns nach kritischen Anoxie-Perioden. Für solche Untersuchungen wäre der Experimentator schließlich gezwungen, ein sehr langes Kurvenmaterial durch Ausmessungen einzelner Wellen zu bearbeiten, weil eine abschätzende Kurvenbetrachtung dann nicht mehr zuverlässig sein kann, wenn man sagen soll, ob die δ-Wellenaktivität einen gewissen Grad erreicht hat, den man quantitativ genau in Vergleich setzen möchte zu anderen experimentellen Bedingungen.

Ich habe bereits 1949 einen Vorschlag gemacht, durch Ordinatenschreibung der Grundwellendauer die Dysrhythmie des EEG zu messen und habe an einem Beispiel [TÖNNIES (20) 1949/50, Abb. 2] gezeigt, wie der Grundrhythmusschreiber eine Seitendifferenz symmetrischer Hirnregionen klar zum Ausdruck bringt. Auch der von HESS und SCHWAB verwirklichte Gedanke, eine Frequenzanalyse für einen Seitenvergleich zu benutzen, auch wenn dabei die Feinheit der Frequenzbereiche vermindert wird, ist zweifellos richtig. Die Frequenzanalyse wird jedoch niemals für das untersuchte Individium eine Aussage machen können, die viel über das hinausgeht, was bei Betrachtung des Kurvenbildes erkennbar wäre. Sie kann nur Hinweise geben für relative Veränderungen am gleichen Individuum, sei es von Hemisphäre zu Hemisphäre oder bei der Bewertung des Schlaf-EEG oder bei pharmakologischen Beeinflussungen. Über diese Fragen werden die in praktischen Erprobungen zu gewinnenden Erfahrungen zu entscheiden haben.

Literatur

1. BEKKERING, IR., D. H., A. KAMP and W. STORM VAN LEEUWEN: Electroenceph. clin. Neurophysiol. **10**, 555—559 (1959).
1a. DIETSCH, G.: Pflügers Arch. ges. Physiol. **230**, 106—112 (1932).
1b. ECCLES, J. C.: The physiology of nerve cells. Baltimore: The John Hopkins Press; London, Oxford: University Press 1957.
2. ECCLES, R. M.: J. Physiol. (Lond.) **130**, 572—584 (1955).
3. FORBES, A.: Elektroenceph. clin. Neurophysiol. **2**, 204 (1950).
4. GASSER, H. S.: J. gen. Physiol. **33**, 651—690 (1950).
5. GASTAUT, H., A. C. JUS, F. MORRELL, W. STORM VAN LEEUWEN, S. DONGIER, R. NAQUET, H. REGIS, A. ROGER, D. BEKKERING, A. KAMP et J. WERRE: Electroenceph. clin. Neurophysiol. **9**, 1—34 (1957).
6. GIBBS, F. A., D. WILLIAMS and E. L. GIBBS: J. Neurophysiol. **3**, 49—58 (1958).

7. Hoefer, P. F. A., L. Markey and R. L. Schönfeld: Electroenceph. clin. Neurophysiol. 1, 357—363 (1949).
8. Huxley, A. F., and R. Stämpfli: J. Physiol. (Lond.) 112, 476—495 (1951).
8a. Jung, R.: Nervenarzt 12, 169—185 (1939).
9. — Electroenceph. clin. Neurophysiol., Suppl. 4 (Symposia) 57—71 (1953).
10. Knott, J. R.: Electroenceph. clin. Neurophysiol., Suppl. 4 (Symposia) 17—25 (1953).
11. Kolmodin, G. M.: Acta physiol. scand. 40, Suppl. 139 (1957).
12. — u. C. R. Skoglund: Experientia (Basel) 10, 505 (1954).
13. Kornmüller, A. E.: Fortschr. Neurol. 18, 437—467 (1950).
13a. Marko, A., and H. Petsche: Electroenceph. clin. Neurophysiol. 12, 209—211 (1960).
14. Schwarzer, F.: Arch. Psychiat. Nervenkr. 183, 175—188 (1949/50).
15. Storm van Leeuwen, W., and Ir. D. H. Bekkering: Electroenceph. clin. Neurophysiol. 10, 563—570 (1958).
16. Tönnies, J. F.: Deutsche Patentschrift 685 045.
17. — Dtsch. Z. Nervenheilk. 130, 60—67 (1933).
18. — J. Psychol. Neurol. 45, 161 (1933).
19. — Arch. Psychiat. Nervenkr. 182, 478—535 (1949).
20. — Arch. Psychiat. Nervenkr. 183, 245—256 (1949/50).
21. Walter, W. G.: J. Nerv. Dis. 107, 82—84 (1948).
22. — Electroenceph. clin. Neurophysiol., Suppl. 4 (Symposia) 7—16 (1953).

Diskussion

R. Janzen:

Ich darf Herrn Tönnies in Ihrer aller Namen sehr für diese schönen Referate danken, die er heute nachmittag gehalten hat, und ich eröffne jetzt die Aussprache zu dem letzten Teil.

W. Götze:

Wenn ich Sie vorhin recht verstanden habe, so sagten Sie, Herr Tönnies, daß diese treppenförmigen und polyphasischen Abläufe gegen die Sinus-Natur des EEG sprechen.

J. F. Tönnies:

Ich möchte es nicht so deuten, sondern etwa, wie es Alexander Forbes (3) sagte, daß keine sinusförmigen Anregungen aus Einzelprozessen nachweisbar oder wahrscheinlich sind, sondern wir erhalten nur sinusartige Endphänomene in unserer statistischen Gesamtbewertung aus z. B. 600000 Elementarprozessen. Diese können sich möglicherweise in dieser rhythmischen und der hübsch sinusförmigen Weise anordnen und zusammenfinden, obgleich jeder einzelne von ihnen nicht sinusförmig ist.

W. Götze:

Man kann natürlich auch umgekehrt ein paar Sinus-Schwingungen mischen und erhält dann auch polyphasische Ableitungen.

J. F. Tönnies:

Das ist richtig. Ich habe aber meine Diskussion über Kurvenformen vor allem auf das Argument gestellt, daß die uns bekannten Einzelprozesse der Zellen und Fasern niemals langsame Sinuswellen enthalten und daß deswegen die Analyse sich auf eine aperiodische Bewertung der Kurven stützen soll, auch dann, wenn zuweilen die Bilder einfache Sinuswellen oder, worauf Sie, Herr Götze, eben hinwiesen, die Form von einem Gemisch von Sinuswellen verschiedener Frequenz uns zeigen. Bei der Spurabtastung meines Analyse-Verfahrens würden solche Oberschwingungen oder die einer langsamen Frequenz überlagerten schnellen Wellen kleinerer Amplitude teilweise unberücksichtigt bleiben.

R. Janzen:

Ich glaube Herr Götze wollte darauf hinweisen, daß die Kurven mit dem Bild einer Mischung verschiedener Frequenzen möglicherweise auch entstehen aus einer Mischung biologischer Erscheinungen entsprechenden Frequenzgehaltes.

J. F. Tönnies:

Diese Möglichkeit kann ich nicht widerlegen oder ganz ausschließen, aber sie ist nach dem heutigen Stande auch kaum zu beweisen oder wahrscheinlich zu machen, weil wir bisher nach entsprechend langsamen sinusförmigen Prozessen in Einzelelementen vergeblich gesucht haben. Ich habe die gemischten Wellen vor allem deswegen diskutiert, um zu zeigen, wie sie auf das aperiodische Analysierverfahren einwirken. Daß dies Verfahren ein aperiodisches Verhalten der Elementarprozesse voraussetzt, ist kein Beweis für oder gegen die Existenz sinusförmiger oder gemischt sinusförmiger Elementarprozesse. Diese Frage bleibt noch unentschieden.

J. Kugler:

Wenn ich Herrn Tönnies folgendes fragen darf: Ich gehe aus von dem Beispiel der Einzelentladung an der isolierten Nervenfaser. Bei einer Elektrodendistanz von 1 cm ist es nicht möglich, die tatsächliche Amplitude zu erfassen. Wenn wir dieses Beispiel auf das EEG anwenden, dann müßten wir sagen: Wir wissen nicht, welche Strukturen für die Leitung im Gehirn verantwortlich sind. Aber wir können eine scheinbare Ausbreitung erkennen, wir können die Ausbreitungsgeschwindigkeit messen und wir haben ja mit Marko u. Petsche (*13a*) 1953 die Ausbreitung den spike-and-wave-Komplexe an der Schädeloberfläche gemessen und gefunden, daß sich die Spitzen mit einer Geschwindigkeit von 20 m/sec fortpflanzen und die langsamen Wellen mit etwa 4 m bis 0,80 m. In den letzten toposkopischen Untersuchungen konnte Petsche diese Resultate bestätigen. Er geht dabei so vor, daß er das Auf und Ab der Schwingung in helle und dunkle Striche übersetzt, die unmittelbar untereinander registriert, eine genaue Berechnung der Ausbreitungsgeschwindigkeit erlauben. Nun ergibt sich erstaunlicherweise, daß eine konstante Beziehung besteht zwischen Frequenz und Ausbreitungsgeschwindigkeit. Das heißt, wenn man annimmt

$$\lambda = \frac{\text{Geschwindigkeit}}{\text{Frequenz}}$$

dann hätten wir eine konstante biologische Wellenlänge für sämtliche Frequenzen. Wir bekommen also, wenn wir bei 4 Hz eine Geschwindigkeit von etwa 4 m/sec annehmen, ein elektrisches Feld mit einem Durchmesser von 1 m. Mit unserer Elektrodendistanz von 5 oder 7 cm, selbst bei weiten Bergerschen Ableitungen, haben wir kaum die Möglichkeit, die tatsächliche Amplitude dieser Wellen zu registrieren. Gibt es eine Methode, aus den bipolaren Ableitungen auf die tatsächliche Amplitudengröße zu schließen und sie zu errechnen?

J. F. Tönnies:

Das Verfahren wäre dann berechtigt, wenn wir uns vorstellen wollen, daß diese wellenartige Ausbreitung über die Gehirn- oder die Kopfhautoberfläche, wie sie uns sehr eindrucksvoll im Toposkop gezeigt wird, ein gleichartiger Vorgang wäre, wie die Fortpflanzung einer spike in einer peripheren Nervenfaser. Am Nerven können wir bei klaren physikalischen Bedingungen von einer Wellenlänge mit guter Sicherheit sprechen. Auf der Cortex-Oberfläche kann es sein, daß die Erregungswellenfronten innerhalb einer Windung sich in der Zellschicht ausbreiten, aber dies würde beim Durchlaufen von Furchen große Umwege und schwer zu berechnende Verzögerungen bedeuten. Es ist außerdem experimentell wahrscheinlich gemacht, daß vom Hirnstamm, vor allem vom Thalamus aus, eine Steuerung für solche über große Flächen sich ausbreitenden Wellen stattfindet. Eine Übertragung unserer Grundkenntnisse über periphere Fasern ist also auch hierin auf das Gehirn kaum möglich.

R. Janzen:

Es sind keine Wortmeldungen mehr da. Ich hoffe, daß auch die klinischen EEG-isten von diesem ersten Tag eine fruchtbare Erinnerung mitnehmen. Herrn Tönnies sind wir dankbar, daß er sich hier als einer der Väter der EEG-Forschung weiterhin erweist.

Standardisierung und Nomenklatur

Mit 11 Abbildungen

Präsident: R. JANZEN, Hamburg

R. JANZEN:

Wir wollen unser Thema vom Alltäglichen her aufzäumen. Meinungen werden aufeinanderprallen. Wir alle werden uns schwer von Gewohnheiten lösen. Man könnte diesem Unternehmen entgegenhalten: „Warum sollen wir uns überhaupt bemühen, Ableitetechnik und Nomenklatur zu standardisieren?" Ich bin nicht überzeugt, daß wir heute schon zu einem Ziel gelangen, weil die Entwicklung noch nicht abgeschlossen ist. Aber ich bin der Meinung, daß wir die Tendenz, die eine Norm haben könnte, hier herausarbeiten. Die Intentionen werden durch den Kongreßbericht allen zugänglich; jedem steht frei, das Erarbeitete zu benutzen oder nicht zu benutzen. Auf diese Weise wird sich eine Verständigung anbahnen. Eine Übereinkunft wird erforderlich, nicht nur damit wir selbst uns untereinander zweifelsfrei verständigen, sondern vor allem, damit unsere Veröffentlichungen auch einem breiteren wissenschaftlichen und ärztlichen Publikum zugänglich gemacht werden können. Die Nomenklatur muß — wenn wir uns auch einer Ausdrucksweise in deutscher Sprache befleißigen — den Anschluß an die internationale Nomenklatur wahren, damit jeder dieser Ausdrücke sofort ins Englische oder in eine der romanischen Sprachen übertragen werden kann.

Als vor 3 Jahren Herr SCHÜTZ und ich zum Wechsel im Vorsitz gewählt wurden, haben wir von Anfang an unsere Arbeit daraufhin angelegt, die Thematik des gegenwärtigen Kongresses vorzubereiten.

Eine junge Wissenschaft besitzt viele vorläufige Bezeichnungen für bestimmte Phänomene, die an den Namen desjenigen geknüpft sind, der ein Phänomen — zufällig und zwangsläufig — zuerst sah. Dadurch wird verständlich, daß diese Wissenschaft belastet ist mit Bezeichnungen, die nicht einmal alle von historischem Interesse sind. Man sollte sich bemühen, Historisches nur da, wo es wesentlich ist, bestehen zu lassen. Im übrigen sollten alle Begriffe ausgemerzt werden, die Vorstellungen über das Wesen des EEG einschließen, die nicht oder nicht mehr zutreffen.

Die Elektroencephalographie ist eine Hilfsmethodik, sie darf kein Selbstzweck werden. Als Herr JUNG 1950 die Gründung dieser Gesellschaft in Wiesbaden anregte, gehörte ich auch zu denjenigen, die sich dagegen aussprachen, weil ich nämlich meinte, um einen Apparat herum und um eine Methodik könne man keine wissenschaftliche Gesellschaft gründen. Ich habe mich bekehren lassen. Aber von gewissen Befürchtungen bin ich nicht frei geblieben, weil ich sie an manchen Stellen realisiert sehe. Deswegen verfolge ich bestimmte Tendenzen. Wenn ich dann im folgenden manchmal über das Ziel hinausschießen sollte, werden Sie mich eindämmen. Ich hoffe, daß wir zu einer anregenden Aussprache und zu einer Einigung in manchen Dingen kommen werden.

Wir wollen zunächst besprechen: *Welche Lage der Elektroden? Welche Benennung?* Dann können wir uns über die Frage verständigen, die eng damit zusammenhängt: *Welche Standardableitungen sind als optimal vorzuschlagen* für die verschiedenen Geräte, je nach der Zahl der Schreibsysteme? Wir hoffen, optimale Programmschaltungen herauszufinden, die den Routinedienst erleichtern werden.

Lage und Zahl der Elektroden

Sie alle kennen den Vorschlag im EEG-Journal. Der Redakteur JASPER betont, daß der Vorschlag nicht als Montreal-System oder als Jasper-System bezeichnet werden solle. Er sagt in der Einleitung, es gebe viele verschiedene Systeme. Wenn man diese

Systeme der einzelnen Institute gesehen und sich mit den Leitern verschiedener Laboratorien unterhalten habe, müsse man bekennen, daß wesentliche oder gar grundsätzliche Unterschiede nicht bestünden und daß die vermuteten Differenzen in der Regel geringfügig oder nur solche der Nomenklatur seien. Dem wird jeder Erfahrene beipflichten. Der Vorschlag der internationalen Kommission sei zur Erinnerung noch einmal vorgeführt (Abb. 1). Sollen wir soviele Elektroden wählen? Ich bin der Meinung: „Ja, in bestimmten

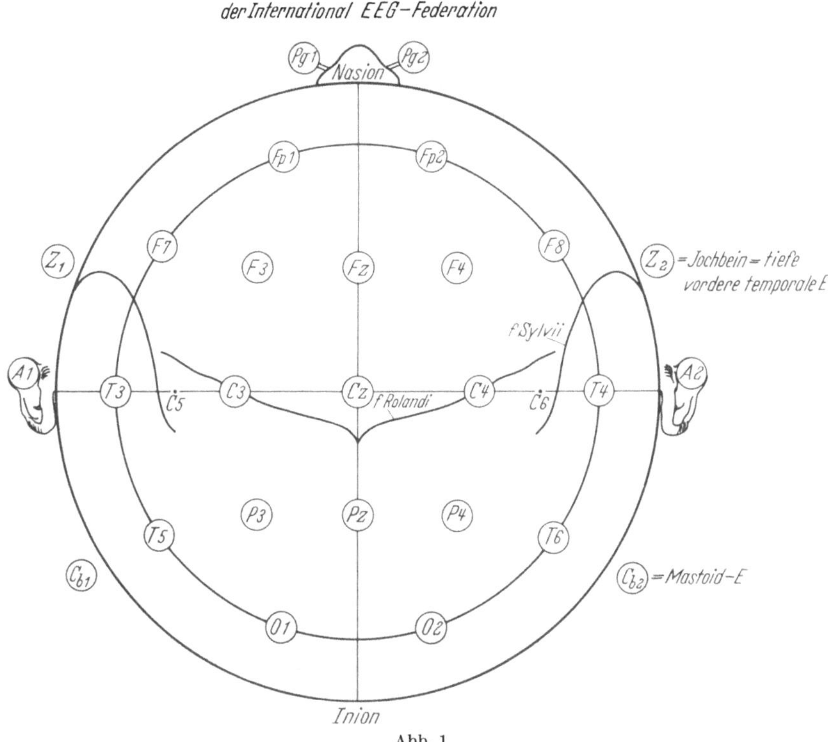

Abb. 1

Fällen sogar noch mehr." Herr GIBBS — ich habe die 3. Auflage seines „EEG-Atlas" mitgebracht — kommt mit weniger Elektroden aus. Das gleiche gilt für viele von Ihnen. Sie werden sagen: „Es ist mir nichts Wichtiges entgangen." Trotzdem erhebt sich die Frage, ob nicht selbst dann, wenn jemand im Routinebetrieb weniger Elektroden anlegt, hinsichtlich der Lage der Elektroden und ihrer Bezeichnung eine Anpassung erfolgen sollte an dieses Schema oder ein etwas modifiziertes Schema. Der Laboratoriumsbezeichnung sollte auf alle Fälle in einer Klammer diejenige beigefügt werden, die den Anschluß an eine allgemein verständliche oder verbindliche Nomenklatur herstellt.

K. PATEISKY:

Im Ableitschema der internationalen Kommission fällt besonders im Seitenbild auf, daß keine Elektrode über der Gegend des vorderen Schläfelappenpoles liegt. Dieser Umstand müßte berücksichtigt werden.

W. GÖTZE:

Wenn man die Elektrode etwas tiefer legt, etwa über das Jochbein, so wird offensichtlich die vom Temporalhirn stammende Aktivität durch Fortleitung über den Knochen von dieser Elektrode sehr gut registriert. Ich glaube nicht, daß es unbedingt notwendig ist, die Elektrode anatomisch genau über den Temporalpol zu legen.

R. Janzen:

Wir haben bei routinemäßig angelegten Elektroden geröntgt und nachgesehen, wo sie sich befinden. Wir waren erstaunt, wie hoch manchmal die sog. temporalen Elektroden liegen. Die nicht zu entbehrende temporale Elektrode fehlt, wenn man bei Anlegen der Haube sich nicht der Kopfform anpaßt und peinlich genau auf den Elektrodensitz achtet. Die Konstruktion der benutzten Bandhaube ist dabei von Bedeutung. Manche erlauben keine tiefe temporale Elektrode. Dann muß man eine über dem Jochbein anlegen. Herr Pateisky hat recht, wenn er den wesentlichen Mangel in dem von der Kommission vorgeschlagenen Schema vermerkt.

W. Götze:

Die zugeschickten *Ableiteschemata* einzelner Institute werden hier im Diapositiv vorgezeigt. Die Zahl der angesetzten Elektroden variiert. Wir benutzen zu Standardableitungen nur 5 Punktpaare, eine temporale Elektrode und vier Elektroden auf jeder Hemisphärenhälfte. Für eine Übersichtsuntersuchung genügt das. Wir haben während des Krieges sogar nur von 3 Punktpaaren abgeleitet, und ich mußte feststellen, daß wir nicht weniger pathologische Befunde hatten als mit einer Vielzahl von Elektroden. Nur müßte nach den hinweisenden Befunden durch Variation der Elektrodenlagen eine Herdstörung eingeengt werden. Nach meiner Erfahrung ist es besser, sich mit orientierenden Untersuchungen mit verhältnismäßig wenigen Elektroden zu begnügen, dafür aber, wenn Schwierigkeiten in der Deutung auftreten, die Untersuchung öfter zu wiederholen. Je mehr Elektroden angesetzt werden, desto größer ist die Gefahr der Artefakte.

R. Jung:

Die Zahl der Elektroden hängt davon ab, was man im EEG sehen will, für wen man arbeitet. Wer für den Neurochirurgen arbeitet, braucht sicher mehr Elektroden, weil eine genauere Lokalisation erwünscht ist. Für Standardableitungen in der Neurologie genügen 5 Elektroden auf jeder Hemisphäre mit dem Ohr. Man muß nur die Temporalregion genügend erfassen. Das Schema von Gibbs hat zu wenig Elektroden. Andererseits kann man eine oder zwei von den Elektroden im Schema der Kommission sparen, wenn man eine vordere und eine hintere temporale Elektrode hat und das Ohr. Ich würde die tiefe frontale F-8 herunterrücken und sie als vordere temporale Elektrode nehmen. Außerdem ist hier eine Region mit starken Nebenschlüssen durch den Temporalmuskel und durch die basalen Strukturen, so daß man kleine Differenzen auch nicht erfassen kann.

Die Benennung nach der Hirnregion versteht jeder. Nummern sind für den Laborgebrauch gut. In der Publikation sollte man immer die *Hirnregion* bezeichnen. Unipolar erfaßt man ein größeres Feld. Wer bipolar oder fast nur bipolar ableitet, braucht natürlich mehr Elektroden.

Die Zahl der Elektroden dürfte auch abhängen von der Ambulanzfrequenz und dem Personal. Oft wird es zeitlich nicht möglich sein, mehr als 10 Elektroden bzw. 5 Elektrodenpaare und die beiden Ohrelektroden zu setzen.

H. Lechner:

Eine geringe Elektrodenzahl gibt nicht das Optimale heraus. Das ginge nur dann, wenn der Arzt selbst bei der Untersuchung anwesend ist. Sonst kann der Patient weg sein und man kann ihn nicht mehr erreichen. Infolgedessen ist es, wenn man eine Routine macht, besser, daß man viele Elektroden anlegt. Dann hat man das Grund-EEG.

K. Pateisky:

Das Komitee, das zu diesem Zweck im Jahre 1957 zusammengetreten ist und bei dem Herr Jung anwesend war, hat ausdrücklich geschrieben, man sollte bei Patienten jenseits des 5. Lebensjahres doch das 10—20- bzw. 19—21-System anlegen.

R. Janzen:

Nach eigenen Erfahrungen aus unserem sehr lebhaften Routinebetrieb muß ich feststellen, daß bei gutem Geschick und ausreichender Intelligenz der technischen Assistentin ein System mit optimaler Anzahl von Elektroden keine Schwierigkeiten bereitet.

Wenn wir uns einigen, das *System der Placierung der Elektroden* für die Routine zu akzeptieren, indem wir eine Jochbeinelektrode bzw. die tief temporal gelegene Elektrode hinzufügen und die Cb-Elektrode als Mastoid-Elektrode bezeichnen (Abb. 1), dann ist die Schädeloberfläche nicht nur optimal, sondern bereits maximal mit Ableitepunkten besetzt. Die möglichen

Ableitestellen sind erfaßt. Das sagt auch JASPER, der die Technik der einzelnen Laboratorien verglichen hat. Man kann, wenn man weniger Ableitepunkte wählt, trotzdem im System

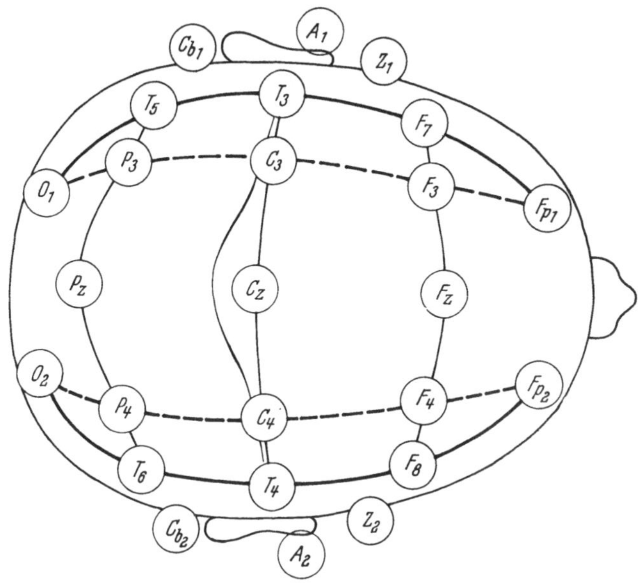

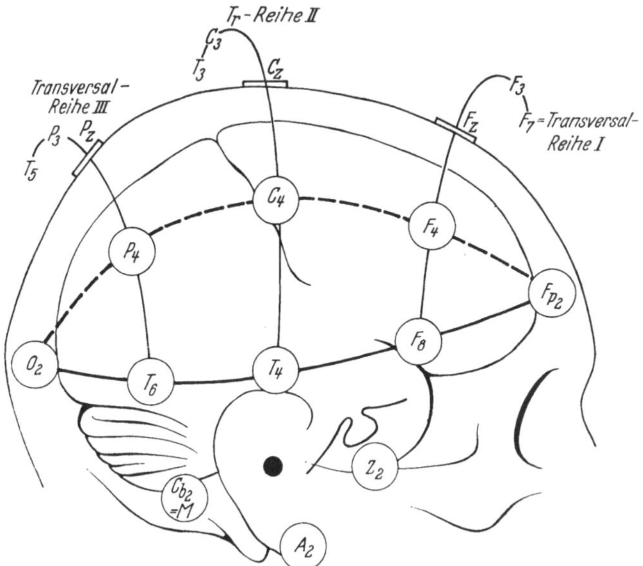

Abb. 2

bleiben und die „Laborzahlen" ins internationale Schema übersetzen. Geringfügige Lageabweichungen von dem System mit optimaler Besetzung sind ohnehin nicht von großer Bedeutung wegen der Streuung durch die bedeckenden Medien.

Man hat geäußert, wir erhöben in Deutschland Mikrobefunde bei einer Makrotechnik hinsichtlich der Elektrodenlagen. Man soll meines Erachtens bei Ableitungen von der Kopfschwarte die Mikrotechnik nicht übertreiben, darüber haben wir gestern bei der Grundlagendiskussion Ausreichendes erfahren.

Ich glaube nicht, daß die technischen Hilfskräfte im Routinebetrieb den jeweiligen Kopfumfang messen werden, um die Elektroden nach dem 10/20-System genau zu placieren.

Wir haben uns folgende Routine angewöhnt, die ohne Messungen eine gute Lage der Elektroden ergibt (Abb. 2): Das fronto-temporo-occipitale Band bildet die Grundlinie. Als zweite Grundlinie, die sich für die Routine ohne weiteres anbietet, wählen wir die sog. Steigbügelsenkrechte. Sie bestimmt das mittlere Querband. Die frontalen und occipitalen Elektroden werden nun auf dem fronto-temporo-occipitalen Band eingesetzt. Im Schnittpunkt des Fronto-Temporo-Occipitalbandes und des mittleren Querbandes ist der erste Fixpunkt gegeben, eine hohe temporale Elektrode (= T_3, T_4). Der zweite Fixpunkt ist der Schnittpunkt des mittleren Querbandes mit der Sagittalnaht (= C_z). Durch diesen Punkt wird ein sagittal verlaufendes Band von frontal nach occipital gelegt. Man halbiert nun nach Augenmaß (oder Lochunterteilung der Bänder) alles, was zwischen diesen Punkten liegt, auch die vordere und hintere Hälfte des Sagittalbandes. An diesen Stellen werden die Elektroden angelegt. So paßt man sich der Schädelform an. Jetzt legt man von den fronto-temporalen und temporo-occipitalen Zwischenpunkten Querbänder über den vorderen und hinteren Halbierungspunkt des Sagittalbandes, halbiert wiederum. Alle Reihen, und d. h. eine optimale Besetzung, sind vorhanden, außer der tiefen temporalen und der Mastoid-Elektrode, die gesondert gesetzt werden müssen.

Einwand (Sprecher nicht erfaßt): Für neurochirurgische Fragen ist eine noch dichtere Besetzung erforderlich.

R. Janzen:

Wenn Sie den Verdacht haben, daß sich in dem Zwischenraum noch etwas erfassen läßt, kann eine Wahlelektrode angelegt werden. Eine *Wahlschaltung* muß bei jeder Routineschaltung freigehalten werden. Ich darf auf unseren Vorschlag für die Routine hinweisen. Ich glaube, daß man — wie Jasper die allgemeine Erfahrung zusammenfaßt — bei dieser Besetzung der Kopfschwarte mit Elektroden etwas Wesentliches nicht übersehen wird.

Man soll bei der Benutzung bipolarer Reihenableitungen mit engem Elektrodenabstand auch die Ableitung bei großen Elektrodenabständen nicht vernachlässigen. Die alte *Berger-Ableitung* ist nach unseren Erfahrungen nicht zu entbehren (s. unser Schema). Sie gibt manchmal überraschende Aufschlüsse, die bei bipolaren Reihenableitungen mit engem Elektrodenabstand übersehen werden können. Wir haben die Berger-Ableitung beim 12fach-Schreiber mit großem Nutzen in die Routine eingebaut.

W. Götze:

Sollten im Routine-Betrieb nicht auch wirtschaftliche Gesichtspunkte berücksichtigt und eine große Untersuchung nur bei besonderem Befund oder besonderer Fragestellung durchgeführt werden? Meines Erachten ist auch die technische Belastung des Labors zu groß.

H. W. Steinmann:

Ich weiß nicht, ob man diesen Gesichtspunkt gelten lassen kann. Mit *einer* EEG-Untersuchung will ich ein Maximum an Aussagen machen. Wenn ich das nicht durchführen kann, dann lasse ich sie sein, es sei denn, der Patient ist in einem sehr schlechten Zustand, in dem ich ihm nicht zumuten kann, eine längere Untersuchung vornehmen zu lassen.

R. Janzen:

Man sollte nicht so extrem formulieren. Zweifellos hat Herr Götze recht, wenn er sagt, daß er bei einem großen Teil der zu Untersuchenden mit weniger Elektroden auskomme. Die Kranken, die er untersucht, entstammen nicht nur der neurochirurgischen Klinik und kommen nicht mit vorwiegend lokalisatorischen Fragestellungen. Herr Steinmann wird Herrn Götze zubilligen, daß dieser mit seiner großen Erfahrung — Ähnliches gilt auch für Gibbs — auch ohne maximale Elektrodenbesetzung einer lokalisierten Störung auf die Spur kommt, die er mit Spezialableitungen genauer einkreisen muß. Wir haben das früher auch so gehalten, sind aber, seit wir 12fach registrieren, überzeugend eines anderen belehrt worden. Man kann die entgegengesetzten Standpunkte gut vereinigen: Es kommt auf die Fragestellung an, welche Technik anzuwenden ist. Aber — wenn später eine neue Frage auftaucht, kann man in Verlegenheit geraten. Deswegen sind wir dazu übergegangen, die nicht optimale Technik (mit dem 8 fach schreibenden Gerät) nur bei solchen Fällen zu benutzen, die uns bekannt sind, bei denen eine Kontrolle erforderlich ist, oder solchen, bei denen eine allgemeine Orientierung ohne spezielle Fragestellung angefordert wurde.

J. KUGLER:

Das Schema muß dem technischen Assistenten so handlich sein, daß die Elektroden jedesmal unter den gleichen Voraussetzungen angelegt werden. Das vorgeschlagene Schema läßt sich jeweils durch Auslassen einzelner Punkte vereinfachen und dann gut auch bei Kindern anwenden. Das Einteilungsprinzip ist durch anthropologische Meßpunkte bestimmt.

Der Überlegung von Herrn STEINMANN kann ich nur beipflichten. Wir können die Aufnahmen nicht beliebig oft wiederholen, sondern müssen versuchen, mit der ersten Aufnahme ein Maximum an Information zu erbringen. Das ist mit einem System, bei dem ich die Wahl habe, Punkte auszulassen oder hinzuzufügen, durchaus möglich. Die Benennung der Punkte nach den Regionen erlaubt dem Uneingeweihten rasche Orientierung.

R. JANZEN:

Wenn wir auch Hauptpunkte weglassen, wissen wir immer, wenn wir in der angegebenen Weise vorgehen und die Punkte nach dem Schema bezeichnen, welcher Punkt jeweils gemeint ist. Selbst wenn man eine reduzierte Zahl von Elektroden benutzt oder bei Kindern zwangsläufig weniger Elektroden anlegt in anderen Abständen, dann weiß man trotzdem, über welchen Regionen abgeleitet worden ist. Das ist der *Vorzug der Koppelung der Routine der Anlegung der Elektroden mit dem Schema der Benennung. Die Ableitung von einem angegebenen Punkt kann bei solchem Vorgehen von jedem anderen Laboratorium kontrolliert werden.*

H.-D. WEIGELDT:

Es ist eben davon gesprochen worden, daß die Art des Patientengutes die Art der Ableitung und die Anzahl der Elektroden bestimmt. Ich glaube auch, daß immer gewisse Differenzen bestehen bleiben, je nachdem ob jemand mehr an einer neurochirurgischen Klinik oder einer allgemeinen Nervenklinik tätig ist. Ich nehme an, daß überall Anforderungsscheine für die elektroencephalographische Untersuchung vorhanden sind, auf denen die wichtigsten klinischen Daten mitgeteilt werden müssen, so daß nach der Routineableitung unter Umständen mit den Elektroden gewandert werden kann oder besondere Elektrodenanlagen gewählt werden. Gerade das Wandern der Elektroden sollte man nicht vergessen. Ich glaube, daß dieses Schema für den Allgemeinbetrieb im großen und ganzen sehr brauchbar und nützlich ist.

R. JANZEN:

Man besitzt durch die vorgeschlagene Routine eine gute Ausgangsableitung auch für den Fall, daß die techn. Assistentin einen besonderen Befund etwa übersehen hat und den Laboratoriumsarzt nicht noch während der Untersuchung herbeigerufen haben sollte. Je nach dem Befund kann man (in der Wahlschaltung) zusätzliche Elektroden setzen, deren Lage in bezug zu den Fixpunkten genau angegeben werden kann.

Wir können zu Protokoll geben, daß der Vorschlag für die Anordnung der Elektroden angenommen worden ist.

Jetzt käme die *Frage der Bezeichnungsweise.* Die internationale Kommission ist zu der Meinung gelangt, man solle nach Hirnregionen bezeichnen, damit eine Verständigung leicht möglich sei.

Daß man in einem Befundbericht und in einer Publikation nach Hirnregionen bezeichnet, darüber ist nicht zu diskutieren.

Im Routinebetrieb hat sich ein Schema mit Zahlen bewährt. Zahlen lassen sich vom Hilfspersonal gut merken, das mit der Hirnanatomie nicht vertraut ist. Zahlenreihen drängen sich auf bei der Routine der Anlegung der Elektroden; sie sind deswegen auch leicht zu handhaben. Zahlen lassen sich jederzeit in die Bezeichnungen des internationalen Schemas übersetzen.

R. JUNG:

Protokollieren kann man jeden Vorschlag. Ob ihn jedermann für sein Labor annimmt, ist eine zweite Frage.

R. Janzen:

Die Angewohnheiten der Laboratorien sollen nicht verändert werden. Wir wollen uns aber auf internationale Bezeichnungen beim Publizieren festlegen.

K. Pateisky:

Ich glaube, daß die internationale Bezeichnung mit den Buchstaben sicher die richtige ist. Wenn die eine Elektrode heruntergezogen wird, so daß die temporale Region erfaßt wird, wäre „FT" oder „TF" eine zutreffende Bezeichnung. Man hat sonst in keiner der Bezeichnungen die Temporalspitze, die ja von großer Bedeutung ist.

Noch eine andere Frage wollte ich mir erlauben: Bei uns kommt es immer wieder zu Schwierigkeiten, wenn wir mit dem Kliniker sprechen. Wenn wir z. B. eine Region bezeichnen wollen, wo liegt die Betonung? Auf dem ersten oder auf dem zweiten Wort (z. B. bei fronto-temporal)? Bei schriftlich mitgeteilten Befunden kann durch Unterstreichung einem Mißverständnis vorgebeugt werden.

E. Schütz:

In der Optik ist diese Frage gelöst: gelb-grün, grün-gelb; die Betonung liegt immer auf dem zweiten Wort. Es hieße also, je nach Schwerpunkt temporal oder parietal, parieto-*temporal* bzw. temporo-*parietal*.

R. Janzen:

Das wäre eine gute Einigung auch für unsere Zwecke. Für Focusbestimmungen muß man natürlich genauere Koordinaten angeben.

C. Henrich:

Es kommt vor, daß man sich zur Kontrolle seines eigenen EEGs früher gemachte EEGs anfordert, und dann kommt man mit den Zahlen eigentlich nie zurecht bei dem Schema, das nun gerade diese oder jene Klinik angewandt hat.

R. Janzen:

Jedes Labor wird einen Stempel haben müssen, in dem außer den gewohnten Bezeichnungen die Übersetzung angegeben ist.

Damit wäre auch zu diesem Punkt der Diskussion eine Übereinstimmung erreicht.

Routineschaltungen

R. Janzen:

Herr Niebeling und Frau Sieke berichten, daß die EEG-isten der DDR in ihrem Arbeitskreis eine einheitliche Regelung gefunden haben und damit zufrieden sind. In den meisten Laboratorien werden festgelegte Wahlschaltungen im Routinebetrieb benutzt. Die erste Voraussetzung für eine allgemeine Absprache, die Wahl der Punkte, ist gegeben. Die Auswahl der nach einer Routine-Ableitung noch zu kontrollierenden Punkte bleibt dem Laborleiter überlassen, je nach Befund oder Fragestellung. In jeder Programmschaltung muß also eine Stellung für Wahlschaltung enthalten sein. Über diese Forderung kann keine Diskussion entstehen. Die Programmschaltung richtet sich nach dem Gerät. Am verbreitetsten ist das 8fachschreibende

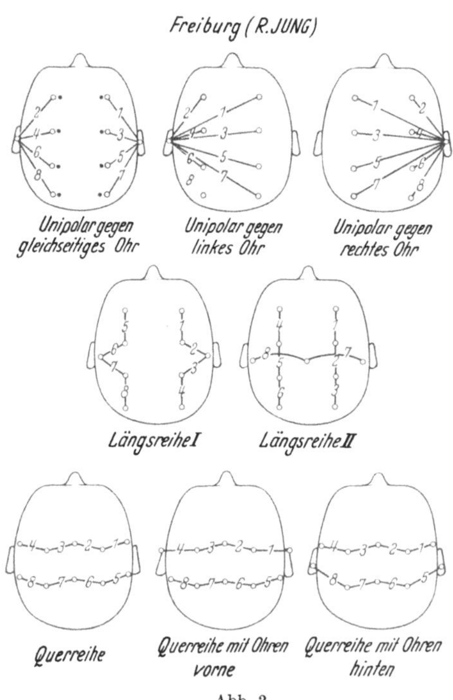

Abb. 3

Gerät = 8-Kanäler. In den Empfehlungen der Internationalen EEG-Gesellschaft ist festgelegt, 8 gleichzeitige Registrierungen seien ausreichend, alles Wesentliche zu erfassen, weniger gleichzeitige Registrierungen seien nicht zufriedenstellend. Der letzten Feststellung kann man einfach zustimmen. Wir können daher unsere Diskussion auf den „8-Kanäler" und „12-Kanäler" beschränken. Seit 1952 benutzen wir 12fache gleichzeitige Registrierungen, daneben auch 8fache. Aus meiner eigenen Erfahrung aus den Anfangszeiten der EEG seit 1937 muß ich feststellen, daß die 8fache Registrierung zwar ausreicht, die 12fache jedoch uneingeschränkt die optimale ist.

Unserer Aufforderung entsprechend sind an Herrn GÖTZE mehrfache Ableitungsschemata eingeschickt worden. Das Freiburger Schema (s. Abb. 3) ist für den 8-Kanäler an vielen Stellen in Anwendung mit gewissen Modifikationen.

R. JUNG:

Es ist wichtig, getrennt gegen jedes Ohr abzuleiten. Um eine Kontrolle der Kanäle zu haben, tauschen wir die Eingänge. Wir haben nicht die temporale Ableitestelle bei der unipolaren Registrierung im Gegensatz zu GIBBS, weil der Abstand sehr klein ist und man die temporalen Vorgänge in der bipolaren Kombination besser erfassen kann.

R. JANZEN:

Bei pathologischen Vorgängen im Temporalgebiet erweist sich aber der Abstand nicht als zu kurz.

R. JUNG:

Gewiß, aber unseres Erachtens genügt es, wenn man vom Ohr her einen Anhaltspunkt hat. Dann differenziert man bipolar. Bei der Reihenschaltung nehmen wir immer noch einen temporalen Ableitepunkt dazwischen. Wir nehmen zusätzlich jetzt im allgemeinen eine Längsreihe mit einer großen Querreihe. Wenn man dann die angezeigten Querreihen noch ableitet, hat man eigentlich alles in einer Standardableitung 8fach erfaßt. Das hat sich über 10 Jahre bewährt.

H.-G. NIEBELING:

Wir haben zunächst immer 4 Ableitungsarten durchgeführt (s. Abb. 4a). Topographisch gesehen liegen die Ableitpunkte frontal (Stirnhaargrenze), zentral (Zentralfurche), parietal, occipital und temporal. Der Abstand der Konvexitätselektroden von der Mittellinie beträgt 2—2,5 cm. Um Seitendifferenzen genau überprüfen zu können, wurden bei allen Ableitungsarten die Kanäle zusätzlich gekreuzt. Die Ableitungsarten wurden mit I, II, III, IV bezeichnet

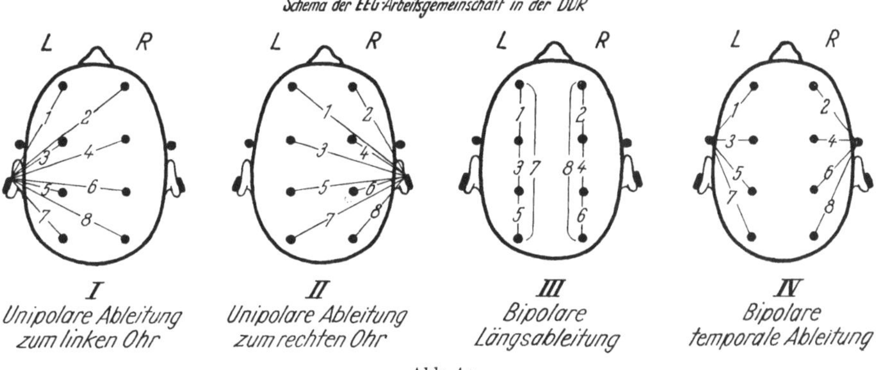

Abb. 4a

und als Routineableitungen in allen EEG-Abteilungen grundsätzlich durchgeführt. Daneben wurden je nach Lage des Falles Spezialableitungen (Querreihen usw.) vorgenommen. Auf Grund der mit diesen Standardableitungen gewonnenen Erfahrungen soll in Zukunft folgende erweiterte Ableittechnik eingeführt werden (Abb. 4b):

Aus der Abb. 4b ist zu ersehen, daß den bisherigen Ableitpunkten drei sagittale Elektroden und eine hintere temporale Elektrode hinzugefügt werden. Neben den unipolaren Ableitungen zum linken und rechten Ohr soll eine unipolare Ableitung zum gleichseitigen Ohr durchgeführt werden, die besonders im Vergleich mit der bipolaren temporalen Ableitung Aussagen über

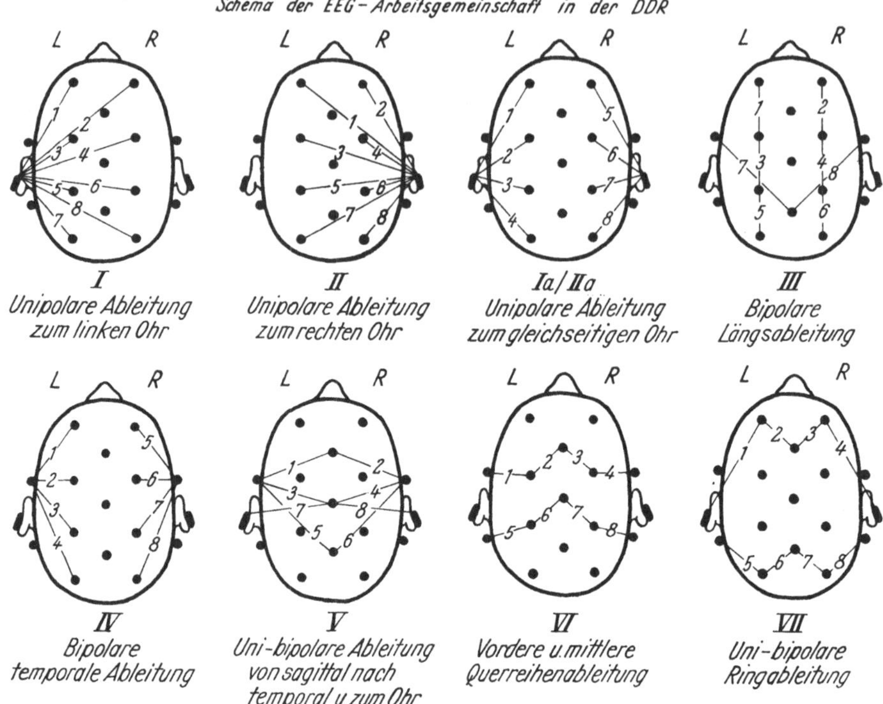

Abb. 4b

basal gelegene Prozesse geben soll. Die bipolare Längsableitung soll dahingehend abgeändert werden, daß anstatt der fronto/occipitalen Kontrollableitung eine Querreihe vom vorderen Temporalgebiet über die hintere Sagittale zum gegenseitigenTemporalgebiet vorgenommen wird.

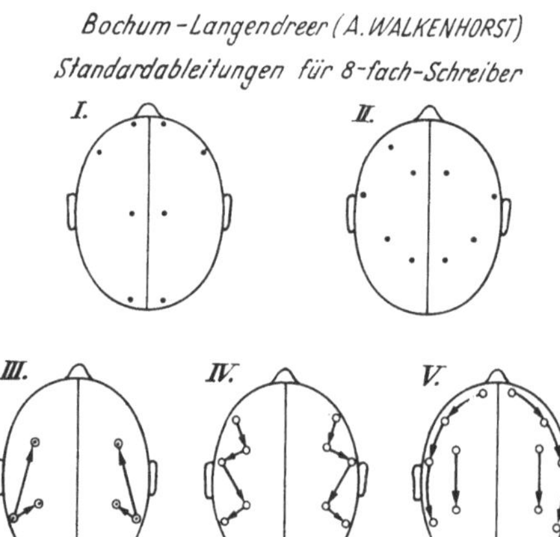

Abb. 5

Dadurch soll es besonders bei Epilepsien möglich werden, genaue Aussagen über die corticale Ausbreitung bzw. temporale Streuung zu ermöglichen. Die Ableitungsart V ist besonders für parasagittal gelegene Prozesse vorgesehen. Die Ableitungsarten VI und VII sollen eine weitere Differenzierung ermöglichen. Es sei noch erwähnt, daß alle Ableitungsarten nach einem bestimmten Prinzip gekreuzt werden, um Seitendifferenzen objektivieren zu können.

R. JANZEN:

Daß die sog. *unipolare Ableitung* keine echte unipolare ist, daß sie aber ganz wesentliche Aufschlüsse geben kann, darüber sind alle einig. Durch *Abwandlung des Referenzpunktes*, statt des Ohres z. B. Nase, Nacken oder andere Spezialschaltungen, kann man in manchen Fällen einen Befund besser analysieren. Das ist allgemein bekannt, sollte nur der Vollständigkeit halber erwähnt werden. Manche Besonderheiten werden in der typischen bipolaren Ableitung besser erkannt. Man soll eben variieren, je nach dem Befund. Deshalb sei mir erlaubt, darauf hinzuweisen, daß es nützlich sein kann, in bestimmten Situationen uni- und bipolar gleichzeitig abzuleiten. Man erhält dabei Übersicht über die Phasenbeziehungen (s. unseren Vorschlag für die Programmschaltung).

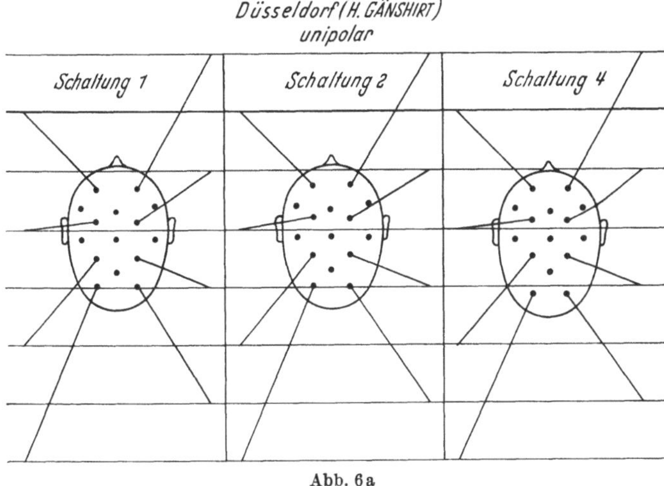

Abb. 6a

An dieser Stelle sei noch eine allgemeine Bemerkung gestattet: Beim Abweichen von der Routine, bei Änderungen der Referenzpunkte, bei Auswahl der entscheidenden Schaltung für eine längere Beobachtung unter Registrierung — bei all diesen Entscheidungen ist der Labo-

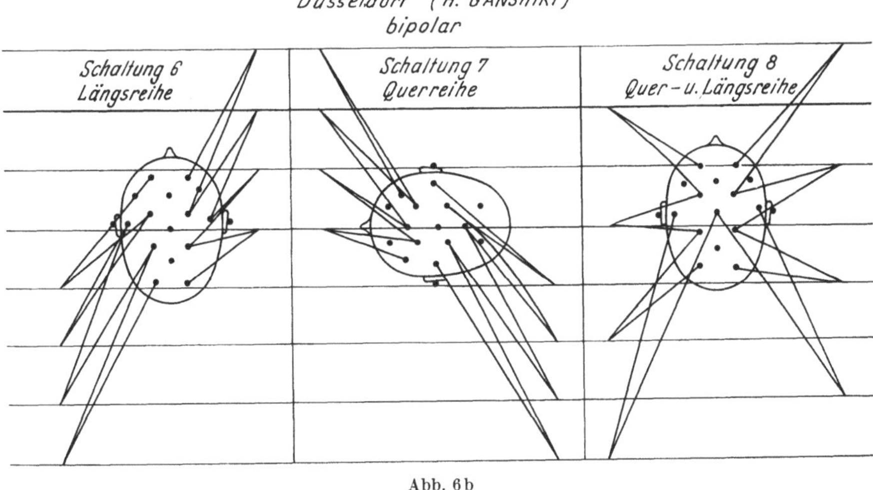

Abb. 6b

ratoriumsarzt erforderlich. *Das EEG kann nicht wie das EKG nur vom technischen Hilfspersonal bedient werden, es ist eine ärztliche Leistung, nicht nur in der Auswertung, sondern schon bei der Registrierung.*

K. PATEISKY:

Darf ich mir erlauben, zum Prinzipiellen eine Bemerkung zu machen: Die Schemata, die hier gezeigt werden, berücksichtigen in ausgezeichneter Weise das Lokalisatorische. Nicht berücksichtigt scheint mir das Zeitliche zu sein; denn man müßte an und für sich fordern, daß in der gesamten Routine, also wenn alle Ableitungen durchgeschaltet sind, jede Elektrode

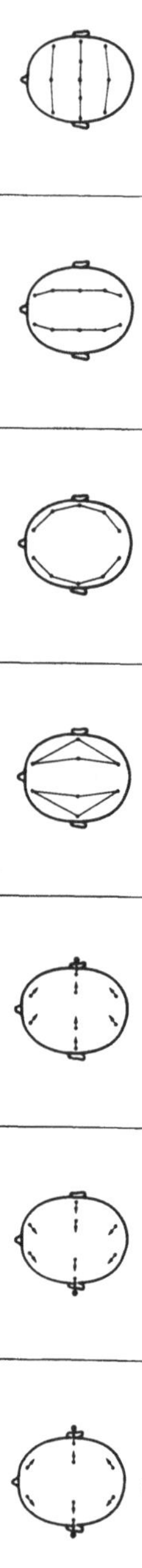

Abb. 7. Schaltschema — 8 Kanäle (VII Wahlschaltung). Hamburg (R. Janzen)

I. unipol. li./re. Ohr	II_s. unipolar → li. Ohr	II_d. unipolar → re. Ohr	III. bipolar $FTO + PS$	IV. bipolar FTO	V. bipolar PS	VI. Transversale I., II., III.
$\frac{Fp_1}{A_1}$	$\frac{Fp_1}{A_1}$	$\frac{Fp_1}{A_2}$	$\frac{Fp_1}{T_3}$	$\frac{Fp_1}{F_7}$	$\frac{Fp_1}{F_3}$	$\frac{F_7}{F_z}$
$\frac{Fp_2}{A_2}$	$\frac{Fp_2}{A_1}$	$\frac{Fp_2}{A_2}$	$\frac{Fp_2}{T_4}$	$\frac{Fp_2}{F_8}$	$\frac{Fp_2}{F_4}$	$\frac{F_z}{F_8}$
$\frac{T_3}{A_1}$	$\frac{T_3}{A_1}$	$\frac{T_3}{A_2}$	$\frac{Fp_1}{C_3}$	$\frac{F_7}{T_3}$	$\frac{F_3}{C_3}$	$\frac{T_3}{C_3}$
$\frac{T_4}{A_2}$	$\frac{T_4}{A_1}$	$\frac{T_4}{A_2}$	$\frac{Fp_2}{C_4}$	$\frac{F_8}{T_4}$	$\frac{F_4}{C_4}$	$\frac{C_3}{C_z}$
$\frac{C_3}{A_1}$	$\frac{C_3}{A_1}$	$\frac{C_3}{A_2}$	$\frac{T_3}{O_1}$	$\frac{T_3}{T_5}$	$\frac{C_3}{P_3}$	$\frac{C_z}{C_4}$
$\frac{C_4}{A_2}$	$\frac{C_4}{A_1}$	$\frac{C_4}{A_2}$	$\frac{T_4}{O_2}$	$\frac{T_4}{T_6}$	$\frac{C_4}{P_4}$	$\frac{C_4}{T_4}$
$\frac{O_1}{A_1}$	$\frac{O_1}{A_1}$	$\frac{O_1}{A_2}$	$\frac{C_3}{O_1}$	$\frac{T_5}{O_1}$	$\frac{P_3}{O_1}$	$\frac{O_1}{P_z}$
$\frac{O_2}{A_2}$	$\frac{O_2}{A_1}$	$\frac{O_2}{A_2}$	$\frac{C_4}{O_2}$	$\frac{T_6}{O_2}$	$\frac{P_4}{O_2}$	$\frac{P_z}{O_2}$

für die gleiche Zeitdauer bei den Ableitungen beobachtet werden sollte. Der Grundsatz, daß jede Elektrode am Ende der Ableitung die gleiche Zeit in der Kurve enthalten ist, müßte eigentlich bei den Routinen berücksichtigt werden.

R. Janzen:

Die Ableitungsroutine der Herren Walkenhorst und Gänshirt für 8 Kanäle wird in Abbildungen vorgelegt (Abb. 5, 6a und b). Wichtige Gesichtspunkte und analoge Tendenzen sind zu erkennen. Beim 8fach schreibenden Gerät haben wir zunächst ein von Herrn Magun etwas modifiziertes Schema nach Jung weiter benutzt, dann einige Abänderungen gemacht. Da wir 12fach und 8fach schreibendes Gerät nebeneinander benutzen, erwies es sich als ratsam, auch die Programmschaltungen aufeinander abzustimmen. Wir benutzen seit langem das folgende Schema bei 8 Kanälen (s. Abb. 7).

Ich muß gestehen, ein Anhänger der klinischen Elektroencephalographie bin ich erst recht geworden, seitdem ich mit dem 12fach-Gerät arbeite. Die weiteren 4 Kanäle unseres 16fach schreibenden Gerätes benutzen wir für die Registrierung spezieller Vorgänge. Für das 12fach schreibende Gerät lege ich die Programmschaltungen der Herren Hess (Abb. 9), Bochnik (Abb. 11) und Walkenhorst (Abb. 9) vor, neben unserer eigenen (Abb. 10), die wir nach mancherlei Abänderungen als nützlich herausgefunden haben. Wir benutzen also auch die „Berger-Ableitung", Herr Niebeling hat sie in seinem neuen Schema. Ich darf vermuten, daß andere erfahrene EEG-isten den großen bipolaren Abgriff entweder von frontal nach temporal,

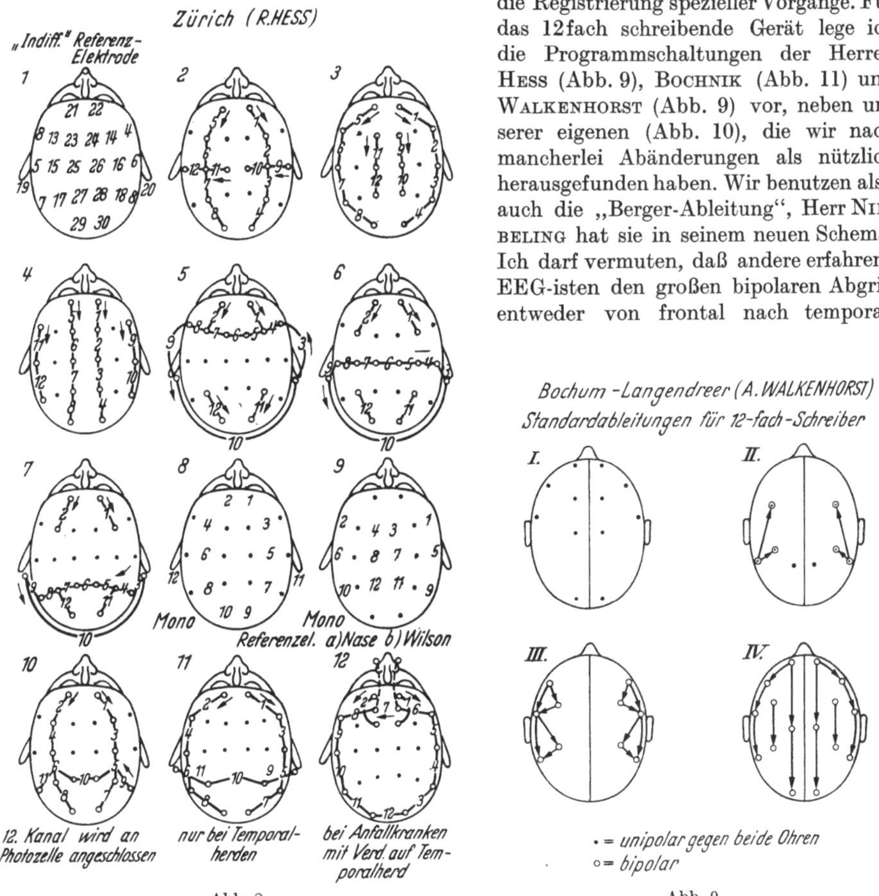

Abb. 8   Abb. 9

von temporal nach occipital oder fronto-occipital nicht missen möchten. Herr Götze hat mir bestätigt, daß man manche Veränderungen nur in diesen großen Abgriffen erfassen wird oder daß die Aufmerksamkeit erregt wird durch Veränderungen, die Sie mit engem Abgriff einfach nicht sehen. Es ist eine Frage der Übereinkunft, ob symmetrische Ableitungen gleich untereinander geschrieben werden sollen oder alle Ableitungen jeweils einer Hemisphäre unmittelbar nacheinander. Bei geringfügigen Seitendifferenzen hat die letzte Schreibweise manchmal Vorzüge, im allgemeinen wird offenbar dem unmittelbaren Vergleich der symmetrischen Ableitestellen der Vorzug gegeben.

H. J. BOCHNIK:

Ich möchte einige Ergänzungen zur Sprache bringen. Wir arbeiten seit 10 Jahren mit einem 12-Kanal-Gerät und haben begonnen mit dem Schema von Professor JUNG, haben es aber modifiziert (s. Abb. 11). Ich leite jetzt die Unipolare in der Regel gegen die Nase ab und

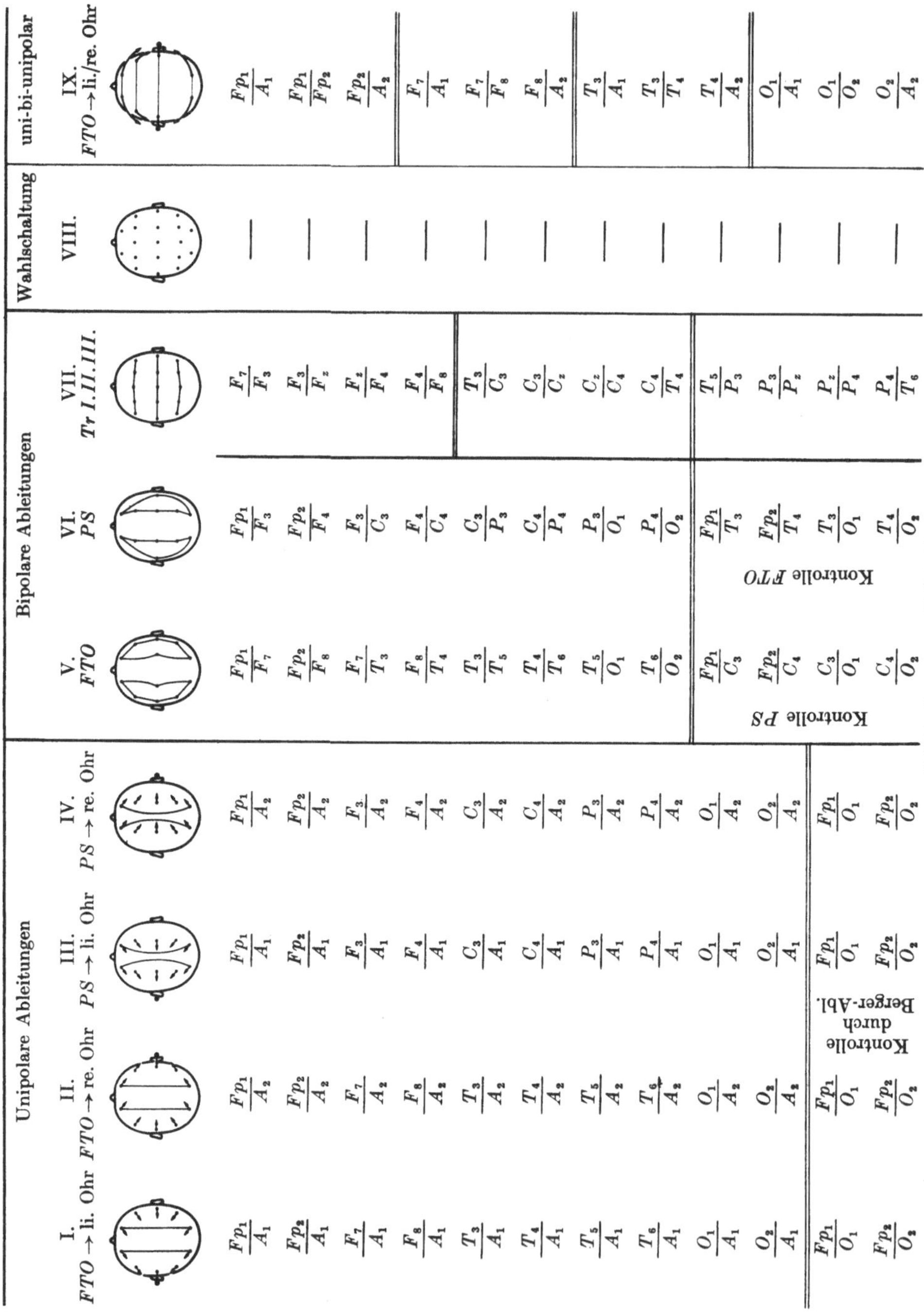

Unipolare Ableitungen				Bipolare Ableitungen			Wahlschaltung	uni-bi-unipolar
I. $FTO \to$ li. Ohr	II. $FTO \to$ re. Ohr	III. $PS \to$ li. Ohr	IV. $PS \to$ re. Ohr	V. FTO	VI. PS	VII. $Tr\ I.II.III.$	VIII.	IX. $FTO \to$ li./re. Ohr
$\frac{Fp_1}{A_1}$	$\frac{Fp_1}{A_2}$	$\frac{Fp_1}{A_1}$	$\frac{Fp_1}{A_2}$	$\frac{Fp_1}{F_7}$	$\frac{Fp_1}{F_3}$	$\frac{F_7}{F_3}$	—	$\frac{Fp_1}{A_1}$
$\frac{Fp_2}{A_1}$	$\frac{Fp_2}{A_2}$	$\frac{Fp_2}{A_1}$	$\frac{Fp_2}{A_2}$	$\frac{Fp_2}{F_8}$	$\frac{Fp_2}{F_4}$	$\frac{F_3}{F_z}$	—	$\frac{Fp_1}{Fp_2}$
$\frac{F_7}{A_1}$	$\frac{F_7}{A_2}$	$\frac{F_3}{A_1}$	$\frac{F_3}{A_2}$	$\frac{F_7}{T_3}$	$\frac{F_3}{C_3}$	$\frac{F_z}{F_4}$	—	$\frac{Fp_2}{A_2}$
$\frac{F_8}{A_1}$	$\frac{F_8}{A_2}$	$\frac{F_4}{A_1}$	$\frac{F_4}{A_2}$	$\frac{F_8}{T_4}$	$\frac{F_4}{C_4}$	$\frac{F_4}{F_8}$	—	$\frac{F_7}{A_1}$
$\frac{T_3}{A_1}$	$\frac{T_3}{A_2}$	$\frac{C_3}{A_1}$	$\frac{C_3}{A_2}$	$\frac{T_3}{T_5}$	$\frac{C_3}{P_3}$	$\frac{T_3}{C_3}$	—	$\frac{F_7}{F_8}$
$\frac{T_4}{A_1}$	$\frac{T_4}{A_2}$	$\frac{C_4}{A_1}$	$\frac{C_4}{A_2}$	$\frac{T_4}{T_6}$	$\frac{C_4}{P_4}$	$\frac{C_3}{C_z}$	—	$\frac{F_8}{A_2}$
$\frac{T_5}{A_1}$	$\frac{T_5}{A_2}$	$\frac{P_3}{A_1}$	$\frac{P_3}{A_2}$	$\frac{T_5}{O_1}$	$\frac{P_3}{O_1}$	$\frac{C_z}{C_4}$	—	$\frac{T_3}{A_1}$
$\frac{T_6}{A_1}$	$\frac{T_6}{A_2}$	$\frac{P_4}{A_1}$	$\frac{P_4}{A_2}$	$\frac{T_6}{O_2}$	$\frac{P_4}{O_2}$	$\frac{C_4}{T_4}$	—	$\frac{T_3}{T_4}$
$\frac{O_1}{A_1}$	$\frac{O_1}{A_2}$	$\frac{O_1}{A_1}$	$\frac{O_1}{A_2}$	$\frac{Fp_1}{C_3}$	$\frac{Fp_1}{T_3}$	$\frac{T_5}{P_3}$	—	$\frac{T_4}{A_2}$
$\frac{O_2}{A_1}$	$\frac{O_2}{A_2}$	$\frac{O_2}{A_1}$	$\frac{O_2}{A_2}$	$\frac{Fp_2}{C_4}$	$\frac{Fp_2}{T_4}$	$\frac{P_3}{P_z}$	—	$\frac{O_1}{A_1}$
$\frac{Fp_1}{O_1}$	$\frac{Fp_1}{O_1}$	$\frac{Fp_1}{O_1}$	$\frac{Fp_1}{O_1}$	$\frac{C_3}{O_1}$	$\frac{T_3}{O_1}$	$\frac{P_z}{P_4}$	—	$\frac{O_1}{O_2}$
$\frac{Fp_2}{O_2}$	$\frac{Fp_2}{O_2}$	$\frac{Fp_2}{O_2}$	$\frac{Fp_2}{O_2}$	$\frac{C_4}{O_2}$	$\frac{T_4}{O_2}$	$\frac{P_4}{T_6}$	—	$\frac{O_2}{A_2}$

Kontrolle durch Berger-Abl. (columns I–IV, letzte zwei Zeilen) — Kontrolle PS (Spalte V) — Kontrolle FTO (Spalte VI)

Abb. 10   Schaltschema — 12 Kanäle   Hamburg (R. JANZEN)

gegen sagittal vorn. Ich habe etwa 1 Jahr lang die Ohren mit gegen Nase abgeleitet, aber bei Verwendung von 2 Temporalen keinen Vorteil gesehen. Dafür lassen sich aber Symmetrien und Asymmetrien besser beurteilen. Zwinkerartefakte streuen natürlich leichter ein, die kennt man aber. Neben der biologischen Eichung lassen wir daher den Patienten zwinkern und bei geschlossenen Augen die Augen nach oben verdrehen, so daß wir also ein Maß für das Artefakt haben gleichzeitig als Eichung. Als Weiteres in den Reihen: Wir haben noch eine Doppelringreihe dazugefügt. Diese Reihe läßt sich nach oben und unten verschieben für Spezialfälle, so daß wir hier sagittale Ableitepunkte verschiedener Höhe haben. Ein Weiteres ist die Langdistanz, wir nennen es das große Rechteck von frontal nach occipital, bioccipital und bifrontal, die einen raschen bequemen Seitenvergleich gestattet und zudem Potentiale erfaßt von Herden, die eine sehr große Ausdehnung haben, die bei Kurzdistanzableitungen nicht zur Darstellung kommen. Das entspricht der alten Berger-Ableitung. Um die tief temporalen Ableitepunkte zu erfassen, haben wir eine Haube entwickelt, die ein rasches Aufsetzen und eine sehr gute Lokalisation möglich macht. Für die *Auswertung der 12-Kanal-Kurven* haben wir auf Pappe die Spuren der Kanäle und als Schema unsere Ableitung daneben gezeichnet. Dadurch wird die Orientierung erleichtert (s. „Elektromedizin", August 1959).

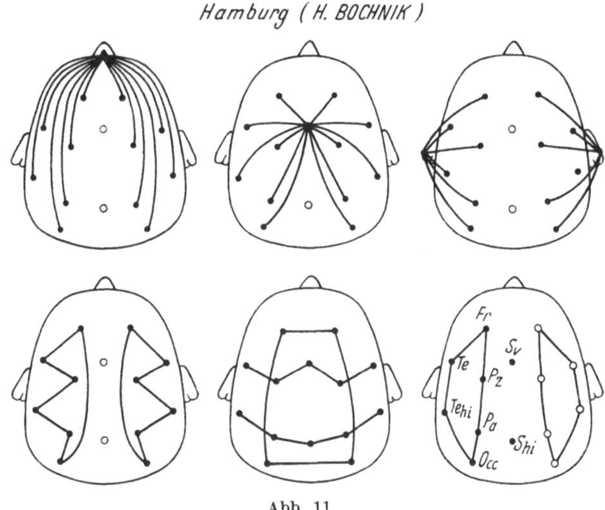

Abb. 11

R. Jung:

Ich habe 10 Jahre lang die Bergersche Fronto-occipital-Ableitung geschrieben, aber ich habe sie auch seit 10 Jahren nicht mehr angewandt. In den Berger-Ableitungen stört das Augenartefakt sehr, deswegen bevorzugen wir die große Querreihe. Man hat dann eine gute Übersicht und erkennt sofort die Seitendifferenz.

R. Janzen:

Ich hatte, ähnlich wie Sie, Herr Jung, auch länger die Ableitung über große Distanz nicht mehr gemacht. Ich bin durch Frau v. Hedenström, die die Berger-Ableitung regelmäßig befragt, wieder überzeugt worden, daß wir diese Ableitungen nicht entbehren sollten.

R. Jung:

Ich muß gestehen, daß ich bisher nie mehr als 8 Ableitungen gemacht habe. Ich sehe keinen Vorteil in mehr Kanälen. Das Papier-Großformat für 12 und 16 Kanäle ist sehr unhandlich und ein Nachteil dieser Ableitungen.

R. Janzen:

Das ist eine Frage der Erprobung.

Die ersten Programmpunkte sind damit erledigt, brauchbare Vorschläge liegen zur Bewährung vor. Wir hatten Angst, diese elementaren Fragen so breit zu erörtern. Inzwischen ist deutliche Zustimmung erfolgt.

E. Schütz:

Zu den technischen Verbesserungen habe ich einen Wunsch an die Firma Schwarzer. Das Ohmmeter muß anders werden! Und noch ein weiterer Vorschlag, der nicht ganz dahin gehört.

Als Physiologe bin ich natürlich nicht ein Freund des Glattbügelns von Kurven durch kurze Zeitkonstanten, und ich möchte die Anregung geben, daß bei allen Kurven, besonders bei veröffentlichten, die ZK angegeben wird.

R. Janzen:

Wenn vielleicht einmal alle einen gemeinsamen Stempel benutzen mit den angenommenen Ableitepunkten, in die das Schema eingezeichnet oder auch vorgedruckt ist, muß er technische Daten enthalten.

F. Schwarzer:

Die Frage „Ohmmeter" ist problematisch. Bei Herrn Dr. Hess habe ich angefragt, als die Frage Wechselstrommesser wieder einmal sehr akut war und an uns herangetragen wurde. Er hat mir erklärt, er zöge Gleichstrommessung vor, denn es würden ja wohl jetzt überall die Elektroden so gut chloriert, daß Mängel dadurch nicht entstehen könnten. Wir selber neigen als Techniker zur Wechselstrommessung. Sie ist nicht ganz so einfach durchzuführen, aber das ließe sich schon machen.

R. Janzen:

Wer ist gegen die Wechselstrommessung, die technisch und physiologisch als die adäquate Lösung angesehen wird ?
Ich stelle keinen Widerspruch fest.

F. Schwarzer:

Darf ich daraus zur Kenntnis nehmen, daß allgemein der Wunsch nach Wechselstrommessung besteht ?

R. Janzen:

Ja.
Weitere Vorschläge, hinsichtlich technischer Verbesserungen liegen nicht vor.
In der Nachmittagssitzung sollen Elektroden, Hauben, Hilfsmittel bei der Auswertung (s. Bochnik u. a.) demonstriert werden.

Nomenklatur

Eine Einigung hinsichtlich der *Nomenklatur* wird voraussichtlich nicht so schnell und leicht möglich sein. Historische Ansprüche, Gewohnheiten und dergleichen spielen eine Rolle. Daß das Wort „Berger-Rhythmus" bestehen bleiben soll, darüber braucht — aus historischen Gründen — nicht diskutiert zu werden. Ob man so manche der übrigen Bezeichnungen beibehalten soll, die sich bequem gebrauchen lassen und anspruchsvoll sich anhören oder lesen, darüber müssen wir nachdenken. Solche Beziehungen erwecken den Anschein — wenn man z. B. sagt: „ϑ-Band" —, als ob ihnen ein wohl definierter Vorgang zugrunde läge. Gibbs, dem alle Kommissionssitzungen bekannt sind, hat in seinem Atlas, Aufl. 1958, daran festgehalten, Buchstaben zu vermeiden zugunsten einer Beschreibung, die nichts präjudiziert. Das ist auch meine Auffassung. Nicht widersprechen kann man dem Einwand, daß solche Buchstaben und Gruppenbezeichnungen die schnelle Verständigung erleichtern.

Physiologische Deutungen gehören nicht in die Beschreibung, z. B. arousal-effect, Hypersynchronie u. a., denn die Deutung kann falsch sein.

In einem Befundbericht müssen 3 Punkte klar voneinander getrennt sein: 1. die reine Deskription, die so mühsam und schwierig ist, 2. die Auswertung aus neurophysiologischen Erkenntnissen, die z. T. anfechtbar sein kann, 3. die Diskussion der Fragestellung des Klinikers auf Grund des Befundes. Zweckmäßig ist diese Dreiteilung, die in jedem Bericht enthalten sein muß, auch äußerlich vorzunehmen. Die Korrelation der Befunde zur Frage des Klinikers wird nicht regelmäßig vorgenommen. Sie wird andererseits von manchen Laboratorien in einer Weise durchgeführt, die schwerlich vertreten werden kann. Die Ausdeutung eines Befundes für die Klinik soll so vorsichtig, aber auch so sicher wie möglich erfolgen.

Jeder, der einen EEG-Bericht liest, sollte ihn möglichst auch verstehen können. Damit sind wir vor der Aufgabe, ein allgemein verständliches Alphabet zu schaffen.

Wir sollten ernstlich erwägen, Bezeichnungen abzuschaffen wie ϑ-Rhythmus, β-Rhythmus bzw. δ-ϑ-β-Tätigkeit und was es sonst noch gibt. Zu unterschiedliche Vorgänge werden vereinigt: die Welle aus dem sog. δ-Band, z. B. beim Hirntumor und jene beim $s + w$-Komplex haben doch kaum etwas gemeinsam. Vielen solcher „Rhythmen" liegt nicht einmal ein echter Rhythmus zugrunde. Im allgemeinen bezeichnen diese Ausdrücke lediglich einen Zeitbereich, in dem die Schwankungen abgelaufen sind. Warum sollen wir nicht einfacher und unmißverständlicher die Dauer der Potential-Schwankungen angeben? Da meist kein echter Rhythmus vorhanden ist, entfällt auch die Charakterisierung nach Hertz. Manche Anfalläquivalente sind offenbar echte Rhythmen und erlauben eine Benennung der Frequenz. „Frequenz" und „durchschnittliche Dauer" (= z. B. 2/sec, 9/sec u. a.) einzelner Schwankungen müssen also deutlich auseinander gehalten werden.

Mit diesen Bemerkungen sei die Diskussion eröffnet!

R. Jung:

Ich stimme mit Herrn Janzen ganz überein, daß man möglichst klar beschreiben und keine hypothetischen Begriffe hineintragen soll. Aber es hat sich nun einmal historisch so entwickelt, daß man bestimmte Bezeichnungen benutzt. Wir sagen Zwischenwellen. Man weiß ungefähr, was man damit meint. Ich finde es besser, wenn man bei der Beschreibung „x/pro sec" sagt, in der Zusammenfassung aber besser die historischen Begriffe benutzt. Dann erfaßt man den wesentlichen Befund auf einen Blick. Sonst müssen Sie nämlich sagen, es kommen sowohl 5 wie 6 wie 7 pro Sekunde-Wellen vor, es kommen auch mal einzelne unregelmäßige 3/sec vor. Das gehört in die erste Gesamtbeschreibung. Deswegen verwenden wir das Schema mit der Angabe der wichtigsten Frequenzen. Außer Frage steht, daß der Begriff δ Verschiedenartiges umfaßt. Es gibt rhythmische δ-Wellen, es gibt unregelmäßige δ-Wellen. Die rhythmischen trägen Schwankungen sind keine δ-Wellen. Ich würde sie als Petit-mal- oder Krampfpotential oder spike and wave bezeichnen. Das hat sich eingeführt. Ich möchte doch eine Lanze brechen für die alte Klassenbezeichnung, obwohl mir klar ist, daß man etwas simplifiziert. Das Wort Hypersynchronie setzt auch meines Erachtens eine Hypothese voraus. Wenn es stimmt, daß die Wellen nur eine Differenz zwischen 2 Vorgängen sind, dann wären größere Wellen nur ein Zeichen vermehrter Instabilität. Das glaube ich immer noch. Ich kann es nicht beweisen. Vielleicht kann es Herr Caspers einmal beweisen.

R. Janzen:

Darf ich dazu gleich etwas sagen: Wenn der Nichtfachmann liest: „δ-Focus links parietal", dann meint er, über diesen Befund könne man wohl nicht mehr diskutieren, dem δ-Focus entspräche eine wohldefinierte Störung. Wenn Sie dagegen schreiben „Lokalisierte Abänderung der normalen Hirntätigkeit links parietal in Form von . . .", so ist ihm der unumstößliche Befund deutlich gesagt und eine der möglichen Deutungen überlassen.

R. Jung:

„Herdbefund mit δ-Focus parietal links", das ist am kürzesten ausgedrückt, sonst müssen Sie lange beschreiben, welche Wellen Sie dann gesehen haben.

R. Janzen:

Ich möchte weiter das sog. „ϑ-Band" ansprechen. Wir wollen morgen eine Demonstration geben, um zu diskutieren, ob nicht sog. ϑ-Wellen als Schwankungen eines Grundrhythmus in ganzzahligen Verhältnissen vorkommen. Die sorgfältige Suche nach echten Rhythmen im Gegensatz zu den Potentialschwankungen einer nur durchschnittlichen Zeitdauer fördert meines Erachtens die Erkenntnis mehr als historisch zu verstehende Bezeichnungen. In den sich herauskristallisierenden echten Rhythmen, von denen wir bereits einige kennen, werden uns Phänomene angeboten, deren Aufklärung das Verständnis des EEG fördern wird. Der Befundbericht wird keineswegs komplizierter und der Nichtspezialist trotzdem hinreichend unterrichtet.

R. Jung:

Sie wünschen eine Dreiteilung des Berichtes. Der erste Teil ist die detaillierte Beschreibung, den liest der Kliniker nicht, der zweite Teil ist eine Zusammenfassung, die mit verständlichen Worten auch für den Laien abgefaßt werden soll. Ich bin mehr dafür, mit den historischen

Begriffen α, β, δ, ϑ den Befund klar zusammenzufassen; aber darüber kann man streiten. Das dritte ist die Beurteilung, die Beziehung zum klinischen Befund. Vielleicht lesen die meisten überhaupt nur diesen Teil.

R. Janzen:

Den dritten Teil halte ich im klinischen Betrieb nicht für erforderlich.

E. Schütz:

Warum soll man in der Terminologie nicht verständlicher sein? Wenn man nur sagt: „Zwischenwellen", „träge Wellen" und die Frequenz dazu angibt, dann brauchen wir die griechischen Buchstaben nicht. Ich meine doch, man könnte auf δ und ϑ verzichten.

R. Janzen:

Ja, und wenn wir „Zwischen-" und „träge" auch noch weglassen und Frequenzbereich oder durchschnittliche Dauer der Potentialschwankung anführen, dann ist es kürzer formuliert.

R. Jung:

Ich meine, wenn man δ und β wegläßt, kann man auch α weglassen.

R. Janzen:

Wenn wir hier nicht unhistorisch werden, so deswegen, weil hier im Grundrhythmus ein Vorgang erfaßt wird. Unter den sog. Wellen des ϑ-Bandes finden sich Abwandlungen dieses Grundvorganges in harmonischen Verhältnissen. Wir werden das morgen demonstrieren. Die Frequenzanalyse wird uns hier vielleicht noch einige Aufschlüsse bringen.

R. Jung:

Berger hat „α-Wellen"alles genannt, was langsamer als β war. Bei Kindern sollte man nicht von α-Rhythmus reden, wenn die Frequenz 7/sec beträgt. Wir sprechen dann vom Grundrhythmus und geben die Frequenz an. Aber in der Beschreibung, meine ich, kann man die Bezeichnungen „Zwischen-Wellen", „α-Wellen" und „δ-Wellen" ruhig gebrauchen.

R. Janzen:

Wir sagen stets nur „Grundrhythmus von ... sec". Mit Berger-Rhythmus (= α-Rhythmus) bezeichnet man wohl übereinstimmend den normalen Grundrhythmus des ausgereiften Individuums.

R. Wolf:

Glauben Sie, daß zwei Untersucher ein gleiches EEG in gleicher Weise rein beschreiben können? Darin ist die ganze Problematik aufgezeigt.

R. Janzen:

Einen Grundrhythmus, einen $s\text{-}w$-Komplex wird man identisch beschreiben können. Die Strecken im EEG, die keine echten Rhythmen zeigen und denen nicht bereits bekannte Vorgänge entsprechen, können — darin haben Sie recht — schwerlich identisch beschrieben werden. Da das EEG sich nicht zusammensetzt aus sich wiederholenden wenigen Elementen und da die Ableitung von der Kopfschwarte ihre erheblichen Probleme besitzt, kommt es auf Erfahrung und optischen Sinn des Untersuchenden an, ob er manchmal nur geringfügige Veränderungen als wichtig erkennt und beschreibt. „Daß" Seitendifferenzen, örtliche Unterschiede, rhythmisch sich wiederholende Besonderheiten vorkommen, ist nicht selten wichtiger als die Art derselben. Andererseits kann gerade die Erkennung der Art der Abänderung das Entscheidende treffen. Deswegen wird es kein Schema der Befundbeschreibung geben. Mein Angriff hat nicht diese bekannten Tatsachen zum Ziel. Man sollte meines Erachtens Bezeichnungen vermeiden, die z. T. echte rhythmische Vorgänge wiedergeben, z. T. aber Frequenzbereiche oder nur durchschnittliche Zeitdauer von Potentialschwankungen, also recht Unterschiedliches, bedeuten. Der wirkliche Kenner wird seinen bequemen Jargon immer mit Kritik benutzen. Aber bei der zunehmenden Anwendung der Elektroencephalographie kann über solchem Jargon bei manchem die wissenschaftliche Aufmerksamkeit eingeschläfert werden. Eine automatische Frequenzanalyse z. B. wird auch niemals die Intelligenz eines guten Betrachters ersetzen.

K. Pateisky:

Wenn bei einer internationalen Diskussion ein Vortrag gehalten wird und es sagt jemand: „Zwischenwellen" oder „träge Wellen", dann steht der Übersetzer vor einer Schwierigkeit. Die Bezeichnungen sind international festgelegt worden mit dem δ, ϑ, α und β, womit man eigentlich zahlenmäßig etwas ausdrücken will. Wenn wir uns dessen bewußt sind, daß hinter den Begriffen nicht Einheiten stecken, die wir bereits kennen, obwohl von klinischer Seite immer wieder eine solche Deutung vor sich geht, könnte man sich da doch noch einordnen. Der sog. α-Rhythmus ist auch genau beschrieben, und zwar nicht in der Form, daß es nur das 8—12/sec-Band ist, sondern daß es diejenige rhythmische Tätigkeit von 8—12/sec ist, die über der rückwärtigen Schädelhälfte besteht, auf Lidöffnen und Lidschluß anspricht und bei bipolarer Ableitung nicht über die Mittellinie hinausreicht. Das ist eine Definition, die 1949 zur internationalen Verständigung gegeben wurde. Die α-Tätigkeit über der vorderen Schädelhälfte als α-Rhythmus zu bezeichnen, das würde dem nicht entsprechen und würde international nicht verstanden werden. Der Rolandische-α spricht anders an und steht anders da, so daß ich glauben würde, daß man von rein deskriptiven Momenten von den Wellen und vom Rhythmus nur in diesem Zusammenhang sprechen dürfte. Ich plädiere dafür, daß das Frequenzband als solches nach den internationalen Bezeichnungen beibehalten wird.

R. Janzen:

Dazu ist einiges zu sagen: Der α-Rhythmus, wie Sie ihn interpretieren, ist ein Phänomen bei ausschließlich bipolaren Reihenableitungen. Wir haben gestern gehört, daß es sich um Vorgänge handelt, die örtlich entstehen, die sich nicht ausbreiten. Kornmüller und ich haben bereits seit 1937 gesagt, daß die Befunde so interpretiert werden müßten. Diese Eigenschaft ist bei der bipolaren Reihenableitung nicht zu erkennen, weil die Form des Abgriffes nicht gestattet, sie zu erkennen. Da sind doch solche Abmachungen nicht bindend.

Ich fasse das Ergebnis dieses Teiles der Diskussion zusammen: *Meine Intention fällt nicht auf fruchtbaren Boden. Die Gesellschaft ist überwiegend der Meinung, daß bei der zusammenfassenden Orientierung* (Punkt 2 des Befundschemas) *die Buchstaben α, β, ϑ, δ zur Umgrenzung von Zeitbereichen beibehalten werden können. Einstimmigkeit besteht darüber, daß der Befund* (Punkt 1 des Befundschemas) *rein deskriptiv sein soll und diese Bezeichnungen nicht enthält.*

E. Schütz:

Bei der Beschreibung des EEG werden die einzelnen Wellenformen auch nach unserer Auffassung am besten mit Namen belegt, die weder einen Entstehungsmechanismus noch eine klinische Diagnose vorwegnehmen oder nahelegen. Aus diesem Grunde halten wir es für zweckmäßig, vor allem den Ausdruck „Krampfpotential" oder „Krampfäquivalent" fallen zu lassen und statt dessen eine klinisch indifferentere Bezeichnung zu wählen. Es liegt nahe, dafür einen weiteren Buchstaben aus dem griechischen Alphabet heranzuziehen, da sich die Unterteilung der übrigen Wellenformen des EEG nach diesem Prinzip weitgehend eingebürgert hat und nach Ansicht der überwiegenden Mehrheit der Gesellschaft auch beibehalten werden soll. Wir schlagen daher vor, das Wort „Krampfpotentiale" durch den Ausdruck „$\varkappa$ = (Kappa)-Potentiale" zu ersetzen und diesen Namen als einen Oberbegriff zu verwenden, der die pathologische Einheit dieser Potentialformen kennzeichnet. Der spezielle Verlaufstyp eines $\varkappa$-Potentials kann dann durch den Zusatz „von der Form eines Spitzenpotentials, einer Spitzwelle (spike and wave), einer steilen Welle (sharp wave)" usw. genauer beschrieben werden. Der Buchstabe $\varkappa$ scheint uns wegen seiner Beziehungen zu den Wörtern „Krampf, Konvulsion" usw. und aus „onomatopoetischen" Gründen besonders geeignet zu sein.

R. Janzen:

Ich will mich beugen. Wir sind Herrn Pateisky dankbar, daß er sich bemüht, die Verständigung zwischen den verschiedenen Sprachbereichen zu fördern — das besondere Vorrecht eines Österreichers. Ich habe ihn dazu animiert.

Die Bezeichnung mit griechischen Buchstaben kann also weiter verwandt werden in der Umgangssprache, bei der Zusammenfassung eines Befundes unter der Voraussetzung, daß alle verstehen, was gemeint ist, mit dem Zweck, uns viele Worte zu sparen. Wir sind uns weiter einig, einen Befund nur zu beschreiben, dann neurophysiologisch auszulegen. Die eventuelle klinische

Ausdeutung des EEG soll in einem gesonderten Abschnitt durchgeführt werden. Habe ich das richtig zusammengefaßt? (Beifall). *Mit dieser Verabredung haben wir immerhin einen Schritt vorwärts getan.*

Beschreibung des EEG

R. JANZEN:

Jetzt beginnt die Diskussion *über die Art der Beschreibung* bestimmter Elemente des EEG. Da gibt es historische Verdienste, sofern es sich um Grundvorgänge handelt. Ich selbst benutze außer α-Wellen, s-(Spitzen)Potential = spike, $s + w$-Komplex = Spitze und Welle = „spike and wave"-Komplex seit vielen Jahren keine anderen. Wir haben uns — meines Erachtens leider — zu sehr angewöhnt, Dinge, die wir deutsch sagen können, nicht mehr deutsch zu benennen. Ich habe schon Befunde gelesen, die geradezu monströs einherstolzierten. Herr PATEISKY hat gestern eine Strichliste gemacht und mir bewiesen, daß der spike doch sehr viel lebendiger ist als das Spitzenpotential und was es noch dergleichen gibt. Ich bin der Meinung, daß wir in unserer Befundung — und dazu noch zu Leuten, die die Literatur nicht kennen können — sprechen sollten von Spitzenpotential oder Spitze, steiler Welle, die also nicht ganz so schnell wie ein S. P. abläuft, von träger Schwankung, S-W-Potential = spike and wave = Spitze und Welle usw. Ich bitte um Ihre Vorschläge. Wenn wir publizieren, sollten wir die angloamerikanische oder französische Nomenklatur in Klammern hinzusetzen. Der zweite Punkt der Diskussion über die Art der Beschreibung ist besonders wichtig. In die Beschreibung gehört nicht die Anwendung von Begriffen, die klinisch und statistisch gewonnenen Erkenntnissen ihre Entstehung verdanken (z. B. Petit-mal-Variante usw.). Jeder Kundige weiß zwar, was damit gemeint sein kann. Es entspricht der wissenschaftlichen Sauberkeit, daß wir solche Begriffe ablehnen, zumal es Grenzbefunde gibt bei Menschen, bei denen z. B. ein Anfalleiden gar nicht besteht. Wir sprechen auch von Barbituratspitzen.

F. SCHWARZER:

Ja, ich möchte dazu sagen, daß das Wort „Spitzenpotential" in der Technik eine festgelegte, und zwar eine ganz anders geartete Bedeutung hat.

R. JUNG:

Wenn man Spitze oder spike sagt in der Beschreibung, genügt das, denn es versteht keiner einen spike eines Einzelneurons damit. Wir sollten deutsche Ausdrücke anwenden, unsere Befunde liest kein Engländer. Wenn man in der Publikation noch in Klammern den englischen Ausdruck benutzt, um sich international verständlich zu machen, ist genügend getan.

W. GÖTZE:

Ich stimme dem auch zu, daß man, wenn man veröffentlicht, auf jeden Fall wenigstens die englischen Ausdrücke in Klammern hinzusetzen soll.

E. SCHÜTZ:

Vielleicht wäre die Sache einfach zu lösen, wenn wir uns erlaubten, ins EEG-Journal zu setzen, wie wir die Dinge deutsch ausdrücken und wie sie englisch oder französisch heißen.

R. JANZEN:

Das wäre ein Vorschlag, der einmal realisiert werden sollte. „Krampfpotentiale" können wir in der Beschreibung entbehren. Spitzen-Potential genügt. Ich schlage vor, Begriffe abzulegen, die klinische Diagnosen vorwegnehmen. Wenn man bei Ableitung von der Kopfschwarte das Bild findet, das als „Hypersynchronie" bezeichnet worden ist, so ist die Bezeichnung eine fragwürdige Deutung des Vorganges. Die Erfahrung besagt, daß derartige Befunde im allgemeinen bei Personen erhoben werden, die an epileptischen Anfällen leiden. Eine Epilepsie aus dem EEG-Befund zu diagnostizieren, halte ich als Kliniker nicht für erlaubt. In die Zusammenfassung aber gehört, daß bei Menschen mit den genannten EEG-Veränderungen epileptische Reaktionen vorliegen können, auf Grund der Erfahrung. Dieser Satz gilt nicht uneingeschränkt, ist nur eine Regel. Dann kommt es auch nicht vor, daß man aus echten Befunden und aus Artefakten im EEG von Psychopathen, Wegläufern usw. etwas diagnostiziert, was klinisch nicht da ist. Ich bitte um Entschuldigung, daß ich solche Allgemeinplätze hier anführe, aber die Erfahrung drängt zu ihrer Erwähnung.

O. Wullstein:

Nur eine kurze Bemerkung: Am Duensingschen Institut in Göttingen, dem ich selbst nicht angehöre, hatte sich der Ausdruck „Spitze-Woge-Formation" oder „Spitze-Woge-Gruppe" eingebürgert. In der Abkürzung bleibt „S u. W" bestehen.

K. A. Bushe:

Ich finde auch, aus dem EEG-Befund sollte keine klinische Diagnose hervorgehen. Wir erleben es immer wieder als Neurochirurgen, daß von manchen EEG-Laboratorien eine umschriebene Diagnose, eine Artdiagnose, gestellt wird, die wir nachher durch unsere klinischen Untersuchungen widerlegen müssen. Man sollte sich auf die Beschreibung des Befundes beschränken.

R. Janzen:

Sie unterstreichen meine Meinung. An sich sollten Beschreibung und neurophysiologische Ausdeutung genügen. Aber die Versammlung ist der Meinung, daß man auch zur Fragestellung des Klinikers sich äußern müsse — auf Grund des Befundes. Das aber bedeutet noch nicht eine klinische Diagnose.

I. v. Hedenström:

Das Wort „Krampfpotential" ist doch schwer zu entbehren.

R. Janzen:

Natürlich war es faszinierend, diese hirnelektrischen Vorgänge bei Anfallkranken zu registrieren, so daß manche schon glaubten, die Epilepsie würde bald kein Problem mehr sein.

L. Sieke:

Ich habe den Eindruck, wir urteilen in einem sehr hohen Gremium, in dem die einzelnen genau wissen, was sie meinen, und auch einen großen Erfahrungsbereich haben. Wir haben bemerkt, wenn wir versuchen, unseren Kollegen, die noch nicht gearbeitet haben, das Wesentliche beizubringen oder ihnen zu erklären, daß es dann doch sinnvoll ist, möglichst einfache und klare Begriffe aufzustellen und diese Begriffe gegeneinander abzugrenzen und möglichst genau festzulegen. Sie gehen meines Erachtens von einem zu hohen Niveau aus.

R. Janzen:

Ich dachte, daß gerade unsere Diskussion der Einfachheit und der Verständlichkeit dienen sollte. Unsere Begriffe sollen nichts voraussetzen, was wir nicht wissen; gleichwohl sollen sie eine Zusammenfassung ermöglichen, die für jeden verständlich ist und auch eine Auswertung auf die Klinik gestattet.

L. Sieke:

Die Begriffe sind zu unklar. Ich bin der Meinung, es sei zweckmäßiger, sich klar zu werden: „Was meinen wir denn eigentlich mit all den neuen Begriffen?", als neue zu suchen und zu prägen.

R. Janzen:

Neue haben wir ja nicht gesucht. Wir wollen z. B. das Wort „Krampfpotential" verschwinden lassen, weil wir ähnliche Potentiale auch bei anderen Vorgängen sehen, wo sie nicht mit einem Anfalleiden verbunden sind. Solche Überschneidungen wollen wir aus dem Befundbericht und der EEG-Diagnose herausnehmen. Die klinisch interessierenden Fragen sollen im Schlußteil unseres dreigeteilten Berichtes erörtert werden.

M. Janke:

Ich möchte den Begriff in die Debatte werfen, den ich aus der Göttinger Schule mitgebracht habe, den der diencephalen Labilität. Die Ausführungen von Herrn Caspers müßten hellhörig machen, bei der Deutung von EEG-Befunden die Grenzen nicht zu überschreiten. Wie weit ist es überhaupt statthaft, den Begriff „diencephal" in eine EEG-Beurteilung hineinzubringen? Als diencephale Labilität wird z. B. der Befund von gehäuften Zwischenwellen bei Hyperventilation gedeutet. Andere deuten den gleichen EEG-Befund als „Vasolabilität"

oder „Durchblutungsstörungen". Diese Beurteilungen „diencephal" und „Durchblutungsstörungen" gehen offenbar weit über das hinaus, was man von der Beschreibung her sagen
kann.

H. Lechner:

Im Laufe der Jahre sind für den Kliniker die EEG-Ausdrücke vertraut geworden. Wenn
wir jetzt wieder verändern und Begriffe, z. B. „spikes", die sehr auch in die Klinik eingegangen
sind, abschaffen, schaffen wir da nicht neue Verwirrung? Es gibt viele Kliniker, die nicht nur
die Beurteilung, sondern den ganzen Befund lesen. Wenn sie jetzt plötzlich neue Daten
finden, werden sie verwirrt, nachdem sie sich im Laufe der Jahre langsam so weit eingewöhnt
hatten, daß sie auch mit der Beschreibung etwas anfangen können.

R. Janzen:

Die Umgewöhnung an eine zwar nicht gewachsene, aber systematisch aufgebaute Nomenklatur dürfte meines Erachtens kein für den Nichtfachmann unüberwindbares Hindernis sein.
Die sorgfältige Gliederung der Berichte in 3 Abschnitte, auf die wir uns geeinigt haben, wird
dazu beitragen, die Umgewöhnung zu beschleunigen. Es dürfte viel schwieriger sein, daß sich
die EEG-isten von ihren Gewohnheiten trennen.

A. Walkenhorst:

Ich habe festgestellt, daß man sich gut verständlich machen kann, wenn man die Deutung
zunächst hervorhebt und die Beschreibung folgen läßt: Also zunächst „Krampfpotentiale"
und erläuternd hinzusetzt „in Form von spikes and waves"; oder ein anderes Beispiel: „herdförmige Störung" in Form eines δ-Wellen-Focus oder in Form eines Zwischenwellen-Focus
oder wie sich sonst diese herdförmige Störung darstellt.

I. v. Hedenström:

Wir sollten vermeiden, Diagnosen aus dem EEG-Befund abzuleiten. Man kann natürlich
bei der Erörterung der möglichen Bedeutung der Befunde im Bericht sagen: Solche langsamen
Wellen finden sich z. B. in den und den Fällen, oder: Man muß bei dem erhobenen Befund
auf dieses und jenes achten. Aber man sollte nicht mit irgendwelchen fraglichen Diagnosen
kommen. Der Nichtfachmann fühlt sich an eine Diagnose durch ein für ihn geheimnisvolles
Gerät nur zu leicht gebunden.

R. Janzen:

Wir werden alle übereinstimmen, daß mit dem EEG nur in seltenen Fällen eine Diagnose
gestellt werden kann. Sogenannte „spezifische" EEG-Befunde sind ebenso selten wie „spezifische Befunde" in der Neurologie überhaupt.

K. Pateisky:

Es ist das Wort gefallen, daß wir die deskriptiven Bezeichnungen wählen sollen, Grapho-
Elemente oder wie man sie bezeichnen will, und von einem Funktionsmechanismus oder einer
Deutung desselben in der Nomenklatur Abstand nehmen sollen. Der Begriff „steil" z. B. kenn-
zeichnet das Bild, aber der Begriff „Krampf"-Potential schließt schon eine Deutung ein.
Das gleiche gilt für "seizure potential". Ich glaube, daß z. B. das Wort „steile Potentiale"
differenzierter und beschreibungsmäßig richtiger anwendbar ist als Krampfpotentiale.

R. Janzen:

Das, glaube ich, dürfen wir wohl als allgemeine Übereinkunft nehmen.

J. Kugler:

Wir kommen somit darin überein, den Befund grundsätzlich dreizuteilen und in Deskription, Zusammenfassung und nötigenfalls Interpretation zu gliedern. Es wird die Bezeichnung
nach den einzelnen Bereichen — α, β, ϑ und δ — beibehalten. Über die Beschreibung besonderer Grapho-Elemente sind wir jedoch nicht einig. Hierbei ist es wahrscheinlich zweckmäßig,
jede Bezeichnung, die etwas vorwegnimmt, auszumerzen. Krampfpotential ist schon zuviel,
das Graphoelement hat die Form einer Spitze. Den Spitzen lassen sich die steilen Wellen
gegenüberstellen; ihre Anstiegsteilheit wurde von Jung definiert. Außer den Einzelentladungen

gibt es Komplexe, die sich aus zwei oder mehreren Elementen zusammensetzen, z. B. den ,,spike and wave-Komplex". GARSCHE spricht von ,,Spitze-Welle-Komplex". Warum sollte man nicht von ,,Spitzwelle" sprechen, wenn man sich einigt, was darunter zu verstehen ist, und die Abkürzung ,,S-W" beibehalten? Die Kategorie der Graphoelemente unter einem Sammelbegriff zu vereinigen, die im Zusammenhang mit epileptischen Manifestationen auftreten, ist schwierig. Für Krampfströme den Ausdruck ,,epileptogene Entladungen" einzusetzen, hieße den Teufel mit dem Beelzebub austreiben. Besser erscheint der Sammelname ,,steile Wellen", der den «décharges rapides» der Franzosen nahekommt und einer Verknüpfung mit Anfallszeichen — wie z. B. im Begriff ,,petit-mal-variant" — aus dem Wege geht. Von der Deskription der Graphoelemente und der eventuellen Zusammenfassung bestimmter Formen als ,,steile Wellen oder Entladungen" ist streng zu trennen, was bei der Beurteilung und Interpretation des Befundes folgt. Wir können keine Diagnose aus dem EEG stellen. Was wir sehen, sind lediglich Auswirkungen von Funktionsstörungen. Im deutschen Sprachgebrauch fehlt noch ein Begriff, der das ersetzt, was die Franzosen als «souffrance cérébrale» bezeichnen. Eine einfache ,,Störung der elektrischen Tätigkeit" müßten wir sagen. Daraus dann bei der Interpretation bestimmte Folgerungen zu ziehen, hängt von der Frage ab, die dem EEG gestellt wird, und auch davon, mit welcher Kritik der Kliniker das EEG heranzieht. Er darf vor allem das EEG nicht überfordern und erwarten, daß es z. B. einen Tumor diagnostiziere. Die anatomischen Läsionen sind im EEG nicht zu erfassen, sondern nur die funktionellen Störungen in ihrer Umgebung.

R. JANZEN:

Mit dem ersten Teil ihrer Ausführungen sind wir uns inzwischen alle einig. Ich halte es für notwendig, daß wir gleich an dieser Stelle Herrn KUGLERs Ausführungen über Normosynchronie usw. diskutieren, ehe er fortfährt.

H. CASPERS:

Daß der Ausdruck Synchronisierung, Desynchronisierung usw. bereits einen Entstehungsmechanismus beinhaltet, von dem keineswegs feststeht, ob er zutrifft, wurde bereits gestern diskutiert. Man kommt im Gegenteil eher zu der Auffassung, daß Änderungen des Syndronisierungsgrades der spannungsliefernden Elemente für das Zustandekommen der entsprechenden hirnelektrischen Kurven keine wesentliche Rolle spielen.

J. KUGLER:

Es wird sich natürlich in letzter Konsequenz sofort die Frage erheben: Dürfen wir den Ausdruck ,,synchron" oder ,,desynchron" in einem Befund überhaupt erwähnen? Dann müßten wir derartige Bezeichnungen aus der Beschreibung unbedingt streichen. Bei dem Effekt, wie wir ihn beim Augen öffnen sehen, müßte in der Beschreibung der Ausdruck ,,Desynchronisation" entfernt werden.

R. JANZEN:

Ja. Unterschiedliche Beschreibungen werden benutzt, z. B.: Der α-Rhythmus wird bei Augenöffnen ,,blockiert", ,,unterdrückt" u. a. Dabei schleicht sich schon wieder eine Deutung ein. Man sagt besser: Der normale Grundrhythmus verschwindet bei Augenöffnen.

Wir sind jetzt noch bei der Beschreibung der einzelnen Elemente des EEG. Dabei sind Ausdrücke wie ,,sägezahnartig", ,,monophasisch", n- oder u-förmig benutzt worden.

E. SCHÜTZ:

Ich empfehle dringend, das Wort ,,monophasisch" gar nicht zu gebrauchen, weil es in der Elektrophysiologie festgelegt ist als Erregungsvorgang *einer* Ableitungsstelle.

J. KUGLER:

Man könnte dem so ausweichen, daß man monomorphe oder polymorphe Rhythmen unterscheidet. Wie wollen wir einzelne hohe α-Wellen, die aus dem übrigen Amplitudenniveau hervorragen, bezeichnen? Die Engländer sprechen von "top waves".

R. JANZEN:

Sie sind z. T. abhängig von der Art des Abgriffes. Wir werden Ihnen solche Bilder zur Diskussion stellen.

J. Kugler:

Es bleibt trotzdem die Frage, ob wir in einer Deskription nicht doch diese Phänomene zumindest festhalten sollten.

R. Jung:

Ja, ich wäre dafür. Wir sollten aber nicht "top-wave" sagen.

J. Kugler:

Nun zum zeitlichen Zusammenhang: Es wäre zweckmäßig, einzelne Grapho-Elemente, die sich rhythmisch wiederholen und aus dem übrigen Bild des normalen Grundrhythmus herausfallen, in der Form zu kennzeichnen, daß man z. B. bei 3 oder 4 hintereinander auftretenden ϑ- oder δ-Wellen von Gruppe spricht. Diese Gruppe kann monomorph oder polymorph sein. Wenn die Graphoelemente das Ausmaß von 3 oder 4 hintereinander auftretenden Wellen überschreiten, könnte man dann die Ausdrücke Serie, Periode — oder Episode, wenn sich der Vorgang wiederholt — wählen.

R. Jung:

Gruppe und Periode wird meist gleichbedeutend gebraucht.

J. Kugler:

Mein Vorschlag wäre, den Ausdruck „Gruppe" zu verwenden, wenn 3 oder 4 Wellen hintereinander auftreten, den Begriff Serie zu wählen, wenn die Zahl 4 überschritten wird. Damit hätte man eine Möglichkeit, den zeitlichen Zusammenhang zu erfassen. Wird in einem Befund eine Serie von steilen Wellen beschrieben, dann weiß der Leser, daß es sich um Graphoelemente handelt, die nicht vereinzelt auftreten und das Ausmaß der Gruppe übersteigen.

R. Janzen:

Gruppen sind zunächst bei den Krampfkranken aufgefallen, und der Ausdruck „paroxysmal auftretende Gruppen" ist nicht selten benutzt worden. Paroxysmal könnte zwar rein deskriptiv verstanden sein, aber dieses Adjektiv lenkt die Gedanken sofort dem klinischen Äquivalent zu, nämlich dem Paroxysmus. So entsteht die Gefahr, aus der Beschreibung „paroxysmale Gruppe" gleich auf die klinische „epileptische Reaktion" zu schließen.
Wir haben seit einiger Zeit, im Hinblick auf diesen Kongreß, probiert, welche Ausdrücke. man wählen könnte. Wir haben uns nicht so genau festgelegt, nur 3—4 gleichförmige Schwankungen als „Gruppe" zu bezeichnen. Als „Züge" konnten die etwas länger hingezogenen Abänderungen der Grundtätigkeit benannt werden; als „Strecken" Abänderungen über einen langen Zeitraum. Unter den Gruppen fänden dann auch — als polymorphe — jene aus dem Grundrhythmus herausfallenden Komplexe ihre Einordnung, die z. B. im Schlaf auftreten. Es gibt Gruppen, die identische oder weithin identische Abläufe aufweisen, und solche „polymorphen" Charakters. Es gibt weiterhin Gruppen, die „plötzlich aufschießen" = paroxysmal. Die Begriffe Gruppe, Strecke, Zug, bedürften schon des Adjektives, um die Entwicklung in der Zeit zu charakterisieren.

R. Jung:

„Aufschießend" werden die Ausländer nicht verstehen, deswegen bin ich für „paroxysmal".

R. Janzen:

Ich meine, daß die Schiene paroxysmal = epileptisch sofort anspringt, was nicht zu sein braucht. Ich sehe mich gemüßigt, in den Vorschlägen eher zu vorsichtig zu sein.

J. Kugler:

Es gilt, einen Kompromiß zu schließen und Ausdrücke vorzuziehen, die auch im Ausland verstanden werden; wahrscheinlich ist „paroxysmal" (vgl. outburst) besser als „Ausbruch". „Paroxysmal" müßte aber solchen Gruppen oder Strecken vorbehalten sein, die *plötzlich* einsetzen. Der „spindelige"Verlauf bei Gruppen oder Serien müßte besonders bezeichnet werden.

R. Jung:

Den Ausdruck „Spindeln" halte ich für zweckmäßig.

E. Schütz:

Man sollte je nach der Dauer unterscheiden: Einzelablauf, Gruppe, Serie, Strecke.

R. Janzen:

Sie ziehen „Serie" dem Ausdruck „Zug" vor. „Zug" bezeichnet nur eine zunächst artmäßig, nicht näher charakterisierte Veränderung hinsichtlich der Dauer. Serie ist meines Erachtens spezieller; als Serie müßte man auch eine Folge von Gruppen oder Zügen bezeichnen. Regelmäßig aufeinanderfolgende Vorgänge — Einzelabläufe, Gruppen usw. — kann man Serie nennen. Das Äquivalent der Absence z. B. bezeichnet man doch einfacher als regelmäßige Aufeinanderfolge von s-w-Komplexen.

K. Pateisky:

Ich finde den Ausdruck „Folge" gut übersetzbar und nützlich in der Deskription.

R. Janzen:

Damit kann dieser Teil der Diskussion abgeschlossen werden. Wir sind uns in den Intentionen recht einig geworden. Herrn Kugler danke ich herzlich, daß er sich für diesen Teil der Diskussion besonders vorbereitete.

Einige weitere offene Fragen

R. Janzen:

Die gestrige Diskussion zu dem Referat von Herrn Caspers hat keine Tatsachen ans Licht gefördert, die der Auffassung widersprechen, daß die Makropotentiale örtlich entstehen und nicht fortgeleitet werden. Der örtliche Vorgang, auch der α-Vorgang, wird gesteuert. Durch diese Steuerung, die zu verschiedenen Zeiten verschiedene Gebiete erreicht, kann eine Ausbreitung des Vorganges selbst vorgetäuscht werden. Wieweit anerkennen wir die Beziehungen systematischer Art, die wir bei dem α-Vorgang und noch bei anderen allgemeinen Abänderungen im EEG sehen? Wie weit können sie für eine anatomische Diagnose aus dem EEG benutzt werden?

Bei bipolarem Abgriff sind frontal α-Wellen nicht nachweisbar, weil sie in gleicher Phase auftreten. Bis etwa zur Präzentralregion besteht gleiche Phase in der gleichen Hemisphäre und an symmetrischen Punkten beider Hemisphären. Das gilt nicht nur für den α-Vorgang, sondern auch für allgemeine Abänderungen, z. B. die s-w-Gruppen. Auf die Besonderheiten in der Zentralregion, die Herr Kornmüller früh erkannte, hat Herr Pateisky gestern noch einmal hingewiesen. In der Parietalregion hat der Grundrhythmus „schwebenden" Charakter, und in der occipitalen Region ist er relativ unregelmäßig. Daraus ergibt sich, daß man aus diesen offenbar systematischen Beziehungen zur Lateralisation und Lokalisation von Störungen Stellung nehmen kann.

K. Pateisky:

Ich habe mir die Frage vorgelegt, was für Grundsätze man anwenden sollte, um zu ermitteln, wo der Ursprung einer bestimmten Tätigkeit liegt, von welcher Hirnregion eine bestimmte Tätigkeit ausgeht, die man in der bipolaren oder unipolaren Ableitung sieht. Wie kann man feststellen: Hier ist der Anfang? Die Ansichten darüber gehen weit auseinander. Die meisten sind sich darin einig zu sagen, daß bei der unipolaren Ableitung die größte Amplitude, die Stelle der maximalen Tätigkeit, die Stelle des Ursprungs darstellt. Ich glaube, das sind grundlegende Fragen für die Beurteilung bestimmter Erscheinungen, die in bestimmten Regionen auftreten, und für den Begriff des Focus.

G. Foitl:

Darf ich dazu sagen, daß der Ursprung und die höchste Amplitude in der monopolaren Ableitetechnik nicht übereinstimmen, wie aus den vorliegenden Untersuchungen deutlich zu sehen war. Wenn wir glauben, daß es eine Ausbreitung des α gibt, so sind wir nicht berechtigt anzunehmen, daß das von der Stelle des höchsten Ursprungs herkommt.

J. Kugler:

Der α-Rhythmus ist definitionsgemäß ein occipitales Phänomen; dazu gehört, daß er sein Amplitudenmaximum in der Occipitalregion hat, daß er auf Lidschluß anspricht usw. Nach den Ausführungen von Professor JANZEN ergibt sich, daß über den Frontalregionen die α-Tätigkeit bloß deswegen nicht nachweisbar sei, weil sie dort in den bipolaren Ableitungen schlecht zur Darstellung käme. Nun könnte man einwenden: In der unipolaren Ableitung von frontal tritt dieser α-Rhythmus in seinen Amplituden deswegen so gut zutage, weil die α-Potentiale über das Ohr in diese Ableitungen einstreuen.

R. JANZEN:

Die Definition, die sich auf Befunde mittels bipolarer Reihenableitungen gründet, ist schon alt, aber meines Erachtens nicht verbindlich. Cortico-graphisch sind α-Wellen auch frontal da. Außerdem kann man auch andere sog. indifferente Elektroden nehmen als die Ohrelektrode und das Phänomen bestätigen.

J. KUGLER:

Wenn sich Feldeigenströme bei Säugetieren und Menschen nicht in dem Ausmaß bestätigen ließen, wie sie KORNMÜLLER bei Kaninchen nachgewiesen hat, so besteht wahrscheinlich doch ein Unterschied zwischen den postzentralen und den frontalen α-Wellen.

R. JANZEN:

Eben das haben wir als Hinweis für die örtliche Entstehung stets aufgefaßt. Meines Erachtens sollten wir uns in diesen Fragen um neue Befunde kümmern. Die neuen Erkenntnisse über die Entstehungsmechanismen legen solche Bemühungen ebenfalls nahe. Wir können diese Fragen heute nicht weiter fördern in der Diskussion. Deswegen wollen wir noch andere Phänomene diskutieren, die erfahrungsgemäß der Interpretation Schwierigkeiten bereiten.

Wir finden umschriebene und allgemeine Abänderungen im EEG. Eine *örtliche Besonderheit* ist nicht ohne weiteres identisch mit dem Focus. Eine umschrieben nachweisbare Abänderung im EEG beweist nur, daß irgendwo eine lokale Störung vorhanden ist; sie beweist nicht, daß der Focus unter der Ableitestelle liegt, die die Störung anzeigt. Der Hinweis, daß eine örtliche Störung nicht ohne weiteres schon ein „Focus" ist, daß man „lokal" nicht mit „fokal" verwechseln darf, ist zwar Gemeinplatz, aber die Erfahrung lehrt, daß hier mancherlei gesündigt wird.

Den örtlichen Störungen werden die *„Allgemeinveränderungen"* gegenübergestellt. Ich schlage vor, als Gegensatz zu „lokal" das Wort „diffus" und nicht „allgemein" = generalisiert zu verwenden. Der Kliniker in mir veranlaßt diesen Vorschlag, weil bei dem nur deskriptiv — im Gegensatz zu „örtlich" bzw. „umschrieben" — gemeinten Wort „allgemein" zu leicht die Deutung auftaucht, daß auch der zugrunde liegende Vorgang allgemeiner Natur sei. Das ist zwar häufig der Fall, aber wir wollten ja Beschreibung und Deutung scharf auseinanderhalten. Bei den „diffusen" Veränderungen müßte man nun allerdings hinzufügen, ob sie sich den vorher besprochenen empirisch festgelegten Verhältnissen, die offenbar systematischer Natur sind, einordnen oder ob sie sich diesen nicht einordnen. Wenn das nämlich nicht der Fall ist, könnte eine Störung lateralisiert oder lokalisiert werden. Ein bei bipolarer Reihenableitung frontal umschrieben abgegriffener schöner α-Rhythmus z. B. wäre der Hinweis auf eine örtliche Störung.

J. KUGLER:

Einige Bedenken hätte ich gegen die Verwendung des Ausdruckes „diffus", der von JASPER in dem Sinne benutzt wird, daß er den streng fokalen, corticalen Entladungen die subcorticalen, diffusen gegenüberstellt und damit also eine Herdtätigkeit meint, die sich nicht exakt eingrenzen läßt, sondern diffundiert, womit aber noch nicht gesagt ist, daß es tatsächlich eine bilateral-synchrone Veränderung zu sein braucht.

R. JANZEN:

Eine diffuse Veränderung ist verschiedenartig ausgeprägt und hat verschiedene Bedeutungen: 1. Die diffuse Abänderung erfolgt über Steuerungszentren. Man hat z. B. das reticuläre oder thalamische System dafür in Anspruch genommen. Die Abänderungen weisen dann beim intakten Gehirn die empirisch erkannten Besonderheiten der systematischen Beziehungen auf. Der diffusen Abänderung der corticalen Tätigkeit entspräche dann unter Umständen eine lokale Störung. 2. Sie kann aber auch allgemeiner Natur sein und bedingt durch diffus am Gehirn angreifende Noxen, z. B. eine Intoxikation, eine Hypoglykämie, eine allgemeine Durchblutungsstörung beim Herzinfarkt. Eine diffuse Abänderung, die nicht den systematischen Verhältnissen entspricht, weist darauf hin, daß im Hirn Störungen vorhanden sind, die örtlich unterschiedlich sich auswirken, z. B. bei disseminierten Parenchymnekrosen. „Allgemeinveränderungen" ist ein zu unbestimmter Ausdruck. In der Beschreibung sollte man die Art der nicht lokalisiert — also diffus — auftretenden Abweichungen von der empirischen Norm festlegen. Man kann daraus wichtige Folgerungen ziehen, die in der Beurteilung besprochen werden müssen. (Wir werden Ihnen das morgen demonstrieren.)

Da keine weiteren Wortmeldungen vorliegen zu diesem Thema, soll die nächste Frage erörtert werden. Manche verstehen unter *Dysrhythmie* alles, was nicht dem Norm-Rhythmus entspricht. Manchmal kann man aus dem Wort „Dysrhythmie" im Rahmen eines Befundes nicht erkennen, was der Betreffende meint. Jedenfalls bestehen erhebliche Unterschiede.

K. Pateisky:

Die Bezeichnung „Dysrhythmie" betrifft nicht nur das Grapho-Element. Man muß sich dessen bewußt sein, daß noch eine zweite Bedeutung da ist, die sich in die Literatur eingeschlichen hat. Man spricht von „Dysrhythmikern", d. h. von denjenigen *normalen* Personen, die ein *abnormes* EEG haben. Die Dysrhythmie im letztgenannten Sinne ist manchmal eine Ausrede dafür, daß wir bei normalen Personen ein abnormes EEG finden, für das wir keine Erklärung finden. Man muß dem Kliniker beibringen, daß das „abnorme EEG" in der Zusammenfassung nicht mit „pathologisch" gleichgesetzt werden darf. Die Anwendung des Begriffes „Dysrhythmie" ist in der amerikanischen Literatur sehr verbreitet. Ich glaube, man müßte trennen, einmal zwischen dem Begriff „Dysrhythmie" als Grapho-Element und dem Begriff der Dysrhythmie im vorgenannten Sinne.

R. Janzen:

Ich danke sehr, Herr Pateisky, daß Sie dies gesagt haben. Wir bemühen uns um die Reinigung der Begriffe. Man sieht im EEG rhythmische Vorgänge und solche, die wirklich nicht rhythmisch sind. Wenn man mit „dysrhythmisch" nur das letzte meint, wäre der Begriff klar. Sie sagen richtig: „Dysrhythmie" ist die Entschuldigung für die abnormen Befunde bei klinisch gesunden Personen. Ich bin der Meinung, daß wir den Begriff „Dysrhythmie" im letztgenannten Sinne nicht verwenden sollten. Das ungelöste Problem sollten wir nicht verdecken.

W. Götze:

Kann man denn die Allgemeinveränderungen unter der Hyperventilation schon als Dysrhythmie bezeichnen? Das würde ich nicht tun. Dysrhythmie dürfte man meines Erachtens nur sagen, wenn die Veränderungen schon im Ruhe-EEG vorhanden sind. Wir müßten uns auch darüber einigen: Wann fängt eine Dysrhythmie an? Wie unregelmäßig muß ein EEG sein, damit man von Dysrhythmie sprechen kann? Wir sprechen in unserem Labor überhaupt nicht von Dysrhythmie, wir sprechen von „unregelmäßigem EEG".

E. Schütz:

Es steht nirgendwo geschrieben, daß ein „schöner" regelmäßiger α-Rhythmus normaler ist als ein etwas unregelmäßiger α-Rhythmus. Da darf man sich nicht durch das schöne Kurvenbild täuschen lassen.

R. Janzen:

Aber wenn in einem bestimmten Grundrhythmus sich Züge, Folgen oder Strecken finden, die nicht einem vorwiegenden Grundrhythmus entsprechen, dann ist der Vorgang, den ich ableite, nicht mehr rhythmisch.

G. Schaper:

Für das kindliche EEG ist diese Definition nicht ausreichend, denn sonst müßten wir 50—70% aller Kinder als Dysrhythmiker einordnen. Wir versuchen das dadurch zu vermeiden, daß wir prinzipiell von „Grundaktivität" sprechen und dabei erwähnen, welcher Frequenzanteil dominierend vorkommt. Dann kann man sehr schnell in den einzelnen Büchern über das kindliche EEG nachsehen, was nun noch im Bereich des Normalen ist oder was außerhalb des Normalen gelegen ist.

H.-D. WEIGELDT:

Es gibt natürlich schwierige Grenzbefunde und das ist sowohl in der Pädiatrie als auch bei vielen Psychopathen der Fall. Dann sollte man sich besonders vorsichtig ausdrücken. Wenn wir uns geeinigt haben, daß wir in der Deskription der Benennung der Wellenform mit griechischen Buchstaben keine Bedeutung unterstellen wollen, so könnte man auch den Begriff „Dysrhythmie" weiter verwenden, der meines Erachtens nicht entbehrlich ist. Es kommen noch verschiedene Begriffe dazu, die sich in der EEG-Diagnose gut verwerten lassen: neben dem geordneten, regelmäßigen EEG und dem dysrhythmischen EEG gibt es ein frequenzlabiles EEG. Ich halte das für einen guten Ausdruck für eine bestimmte Form des EEGs, wobei man sich hüten müßte, „frequenzlabil" und „vasolabil" gleichzusetzen.

R. JANZEN:

Ich wollte über den Begriff „Dysrhythmie" diskutieren lassen, weil er viel gebraucht wird. Persönlich benutze ich ihn nicht, darin stimme ich mit Herrn GÖTZE überein. Ein Begriff, den Herr KUGLER heute morgen benutzte, ist meines Erachtens sehr anschaulich: „kurze dysrhythmische Gruppe" genauso anschaulich wie „rhythmische Gruppe" für den sog. *s-w*-Anfall.

K. PATEISKY:

Ich glaube, daß es richtig ist für einen jeden, der an einem EEG arbeitet, „Dysrhythmie" nur in dem erstgenannten Sinne zu verwenden. Auf der anderen Seite möchte ich auf den zweiten Gebrauch des Ausdruckes nicht ganz verzichten. Wenn man weiß, daß der klinische Befund einschließlich der Nebenbefunde normal ist, der EEG-Befund aber abnorm, dann muß ich sagen, liegt es mir sehr zu sagen: „Das ist nur ein „dysrhythmisches EEG".

R. JANZEN:

Ich würde sagen: „Was bei dem Untersuchten vorliegt, kann ich aus dem EEG nicht diagnostizieren. Der Befund überschreitet die empirische Norm, die man bei einem konstitutionell nicht abartigen, hirngesunden und stoffwechselausgeglichenen Menschen kennt". Ich bin als Kliniker der Meinung, daß wir uns nicht bequem mit der Gruppe der Dysrhythmiker ausreden sollten. Vielleicht werden wir bei der Verfolgung solcher Beobachtungen noch zu ganz interessanten Erkenntnissen gelangen.

Unsere Zeit ist abgelaufen. Ein Anfang wurde gemacht, einiges Wesentliche in Vorschlag gebracht. Die Diskussion geht nächstes Jahr weiter, und zwar auch für das Kinder-EEG.

Ist jemand da, der zum Thema Provokationsmethoden etwas grundsätzlich Neues zu sagen hat?

K. PATEISKY:

Es ist nichts grundsätzlich Neues, was ich sage, aber ich glaube doch etwas sehr Wichtiges. Bei einem unserer Patienten ergab die intermittierende Lichtreizung eine sehr starke Antwort im EEG, die eine pathologische Deutung nahelegte. Der Patient war vorher atropinisiert. Bei einer maximal weiten Pupille sind die Verhältnisse so extrem verändert, daß man das unbedingt ins Kalkül ziehen müßte. Unsere Versuche sind noch nicht abgeschlossen, aber es lassen sich Hinweise finden, daß man bei atropinisierter Pupille ganz andere Ergebnisse erzielen kann als bei den Fällen, bei denen eine Pupille normal reagiert. Dieser eine Faktor könnte in Zukunft berücksichtigt werden.

Anfrage aus dem Hörerkreis: Duldungspflicht bei Provokationsmaßnahmen.

R. JANZEN:

Außer für Hyperventilation, die beim Gesunden keinen Anfall hervorruft, muß man mindestens die mündliche Einwilligung des anfallkranken Patienten haben bei der Photostimulation und der Provokation durch Pharmaka.

Herr PATEISKY hat in Berlin einen schönen Ausdruck geprägt für eine Methode, die ich als Kliniker für die allerbeste halte. Er nannte sie den „Erregungsfang", d. h. die wiederholte Untersuchung zu verschiedenen Zeitpunkten, in einer guten Phase, in einer kritischen Phase, unmittelbar vor und nach klinisch wichtigen Ereignissen, z. B. Kopfschmerzattacke, epileptischem Anfall, Verstimmung usw. Dann kann nämlich das EEG noch mehr leisten als alle Methoden, die nur erdacht worden sind, um in *einer* Untersuchung möglichst alles zu erfahren.

Bei der Provokation durch Prüfung der Kreislaufreflexe bedarf es strenger Indikation, besonders bei älteren Individuen, ferner unser Erachtens stets der Einwilligung. (Einfügung bei der Korrektur.)

Damit darf ich den wissenschaftlichen Teil dieses gewagten Kongresses beenden. Ich hoffe, daß dieser Kongreß fruchtbar in die gemeinsame Arbeit hineinwirken wird, vor allem, wenn wir die Diskussion gedruckt noch einmal vor uns haben, um sie zu überdenken. Ich darf den beiden Referenten unseren herzlichen Dank aussprechen, ebenso allen Vortragenden und Diskussionsrednern. Ihre Aufmerksamkeit hat bewiesen, daß die Diskussion Ihr Interesse gefunden hat. Ich wünsche Ihnen allen eine glückliche Heimkehr und eine freundliche Erinnerung an unser gemeinsames Bemühen.

Welche Rückschlüsse lassen sich aus den Tiefenableitungen und -reizungen für die Steuerung des EEG ziehen?

Von

Wilhelm Umbach

Mit 3 Abbildungen

An den Freiburger Kliniken beschäftigen wir uns seit 10 Jahren mit Tiefenableitungen aus verschiedenen Strukturen des Großhirns, gleichzeitig mit Cortex- und Hautableitungen des EEGs. Dabei galt das wissenschaftliche Interesse der weiteren Klärung über den Steuerungsmechanismus der normalen und pathologischen Hirnwellenabläufe.

Die ersten Ableitungen 1948 mit Jung und Meyer-Mickeleit wurden mit modifizierten Gibbs-Elektroden bei offenen Operationen durchgeführt. Die Lage der einzelnen Ableitpunkte wird dabei retrospektiv, anhand des Encephalogramms bestimmt. Diese Methode läßt aus vielen Gründen die tatsächlich erreichten Regionen meist nur annäherungsweise bestimmen. Sie wird indes von den meisten ausländischen Untersuchern auch heute noch angewandt. Seit der Einführung der stereotaktischen Ausschaltungen bei bestimmten Erkrankungen und Schmerzzuständen haben Spiegel-Wycis seit 1950 und wir seit 1952 die Tiefenpunkte bereits *vor* der Reizung und der Ausschaltung durch Encephalographie, Teleröntgenaufnahmen, Berechnung am Modellhirn bestimmt und durch Eliminierung der verschiedenen Verzeichnisfaktoren auf eine Genauigkeit von ± 1 mm festgelegt. Der exakte Sitz erwies sich u. a. bei 6 Sektionen. Die Gesamtzahl der verschiedenen abgeleiteten bzw. gereizten Tiefenpunkte ergibt sich aus Tab. 1. (Diese Untersuchungen sind nur in Gemeinschaftsarbeit durchzuführen; deshalb möchten wir außer den Obengenannten auch Herrn Hassler und Herrn Mundinger für ihre stete Hilfe danken.) Da es sich um Beobachtungen bei stereotaktischen Operationen handelt, ist die Auswahl unserer Kernregistrierungen festgelegt; wissenschaftliche Untersuchungen über sonstige Kerngebiete haben wir vermieden. Es ergeben sich bei der großen Zahl der durchgeführten Ableitungen an vorher genau festgelegten Punkten einige Aussagemöglichkeiten.

Strukturspezifische Unterschiede der spontan ablaufenden biologischen Hirnrhythmen sind innerhalb der abgeleiteten Stammganglien beim Menschen nicht zu beobachten, wie wir u. a. Untersucher bereits früher angegeben haben. Dies steht in einem gewissen Gegensatz zu den tierexperimentellen Beobachtungen. Auch die Ableitungen unter pathologischen Verhältnissen, die Registrierung der Schlafsteuerung, der Einfluß bestimmter Medikamente, die Ableitungen bei

Tabelle 1. *Zusammenstellung und Aufgliederung der verschiedenen Tiefenableitungen und -reize an vorbestimmten Punkten und mit 8fach-Tiefenelektroden.*

Bei 234 Patienten wurden abgeleitet bzw. gereizt:

Extrapyr. Bewegungsstörungen		Temporale Epilepsie		Psycho-chirurg. Eingriffe		Schmerzzustände	
Pallid. int.	164	Fornix . . .	14	N. dorso-med. . .	19	N. ventrocaud. p. c. int. .	11
Pallid. ext.	3	Ammonshorn .	4	Lam. med. . . .	5	N. ventrocaud. p. c. lat. .	8
N. ventr. oral. ant. .	46	Amygdalum .	4	Caps. int. (ant.) .	4		
N. ventr. oral. post. .	24	Comm. hippoc.	1	Thal.-frontale B. .	7		
N. ventr. oral. int. . .	3			Gyr. cinguli . . .	1		
N. lateropolar. . . .	2						
N. ruber	1						
Caps. int. (mot.) . .	6						
Caudatum	4						
	252		23		36		19

Insgesamt: 330

27 Tiefenregistrierungen (jeweils 8fach)

Geisteskranken und bei Epileptikern haben daran im Prinzip nichts geändert. Jedoch weist die unterschiedliche und autonome Spontanaktivität (Abb. 1) auch anatomisch engbenachbarter Strukturen darauf hin, daß wir keine Massenleiter-effekte ableiten. Unipolare Abläufe gegen sog. indifferente Elektroden auf der

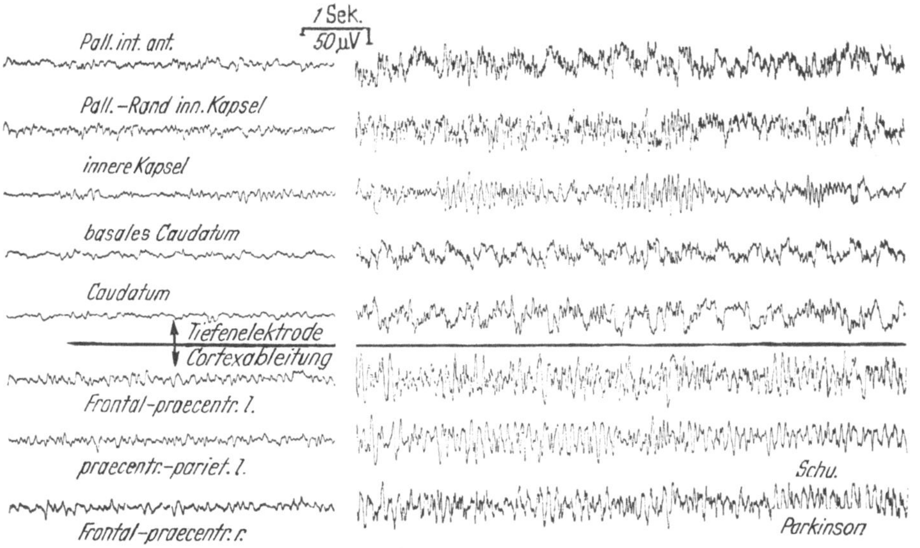

Abb. 1. Registrierung der Spontanabläufe in der Tiefe (Abl. 1—5) und bipolar über dem frontalen, präzentralen und parietalen Hautgebiet (linker Abschnitt, Eichung ¹/₃). Die verschiedenen Tiefenpunkte zeigen unterschiedliche Wellenformen und Frequenzen, in der Tiefe herrschen raschere 16—22/sec (gegenüber 9—10/sec) Frequenzen vor, die z. T. auf langsame 2—3/sec Wellen aufgepfropft sind. Die großen β-Wellen der Caps. interna entsprechen am ehesten den bekannten Abläufen der Zentralregion. Zwischen Tiefe und Oberfläche lassen sich weder in der Frequenz noch in der Phase sichere Beziehungen aufdecken

Schädeloberfläche müssen allerdings vermieden werden. Es fehlt uns aber bis jetzt der Schlüssel für die Erschließung dieser differenten Abläufe, ebenso wie die Erklärung für die häufig beobachteten zeitlich und erscheinungsmäßig über-einstimmenden Potentialabläufe in weiten Kern-, Mark- und Rindengebieten des

Hirns. Hier können uns vielleicht erst Mikroableitungen weiterbringen. Einige Untersucher glaubten bestimmte kernspezifische Hirnrhythmen abgeleitet zu haben, hier dürften technische Fehler und unbewußte Fehlinterpretationen von Artefakten (Puls, Atmung, Elektrode) eine Hauptrolle gespielt haben. Auf diese Gefahr wurde bereits mehrfach hingewiesen.

Zusammenfassend kann bis jetzt nur gesagt werden, daß Oberflächen- bzw. Tiefenregionen des Hirns einen weitgehenden „Autorhythmus" aufweisen. Propagationen normaler oder pathologischer Rhythmen lassen sich bis jetzt weder in der einen noch der anderen Richtung sichern. Am ehesten sind noch engere Zusammenhänge des thalamischen und des frontalen Grundrhythmus zu erkennen. Ähnliches soll zwischen dem occipitalen Cortex und der Formatio reticul. der Fall

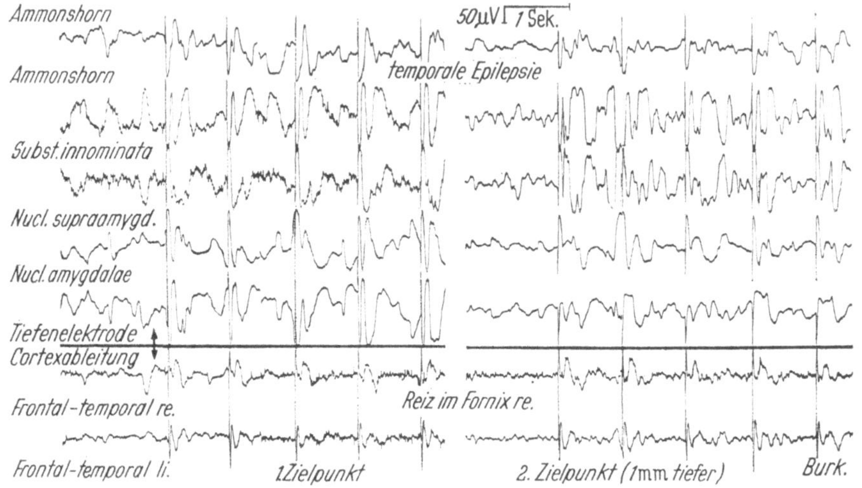

Abb. 2. Unterschiedliche Reizprojektionen (gleichstarke Einzelreize im Fornix rechts, Abstand der Reizpunkte nur 1 mm) auf Tiefenstrukturen (Abl. 1—5) und das frontotemporale Hautgebiet beiderseits

sein, daführ fehlen uns beim Menschen noch die Erfahrungen. Es hat weiter den Anschein, daß synchrone Abläufe in oberflächlichen und tiefen Strukturen um so eher nachweisbar sind, je gedämpfter die Bewußtseinslage ist. Im Wachzustand weist das Thalamogramm häufiger als der Cortex einzelne und gruppenweise auftretende β-Wellen mit 16—32 sec Frequenz auf; sie unterscheiden sich von den raschen Abläufen über der Zentralregion in Frequenz und Amplitude.

Umschriebene Reizungen der tiefen Hirnregionen können uns eher einen Einblick in die cerebralen Steuerungsvorgänge bringen, wenn man dabei möglichst physiologische Reize anwendet. Krampfpropagationen oder Strychninspikes sind unseres Erachtens ungeeignet. Wir glauben nach unseren Beobachtungen nicht, daß man aus dem isolierten Auftreten von Krampfpotential-ähnlichen Abläufen in der Tiefe, die evtl. in zeitlichem Zusammenhang mit ähnlichen Wellenformen auf dem Cortex stehen, bereits auf eine epileptogene Rolle der Tiefenstrukturen schließen kann. Zentrale Schrittmacherfunktionen für den Krampf sind uns bis jetzt ebenso wenig wie die Überträgersysteme oder die lokalen (subcorticalen oder corticalen) Krampfmodulatoren bekannt. Am ehesten sprechen unsere Beobachtungen für einen höheren Energiewechsel und eine größere Krampfneigung der subcorticalen

Anteile des rhinencephalen Systems. Es wurde bereits berichtet, daß Anlegen von Bohrlöchern oder Expositionen der Rinde allein die Aktionspotentiale, und zwar das normale wie das „krampfnahe" Wellenbild verändern können.

Die Verfolgung der Reizprojektion auf oberflächliche Hirnregionen haben die menschliche Anatomie der Kernverbindungen ergänzt und erweitert. Vor allem war die Beobachtung senso-motorischer, vegetativer und psychischer Erscheinungen bzw. Umstimmungen auf Tiefenreize für das Verständnis der Tiefenregulationen sehr wichtig. Die elektro-biologischen Korrelate und die steuernden Faktoren des EEG aber wurden bis jetzt nur sehr wenig geklärt.

Einzelreize sind für die Untersuchungen der Reizleitung in einzelnen Kerngebieten bzw. Fasersystemen und ihrer jeweiligen Projektion auf den Cortex am

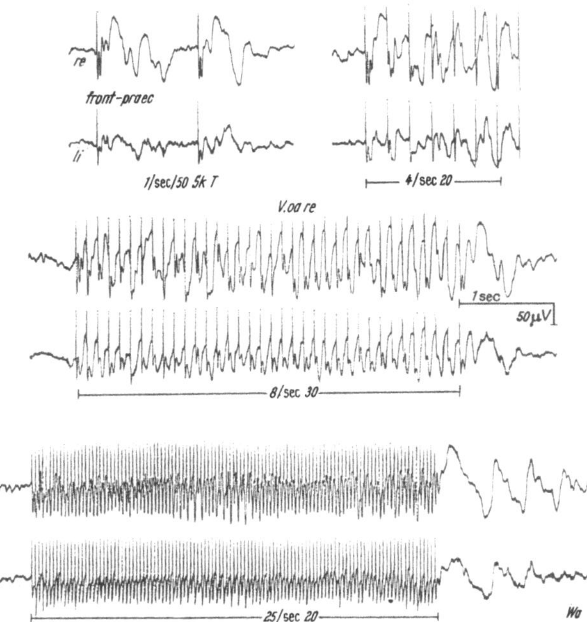

Abb. 3. Bipolare Ableitung front.-praec. beiderseits bei 1—8/sec-Reizen im V. o. a. rechts. Bei Einzelreizen im V. o. a. und V. o. p. kommt es zu evoked potentials (Spike- oder Polyspike-Wave) über dem Cortex, betont auf der Reizseite, bei höheren Reizstärken auch beiderseits. Bei 4 + 8/sec-Reizen recruiting-ähnliche Entladungen vorwiegend über dem gleichseitigen Cortex

ehesten geeignet, da dabei die unterschiedlichen Überleitungszeiten gemessen werden können. Damit lassen sich teilweise sehr umschriebene Propagationen nachweisen (Abb. 2).

Es soll aber nicht verschwiegen werden, daß die meisten unserer gereizten Kerngebiete keine reproduzierbaren Reizausbreitungen auf andere tiefe bzw. corticale Regionen zeigten. Außer einigen Punkten im limbischen System erzeugten bis jetzt nur Reize im ventro-lateralen Kerngebiet des Thalamus (65 Ableitungen), also aus dem (nach HASSLER) V. o. a. (65%), dem V. o. p. (44%) und ganz selten dem V. o. i. bzw. dem Pallidum (3,4%) fast konstante "evoked potentials" auf dem Cortex (Abb. 3). Über ihre unterschiedliche Latenz und Wellenform in verschiedenen Hirnregionen soll nach statistischer Auswertung berichtet werden.

Am ehesten handelt es sich um Reizfortleitungen in unspezifischen Systemen. Dafür sprechen einmal die relativ langen Latenzzeiten des "Spikes", dann auch die sehr langsamen großen Nachentladungen als Ausdruck der lokalen Reizantwort und schließlich die recruiting-ähnlichen Potentiale bei 4 + 8/sec Reizen (Abb. 3), die fast regelmäßig (auf der Reizseite größer) auftraten.

Bei unseren höherfrequenten Reizen fanden wir die Angaben der anderen Untersucher — die meisten reizen überhaupt nur mit Frequenzen zwischen 20—200/sec — bestätigt. Desynchronisationseffekte des Tiefen- und Skalp-EEG beobachteten wir sehr häufig nach 25—100/sec-Reizen im rhinencephalen System. In subcorticalen Regionen des extrapyramidalen Systems traten dagegen nur langsame, hypersynchrone Nachentladungsgruppen auf, obwohl klinisch in beiden Fällen Weckeffekte deutlich überwogen. Die klinischen Erscheinungen sollen jedoch hier nicht betrachtet werden, ihr Studium ist — besonders für die Verhaltensforschung — wesentlich ergiebiger.

EEG- und EMG-Untersuchungen an Gesunden und Hirnkranken unter Arbeitsbelastung nach Radioübertragung

Von

W. Götze, A. Kofes, St. Kubicki und M. Wolter

Mit 10 Abbildungen

Die Übertragung bioelektrischer Ströme in der Luftfahrtmedizin durch Radio vom Flugzeug aus wird schon seit längerer Zeit mit Erfolg durchgeführt (Barr). Auch die Registrierung sich rhythmisch wiederholender Vorgänge wie z. B. von Puls und Atmung (Basan) vom beweglichen Objekt läßt sich technisch verhältnismäßig einfach lösen. Weit schwieriger ist es, so variable und spannungsgeringe Ströme wie das EEG am bewegten Objekt störungsfrei abzuleiten, genügend zu verstärken und über einen Sender so auszustrahlen, daß eine frequenz- und amplitudengetreue Wiedergabe auf der Empfängerseite erfolgen kann. Geringe Verschiebungen an den Elektroden und Eingangskabeln können zu Artefakten führen.

Aus diesen Gründen haben Breakel und Parker seinerzeit eine Frequenzbeschneidung unterhalb von 14 Hz bei ihrem Radio-EEG vorgenommen und nur Frequenzen aus dem β-Wellenband aufgenommen und übertragen. Glascock und Holter haben in ihren Arbeiten nur sehr kurze Kurvenabschnitte des EEGs im α-Wellenband in Bewegung nach Funkübertragung abgebildet.

Wir selbst haben zunächst mit dem von Kofes konstruierten Trägerfrequenzverstärker einwandfreie Übertragungen vom unbewegten Objekt bei gleichzeitiger Direktregistrierung vergleichsweise durchgeführt. Es zeigte sich, daß mit unserer Methodik die "barbiturate spikes" sowie ϑ-Wellen unter Hyperventilation unverzerrt wiedergegeben wurden. Danach sind wir zu Ableitungen am bewegten Objekt übergegangen. Über entsprechende Aufnahmen von EKG und EEG im Gehen wurde berichtet. Das Erhaltenbleiben der α-Wellentätigkeit im Gehen mit geschlossenen Augen, das Auftreten des Off-Effektes wurde festgestellt (GÖTZE u. KOFES). Es sei hierbei erwähnt, daß die Methodik neben den technischen Schwierigkeiten auch Vorteile bietet. So ist die Anfälligkeit gegenüber einstreuenden Wechselstrompotentialen viel geringer als bei Direktableitung. Dies erkennt man deutlich aus der Abb. 10. Sie zeigt bei *A* eine Direktableitung von der Oberschenkelmuskulatur mit Oberflächenelektroden. Die Ableitung ist durch Wechselstrom unbrauchbar. *B, C 1* und *C 2* sind mit den gleichen Elektroden und Ableiteschnüren nach Radioübertragung registriert. Man erkennt störungsfreie Wiedergabe der Muskelaktionsströme. Um ein gutes Gelingen der Ableitung nach Radioübertragung in Bewegung zu erreichen, scheint uns die Beachtung folgender Punkte wichtig:

1. Die störungsfreie Abnahme der Ströme ist von allergrößter Wichtigkeit. Wir verwenden zu diesem Zweck mit Collodium angeklebte Elektroden, die wir aus Lötzinn selbst anfertigen.

2. Festlegen der Eingangskabel und einwandfreie Zuführung zum Eingang des Verstärkers.

3. Es ist wünschenswert, daß der Sender so viel Energie liefert, daß man mit festgelegter Sendeantenne arbeiten kann, um kapazitive Rückwirkung vom Sendekreis auf den Eingang zu vermeiden, die sonst durch Bewegung leicht entsteht.

Bei der z. Z. verwendeten Apparatur werden die Aktionsströme mit dem von KOFES konstruierten Trägerfrequenzverstärker abgeleitet. Die so gewonnenen Ströme modulieren einen auf einer Kurzwelle arbeitenden Steuersender, dessen Frequenz im Frequenzvervielfacher auf ungefähr 160 MHz (2 m) vervielfacht und über eine Antenne ausgestrahlt wird. Die empfangene Trägerfrequenz (2 m) wird in einem Hochfrequenzverstärker verstärkt, die durch Überlagerung mit einem Überlagerungsgenerator entstehende Zwischenfrequenz in einem Verstärker weiter verstärkt und zur Rückgewinnung der niederfrequenten Hirnströme demoduliert. Diese werden dann auf den Verstärkerkanal eines Grass-Elektroencephalographen übertragen und fortlaufend aufgezeichnet.

Unsere Ableitetechnik ist inzwischen so weit verbessert worden, daß es gelang, das EKG im Laufen nahezu ungestört aufzunehmen und nach Übertragung zu registrieren. Auch weitgehend störungsfreie Ableitungen von Hirnstromkurven über Dauer von Minuten bei gleichbleibender Verstärkung im Gehen und sogar im Laufen waren möglich. Wir benutzten für diese Aufnahmen Ableitungen hoch frontal gegen parietal median gelegene Ableitepunkte.

Abb. 1 gibt jeweils die gleichen Ableitungen auf der Aufnahmeseite unterschiedlich verstärkt untereinander wieder. *a* gibt Ableitungen im Stehen wieder, die eine gut rhythmische α-Wellentätigkeit mit Vorherrschen von 11/sec-Wellen erkennen lassen. Während des ruhigen Gehens mit geschlossenen Augen kommt es zu einer Minderung der Amplitudengröße (*1b*), außerdem scheint die α-Wellentätigkeit unregelmäßiger, zwischen Gruppen von α-Wellen sind Strecken reduzierter Hirnstromtätigkeit eingeschaltet. Eine Verkürzung der α-Wellentätigkeit scheint vorzuliegen, jedoch kann diese evtl. durch die Reduzierung der Amplituden vorgetäuscht sein. Nach Augenöffnen (*2a* und *2b*, unterstrichenes Kurvenstück) deutliche Reduktion der α-Wellentätigkeit, die nach Augenschluß verstärkt einsetzt. Ein Kurvenstück im Laufen (*2c*) zeigt noch stärkere Spannungsreduktion, jedoch findet sich nach kurzem Lauf unter Belastung (Gewicht des Geräts 16 kg) keine Frequenzerniedrigung, eher scheint sich die Frequenz etwas gesteigert

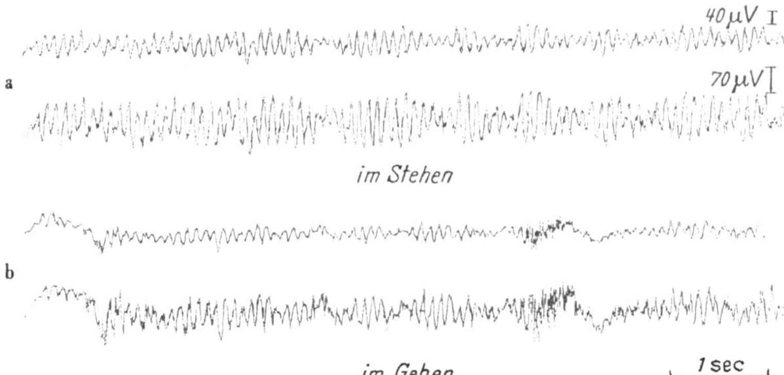

Abb. 1. *a* Ableitungen frontal-occipital von gesunder Versuchsperson, im Stehen mit geschlossenen Augen nach Radioübertragung[1]. (Es handelt sich bei allen Ableitungen bei den untereinander registrierten Kurven immer um die gleiche Ableitung, die auf der Empfängerseite mit unterschiedlicher Verstärkung aufgenommen wurden. Die Eichwerte wurden im Vergleich mit direkt registrierten Kurven gewonnen, sie stellen nur Annäherungswerte dar.) *b* Ableitungen vom gleichen Patienten im Gehen. Verringerung der Amplitudengröße. Bei *M* Störung durch Muskelaktionspotentiale, die durch Innervation des *M* frontal bedingt sind

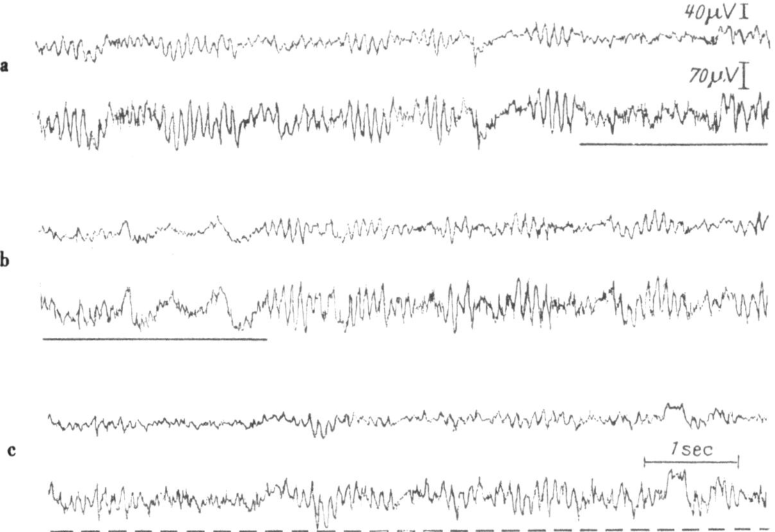

Abb. 2. Ableitungen von der gleichen Versuchsperson wie unter Abb. 1, nach Gehen mit Belastung (16 kg auf dem Rücken). Gegenüber der Ruheableitung sind die Amplituden verringert. Obwohl die Ableitungen durch Muskelströme ein wenig gestört sind, erkennt man, daß die Wellenfolge unregelmäßiger geworden ist. Die Gruppen der α-Wellen sind verkürzt. Das unterstrichene Kurvenstück bei *a* und *b* zeigt Ableitungen bei offenen Augen. Nach Lidschluß wird eine α-Aktivierung deutlich. *c* gibt die Ableitungen im Dauerlauf wieder. Die Amplituden sind noch kleiner geworden, auch scheint die Wellenfolge noch unregelmäßiger als im Gehen. Einzelne steilere Spannungsabläufe werden auffällig

zu haben. Allerdings scheint eine geringfügige Überlagerung durch Muskelaktionspotentiale vorzuliegen. Wir bitten zu beachten, daß auch im Laufen keine

---

[1] Sämtliche Ruheableitungen wurden ebenfalls nach Radioübertragung registriert und mit entsprechenden Direktableitungen am Grass-Elektroencephalographen als identisch befunden.

wesentliche Verlagerung der Nullinie eingetreten ist (*2c*, gestrichelt unterstrichenes Kurvenstück).

Entsprechende Kontrolluntersuchungen haben wir an 15 gesunden Kontrollpersonen unter gleicher Belastung im Gehen bis zur Dauer von 10 min vorgenommen und haben immer wieder gleiche Ergebnisse erhalten. Vereinzelt beobachteten wir auch bei längerem Gehen mit offenen Augen Wiederauftreten einzelner α-Wellen.

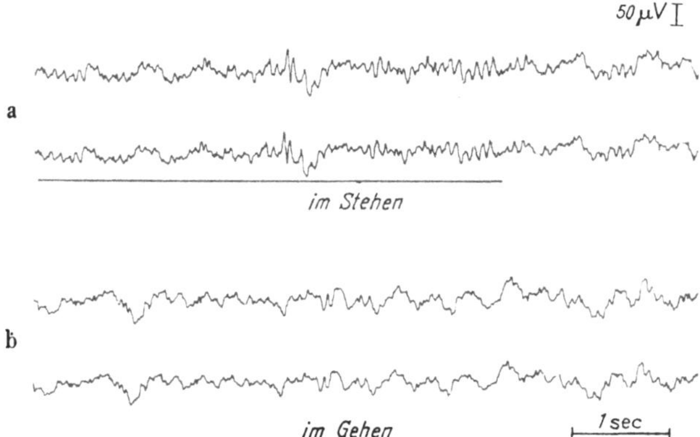

Abb. 3. *a* zeigt Ableitungen frontal-occipital in Ruhe von einem Kranken mit porencephalem Defekt, links parietal von der rechten, relativ ungeschädigten Hirnhälfte. Man erkennt deutliche α-Wellenbildung. Im Gehen (*b*) Auftreten flacher 3—4/sec-Wellen

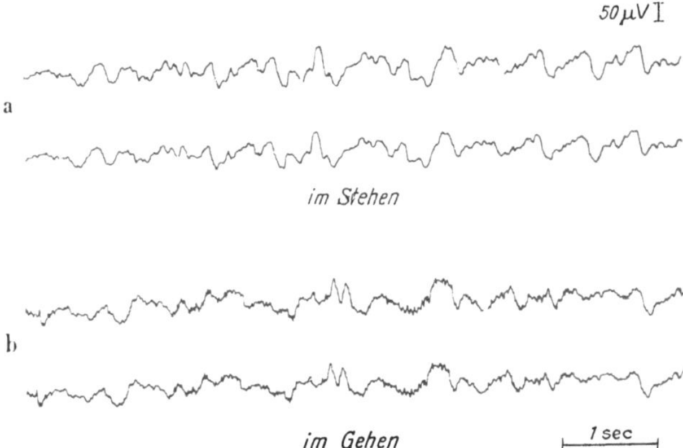

Abb. 4. *a* Wiedergabe von Ableitungen frontal-occipital in Ruhe vom gleichen Patienten wie in Abb. 3 über der Seite des δ-Focus. Vorherrschen von 3—4/sec-Wellen. Im Gehen (*b*) ebenfalls Überwiegen von 3—4/sec-Wellen, die jedoch amplitudengeringer sind. Zeitweise Überlagerung durch Muskelaktionspotentiale

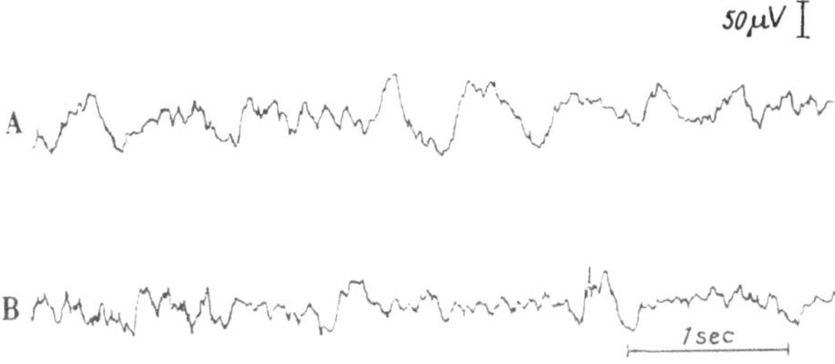

Abb. 5. *A* Ableitungen über parietal linksseitig gelegenem Gliom in Ruhe zeigen δ-Focus mit Überwiegen von 1—3/sec-Wellen. *B* Die gleiche Ableitung im Gehen zeigt amplitudengeringere Hirnstromtätigkeit, in der weniger träge Wellen auftreten

Mehr noch als das Verhalten der Gesunden beschäftigt uns die Frage, inwieweit EEG- und EMG-Untersuchungen unter Belastung im Gehen Abänderungen ergeben, die sich vielleicht in diagnostischer und prognostischer Hinsicht auswerten lassen.

Abb. 3 zeigt Ableitungen frontal-parietal von einem 13jährigen Jungen mit frühkindlicher cerebraler Hirnschädigung, der unter gehäuften generalisierten Krampfanfällen litt. Im Ruhe-EEG fand sich ein ϑ-Wellenfocus parietal-temporal links. Die Ableitungen der rechten Hemisphäre boten annähernd normale α-Wellentätigkeit mit einer Frequenz von 11—12.

Abb. 3a gibt Registrierungen von der gesunden rechten Seite im Stehen (unterstrichen) wieder.

Abb. 3b zeigt bei den gleichen Ableitungen im Gehen mit Belastung Deutlichwerden flacher 3—4/sec-Wellen. Die Ableitungen über der herdgeschädigten Seite gibt Abb. 4a im Stehen wieder. Es findet sich eine unregelmäßige, allgemein frequenzerniedrigte Wellenfolge mit zahlreichen 2—3/sec-Wellen. Dieselben Ableitungen im Gehen (Abb. 4b) sind etwas amplitudengeringer. Die trägen Schwankungen sind jetzt von Artefakten etwas überlagert. Es muß betont werden, daß die Ableitungen von der gesunden und geschädigten Hemisphäre nur nacheinander gewonnen werden konnten. Interessant ist es aber, daß es auf der cerebral weniger geschädigten Seite zu einer Frequenzerniedrigung unter Belastung gekommen ist.

Abb. 5 gibt bei A Registrierungen eines δ-Focus über einem parietal links gelegenen Gliom bei einem 15jährigen Jungen wieder. Man erkennt amplitudengroße 2—3/sec-Wellen. Im Gehen bei B ist die Hirnstromtätigkeit spannungsgeringer und normfrequenter, die 2—3/sec-Wellen fehlen fast völlig.

Abb. 6 gibt eine Ableitung frontal-occipital von einem 15jährigen Jungen wieder, der unter generalisierten Krampf-

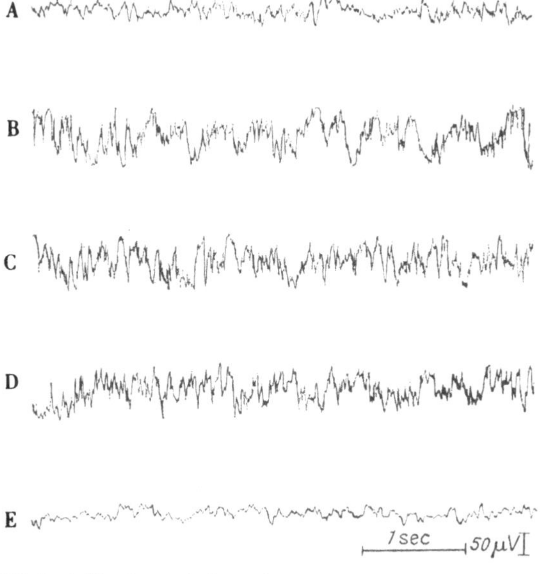

Abb. 6. A Hirnstromaufnahmen frontal-occipital von 15jährigem Jungen mit häufig auftretenden generalisierten Krampfanfällen in Ruhe. B Nach Gehen von 3 min unter Belastung (16 kg) ist die Hirnstromtätigkeit stark aktiviert. ϑ-Wellen wechseln mit amplitudengroßen steilen Einzelabläufen. Auch in den anschließenden Kurvenstücken C und D erkennt man eine dysrhythmische, von steilen und frequenzerniedrigten Schwankungen durchsetzte Wellenfolge. Alle drei Kurvenstücke sind durch Muskelaktionspotentiale etwas überlagert. E Kontrollregistrierung etwa $^1/_2$ min nach Durchführung der Belastung zeigt wieder die Hirnstromtätigkeit der Ausgangslage

anfällen litt und dessen EEG in Ruhe, deutlicher aber unter Hyperventilation, Auftreten von seitengleichen Krampfstrompotentialen bot. A gibt eine Ableitung mit geschlossenen Augen im Stehen wieder. Man erkennt eine für das Lebensalter verhältnismäßig spannungsgeringe Wellenfolge, bei der einzelne α-Wellen mit β-Schwankungen und flachen 6—7/sec-Wellen abwechseln (s. a. unter

E). Nach Gehen von 3 min Dauer unter Belastung (BCD) wird das EEG spannungsaktiver, dysrhythmischer von amplitudengroßen, krampfstromähnlichen Spannungsabläufen durchsetzt. Dabei sind die Ableitungen durch Muskelanspannung gestört. Die Spannungsaktivierung hielt auch unter Ruhe noch für etwa 12 min an, dann erfolgte Normalisierung des EEGs (Kurvenstück *E*).

Wir sehen aus dieser Beobachtung, wie sehr bei einem jugendlichen Epileptiker eine mäßige körperliche Belastung die Hirnstromtätigkeit verändern kann. Wir glauben, daß dies Verhalten in unserem Falle mit der erhöhten Anfallsbereitschaft in Zusammenhang stand, obwohl wir noch nicht genügend Kontrollen an

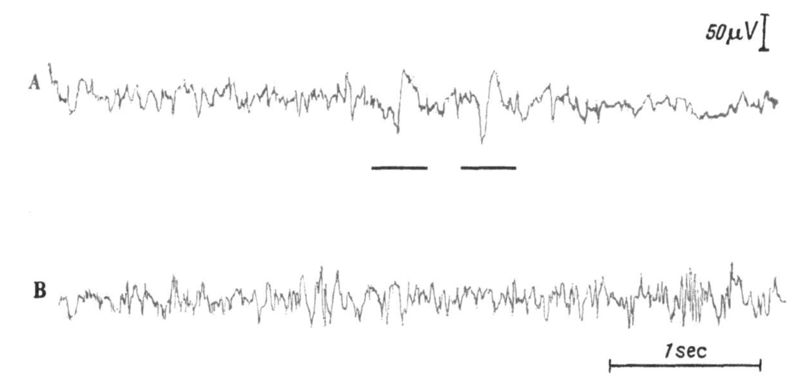

Abb. 7. *A* Registrierung über dem M. Sternokleidomastoideus im Stehen von normaler Versuchsperson. Störung durch Artefakte (unterstrichen). *B* Entsprechende Aufnahmen im Gehen mit Belastung. Eine Verstärkung der Muskelaktionspotentiale wird sichtbar, besonders über der Zeitmarke

Vergleichspersonen desselben Alters unter entsprechenden Bedingungen durchgeführt haben. Ob und nach welchen Regeln die Abänderungen im EEG bei Hirnkranken eintreten, vermögen wir noch nicht zu sagen. Es zeigte sich aber mit Sicherheit, daß das EEG jugendlicher Hirnkranker sehr leicht verändert werden kann. Besonders labil erschien das EEG jugendlicher Epileptiker, was ja auch dem Verhalten bei anderen Belastungsmethoden wie z. B. Hyperventilation, dem Sauerstoffmangel, der Photostimulation usw. entspricht. Bei einem unserer Tumorpatienten führte die Belastung sogar zu einer scheinbaren Besserung im EEG (Abb. 5b). Es wäre denkbar, daß sich hier Geschwülste in Abhängigkeit von ihrer Versorgung mit Blutgefäßen verschieden verhalten können.

Fast wesentlicher als die Durchführung von EEG-Registrierungen bei cerebral Erkrankten unter Belastung erscheint uns die Aufnahme von EMGs unter Bewegung. Diese Untersuchungen können besonders dann, wenn erst mehrere voneinander unabhängige Registrierungen gleichzeitig durchführbar werden — eine entsprechende Apparatur befindet sich im Bau —, auch für die Muskelphysiologie von Interesse sein. Um den Wert der Methodik zu demonstrieren, führten wir zunächst einige Untersuchungen an willkürlich herausgegriffenen Krankheitsfällen durch. Abb. 7 zeigt Registrierungen mit Oberflächenelektroden über dem M. Sternokleidomastoideus im Stehen von einer gesunden Versuchsperson. Die Ableitungen sind durch einige Artefakte *(unterstrichen)* gestört. *B* gibt die gleichen Registrierungen im Gehen wieder. Man erkennt eine leichte Verstärkung der Muskelaktionspotentiale, die besonders deutlich über der Sekundenmarke

zu erkennen sind. Im Gegensatz dazu zeigt Abb. 8 entsprechende Ableitungen
(jeweils 2 Ableitungen mit *gleicher Verstärkung* untereinander) über dem Sternokleidomastoideus von einem Patienten mit spastischem Schiefhals. Man erkennt
gruppenförmiges Auftreten von Muskelaktionspotentialen mit einem Rhythmus
von 2—3/sec. Im Gehen (*8b*) kommt es zu maximaler Verstärkung der Muskelaktionspotentiale bei gleichzeitiger Seitwärtsdrehung des Kopfes. Das rhythmische

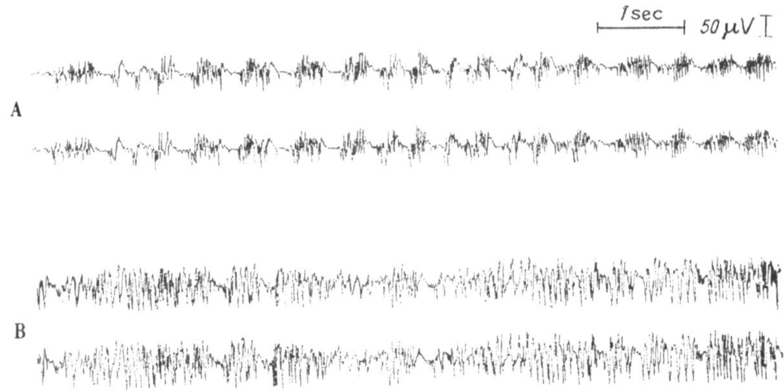

Abb. 8. *A* Wiedergabe von gruppenförmig in Erscheinung tretenden Muskelaktionspotentialen bei Aufnahmen
über dem Sternokleidomastoideus von Patienten mit spastischem Schiefhals, klinisch ruckartig einsetzendem
Tremor und Rigor. *B* Erhebliche Verstärkung der Muskelaktionspotentiale im Gehen. Die einzelnen Gruppen der
Muskelaktionspotentiale gehen ineinander über, was klinisch mehr dem Bilde des Spasmus mit extremer
Seitwärtshaltung des Kopfes entspricht

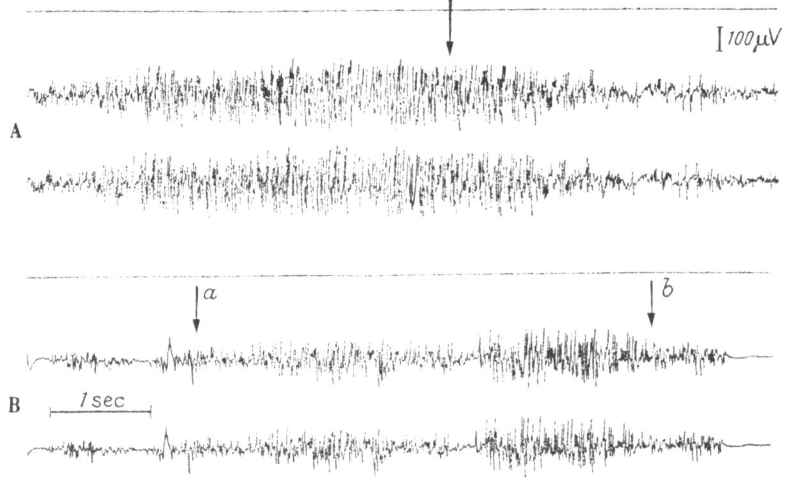

Abb. 9. *A* Ableitungen von Beuge- und Streckseite des gesunden Oberschenkels während einer Kniebeuge.
Langsames An- und Abschwellen der Muskelaktionspotentiale. Der Pfeil kennzeichnet den Beginn der Streckbewegung. *B* Die gleichen Ableitungen vom selben Patienten auf der spastischen paretischen Seite. Bei *a* Beginn
der Beugung. Die Muskelaktionspotentiale sind unregelmäßiger, amplitudengeringer und schwellen nicht spindel-
förmig an. Erst am Ende der Beugebewegung bei extremer Beugung (gestrichelt unterstrichen) erkennt man
spannungsaktive Potentiale als Ausdruck der Tonuserhöhung und des einsetzenden Spasmus. Pfeil *b* zeigt den
Beginn der Streckbewegung an. Man erkennt nur sehr amplitudengeringe und unregelmäßige Gruppen von
Muskelaktionspotentialen

Auftreten der Muskelaktionspotentiale ist jetzt nur noch andeutungsweise
erkennbar. Die Myographie scheint in diesem Fall dafür zu sprechen, daß unter
Belastung der in Ruhe vorhandene Rigor in einen Spasmus übergehen kann. Der

Patient gab an, daß bei jeglicher Bewegung, vor allem aber beim Gehen eine erhebliche Verstärkung der Beschwerden einsetzte.

Abb. 9 stammt von einem Patienten mit spastischer Halbseitenlähmung. Es wurden EMG-Registrierungen mit Oberflächenelektroden zwischen Beuge- und Streckseite der Oberschenkelmuskulatur unter Kniebeugen durchgeführt. *A* die Ableitung von der gesunden Seite zeigt gleichmäßiges Anschwellen der Aktionspotentiale während der Beugebewegungen auf gesundem Bein. Der Beginn der Streckung ist durch Pfeil gekennzeichnet. Die Streckbewegung wurde schneller als die Beugebewegung ausgeführt. Die Amplituden der Muskelaktionspotentiale

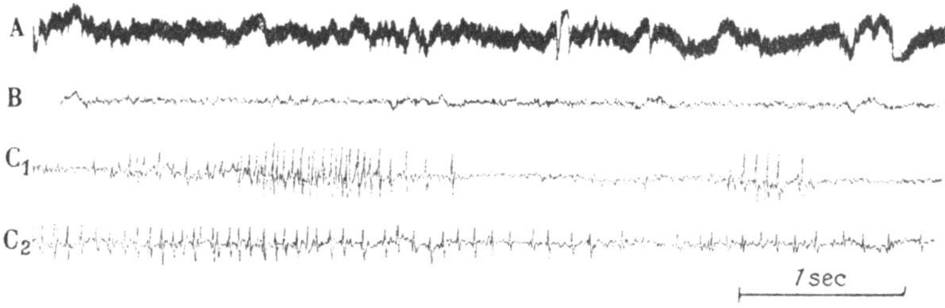

Abb. 10. *A* Direkt am Grass-Elektroencephalographen von der Gesäßmuskulatur vorgenommene Ableitung bei einem Patienten mit spinaler Muskelatrophie. Die Kurve ist durch Wechselstrom stark gestört und nicht zu bewerten. *B* zeigt die Registrierung mit denselben Elektroden und Zuleiteschnüren nach Radioübertragung in Ruhe. Die Störung durch Wechselströme ist geschwunden. Es findet sich eine, durch kleine Muskelaktionspotentiale nur gering veränderte Null-Linie. *C 1* und *C 2* geben Ableitungen nach Belastung mit 5 Kniebeugen wieder. Man erkennt jetzt zahlreiche Muskelaktionspotentiale, die durch fibrilläre und fasciculäre Zuckungen bedingt sind

klingen auch hier gleichmäßig ab. Ableitungen bei Beugung und Streckung auf der spastisch-paretischen Seite (*9b*) ergeben ungleichmäßiges Anschwellen der Muskelaktionspotentiale vom Beginn der Beugung an (Pfeil *a*). Das Maximum der Amplitudengröße wird bei extremer Beugung dem Zustand der stärksten Tonuserhöhung entsprechend erreicht (gestrichelt unterstrichen). Zu Beginn der aktiven Streckung (Pfeil *b*) unregelmäßiges Auftreten von amplitudengeringen Muskelaktionspotentialen, die weniger zahlreich als auf der gesunden Seite sind und unregelmäßiger abklingen. Die Ableitungen wurden nacheinander getrennt auf der gesunden und kranken Seite ausgeführt. Ableitungen bei gleichzeitiger Beugung und Streckung mit gesundem und spastischem Bein ergaben etwas gleichmäßigeres An- und Abschwellen der Muskelaktionspotentiale auf der paretischen Seite, im Prinzip aber ein gleiches Ergebnis wie das der abgebildeten Kurven.

Abb. 10 gibt bei *A* Registrierungen mit Oberflächenelektroden von der Gesäßmuskulatur eines Patienten mit spinaler Muskelatrophie in Ruhe am Grass-Elektroencephalographen mit EMG-Einstellung direkt aufgenommen wieder. Die Kurven sind durch eingestreute Wechselstrompotentiale unbrauchbar. *B* gibt die gleichen Ableitungen nach Radioübertragung aufgenommen wieder, jetzt fehlen die Störungen durch Wechselstrom völlig. Man erkennt eine nur angedeutete Spannungsproduktion.

C 1 und *C 2* sind Kurvenstücke, die aneinander anschließen. Sie wurden nach Belastung durch 5 Kniebeugen von den gleichen Ableitestellen wie *A* und *B* aufgenommen. Man erkennt jetzt Auftreten unregelmäßiger, amplitudegroßer Aktionspotentiale, die fasciculären und fibrillären Muskelzuckungen entsprechen.

8*

Zusammenfassend können wir feststellen, daß eine Ableitung vom EEG im Gehen und sogar im Lauf unter Belastung einwandfrei möglich ist. Wir sehen bei geschlossenen Augen eine deutliche α-Wellentätigkeit. Gegenüber dem Ruhezustand sind die Amplituden der Schwankungen geringer, die Gruppen der α-Wellen erscheinen z. T. verkürzt und unregelmäßiger. Bei cerebral Erkrankten sahen wir im Einzelfall über einem Tumor mit δ-Focus Schwinden der trägen Wellen im Gehen. Wir möchten annehmen, daß hier die zusätzliche körperliche Belastung zu einer Verschlechterung der cerebralen Durchblutung geführt hat. Bei einem Patienten mit symptomatischer Epilepsie infolge frühkindlicher Hirnschädigung zeigte die relativ ungeschädigte Hemisphäre eine zusätzliche Frequenzerniedrigung. Bei einem anderen Kind mit Anfallserkrankung kam es unter entsprechender Belastung zu einer deutlichen Amplitudensteigerung und Dysrhythmie mit Auslösung von Krampfstrompotentialen. Wir sehen hier wieder die besondere Labilität des EEG des Epileptikers.

Diese Befunde zeigen, daß sowohl beim Gesunden wie beim Kranken eine erhebliche Beeinflussung der Hirnstromtätigkeit und wahrscheinlich des gesamten cerebralen Stoffwechsels unter körperlicher Belastung stattfindet. Ob in Einzelfällen durch körperliche Betätigung auch eine Besserung pathologischer Befunde möglich ist, bliebe zu untersuchen. Interessant wird es auch sein, entsprechende Ableitungen an Patienten mit Kreislaufdekompensationen und Lungenerkrankungen durchzuführen. Selbstverständlich müssen entsprechende Stoffwechsel- und Kreislaufuntersuchungen parallel laufen.

Vielleicht noch aufschlußreicher als die EEG-Untersuchungen können myographische Untersuchungen bei cerebralen Erkrankungen sein. Bei spastischer Hemiparese lief die Zunahme der „spastisch bedingten Muskelaktionspotentiale" dem Ausmaß der Beugung parallel. Dieser Befund läßt sich kaum willkürlich herbeiführen und kann zur Objektivierung latenter spastischer Paresen herangezogen werden. Besonders auffällig im Verhältnis zur gesunden Seite war auch die kurze Dauer und Unregelmäßigkeit der Muskelaktionspotentiale bei der Streckbewegung. Beim Torticollis spasticus sahen wir unter Bewegung eine extreme Zunahme der Muskelströme. Der in Ruhe vorhandene rhythmische Tremor ging in eine Phase stark gesteigerter Aktionspotentiale über, die mehr einem tonischen Krampfzustand entsprach. Es ist die Frage, ob dieses Zustandsbild einfach einer Verstärkung des extrapyramidalen Rigors entspricht oder ob es etwa unter Belastung auch zur Einbeziehung des pyramidalen Systems in den krankhaften Erregungszustand kommt. Man müßte dann annehmen, daß in entsprechenden Krankheitsfällen die Schädigung des ZNS vielleicht doch ausgedehnter ist, als man bisher annahm. Hier können Untersuchungen mit mehreren Ableitungen und erhöhter Papiergeschwindigkeit evtl. noch Klärung bringen. Daß Belastungen geeignet sind, bei in Ruhe unauffälligen Patienten im myographischen Bild pathologische Befunde aus der Latenz zu heben, wurde am Beispiel eines Falles von spinaler Muskelatrophie gezeigt.

Die Untersuchungen durch Radioelektroencephalographie leiden naturgemäß noch unter technischen Mängeln, die aber in Kürze überwunden sein werden. Wir erhoffen uns von Untersuchungen unter Dauerbelastung auch Anhaltspunkte über die individuelle Leistungsfähigkeit, zumal es mit verbesserter Apparatur möglich sein wird, mehrere Meßwerte gleichzeitig über einen Sender zu geben.

Zusammenfassung

1. Es wurde über EEG- und EMG-Untersuchungen an Gesunden und Hirnkranken sowie über ihre Methodik bei Ableitung im Gehen und Laufen nach Radioübertragung berichtet.

2. Im Gehen beim Gesunden findet sich eine Amplitudenminderung und Unregelmäßigkeit der α-Wellenbildung. Beim Gang mit geschlossenen Augen ist ein off-Effekt nachweisbar. Beim längeren Gehen mit geöffneten Augen können vereinzelt α-Wellen wieder auftreten. Die Amplitudenminderung und Dysrhythmie verstärken sich im Laufen.

3. An jugendlichen Patienten mit Krampfleiden sahen wir im Gehen eine verstärkte Frequenzerniedrigung und Zunahme der Amplituden bis zum Auftreten von Krampfstrompotentialen. Über einem δ-Focus bei einem Tumorkranken kam es zum Schwinden der trägen Wellen.

4. Myographische Untersuchungen an cerebral Erkrankten unter Belastung scheinen besonders wertvoll. Geringfügige spastische Symptome und Rigor lassen sich verdeutlichen, auch degenerative spinale Erkrankungen können leichter erfaßt werden.

Literatur

Barr, H.: Persönliche Mitteilungen.
Basan, L.: Fiziol. Z. (Mosk.) 1, 95 (1955).
Breakell, C. C., and C. S. Parker: Lancet 1949, 167.
— — and F. Christopherson: EEG Clin. Neurophys. 1, 243 (1949).
— — Lancet 1953, 1285.
Glasscock, W. R., and N. J. Holter: Rocky Mta. med. J. 46, 748 (1949).
— — Electronics 25, 126 (1952).
Götze, W., u. A. Kofes: Z. ges. exp. Med. 126, 439 (1955).
— — Vortrag über Radio-EEG, Europäischer EEG-Kongreß, London, Mai 1955. EEG Clin. Neurophys. 8, 704 (1956).
— — Ärztl. Forsch. 9, II, 1 (1957).
— Bioelektrische Untersuchungen an Gesunden und Hirnkranken in Bewegung mittels Radioübertragung. Zbl. Neurochir. 1958, H. 5/6.
— Biolektrische Untersuchungen an Gesunden und Hirnkranken unter Arbeitsbelastung. Vortrag Berliner Ges. f. Psychiatrie u. Neurologie 28. 5. 1958.
Kofes, A., u. W. Götze: Vortrag über Radio-EEG, Tagung dtsch. EEG-Ges., Graz, Sept. 1955.
— Abstract Nr. 13, Third International Congress of EEG-Radcliffe College Cambridge Mass. USA 1953.
Webb, E., N. Campbelland and Hartock: Electronics 31, 34 (1958).
White, P. D., and S. W. Matthews: Nat. geogr. Mag. 110, 49 (1956).

Über den Focuswechsel im EEG bei Epileptikern in Beziehung zu ihren Anfällen*

Von

Inge v. Hedenström

Mit 3 Abbildungen

Bei mehrfachen hirnelektrischen Untersuchungen epileptischer Patienten beobachtet man bei einigen Kranken, daß die Betonung der pathologischen Potentiale von einer Seite auf die andere Seite hinüberwechselt. Wenn z. B. an

* Die Arbeit wurde mit Unterstützung der Deutschen Forschungsgemeinschaft durchgeführt

einem Tage die pathologischen Abläufe vorwiegend über der linken Hemisphäre
auftraten, so sind sie am nächsten Tage hauptsächlich über der rechten Seite
zu sehen.

Wir studierten an symptomatischen Epileptikern, bei denen durch klinische,
neurologische oder pneumencephalographische Befunde die Seite der cerebralen
Schädigung gesichert war, den Wechsel des Focus im EEG. Dabei fanden wir,
daß gleich nach einem Anfall die elektroencephalographischen Hinweise auf eine
herdförmige Störung dem klinischen Befunde entsprachen.

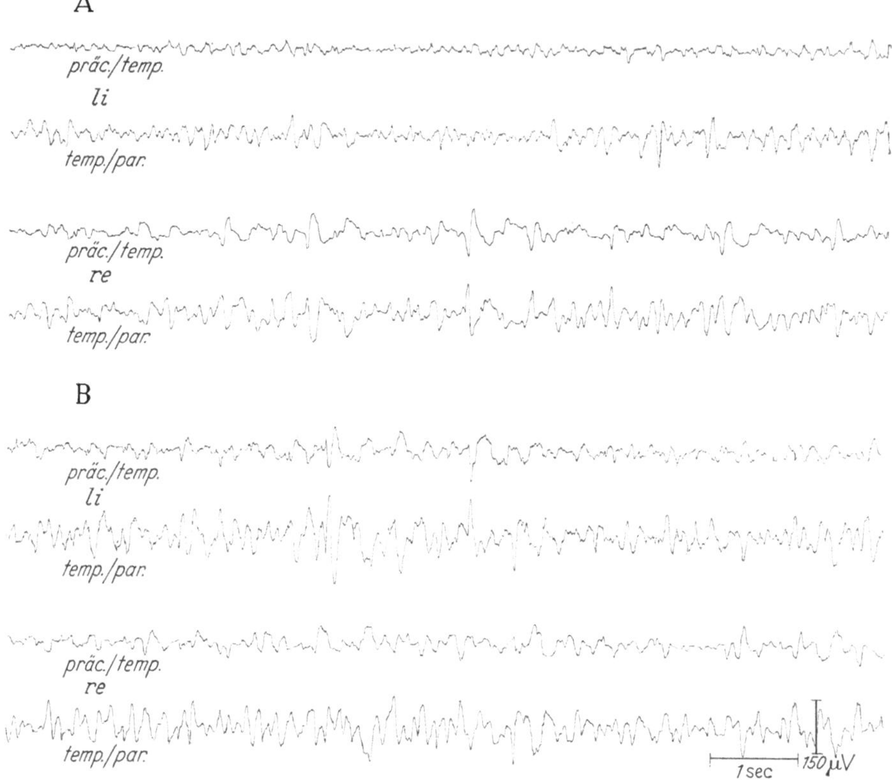

Abb. 1. Bipolare Ableitung von der linken und rechten Hemisphäre einer 41 jährigen Pat. mit linksseitiger
Hirnschädigung. *A* 2 Tage vor einem großen Anfall. *B* 15 min nach diesem Anfall

Die Abb. 1 zeigt das Intervall-EEG einer 41 jährigen Patientin, die an einer
Residualepilepsie leidet. Nach einem Anfall hängt der Körper der Patientin nach
rechts und sie zieht das rechte Bein nach. Neurologisch findet sich eine leichte
Steigerung der rechtsseitigen Sehnenreflexe und die rechtsseitigen BHR sind
schwächer als links. *A* zeigt den Ausschnitt aus dem EEG 10 Tage nach und
2 Tage vor einem großen Anfall. Im gesamten Hirnstrombilde traten die großen,
scharfen Potentiale hauptsächlich über der rechten Hemisphäre auf. *B* zeigt das
EEG der gleichen Ableitepunkte 15 min nach einem großen Anfall; jetzt sind die
gleichen Potentiale vorwiegend über der linken Hemisphäre zu sehen.

Die Abb. 2 zeigt das EEG eines 22 jährigen Patienten, der an einer Residualepilepsie leidet. Sein Pneumencephalogramm weist eine deutliche Asymmetrie

zuungunsten des linken Hinterhorns auf. Nach dem Intervall-EEG in A — 6 Tage nach und 2 Tage vor einem psychomotorischen Anfall — würde man eine rechtsseitige Störung vermuten, während das Hirnstrombild eine halbe Minute nach einem Anfall in B auf einen Focus in der linken Hemisphäre weist.

Bei der letzten Patientin handelt es sich ebenfalls um eine Residualepilepsie. Die 22jährige Kranke hat eine linksseitige homonyme Hemianopsie. Im Pneumencephalogramm sieht man eine Porencephalie im Bereich der rechten Parietalregion. Vor einem Anfall hat die Patientin ein starkes Angstgefühl; zuweilen tritt ein solcher Vorbote auf, ohne daß er von einem Anfall gefolgt wird.

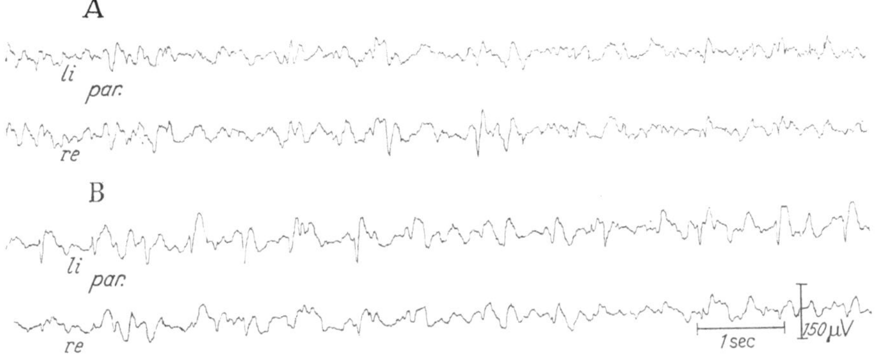

Abb. 2. 22jähriger Pat. mit linksseitiger Hirnschädigung. Unipolare Ableitung der linken und rechten Parietalregion gegen das gleichseitige Ohr. A 2 Tage vor einem psychomotorischen Anfall. B 30 sec nach diesem Anfall

Die Abb. 3 zeigt das EEG zwei Tage nach einem psychomotorischen Anfall. Im gesamten Hirnstrombilde waren die großen, scharfen Potentiale deutlich über der rechten Hemisphäre betont. Plötzlich setzt eine zunehmende Verminderung der Spannungsproduktion ein; 2 sec später sagt die Patientin: Ich habe einen Vorboten. Die Reduktion der Potentialbildung hält weiter an, bis die Patientin sagt: Jetzt ist der Vorbote vorbei. Gleichzeitig setzt die Spannungsproduktion über der linken, ungeschädigten Seite ein und nimmt in den folgenden Sekunden zu, während sie über der rechten, geschädigten Hemisphäre noch weiterhin vermindert bleibt. Erst 3 sec später sieht man auch auf der rechten, geschädigten Hemisphäre eine zunehmende Potentialbildung, die jedoch erst nach 20 sec die ursprüngliche Amplitudenhöhe wieder erreicht hat; in der Zwischenzeit sind die pathologischen Potentiale über der nicht geschädigten Seite von größter Amplitude.

Diese letzte Abbildung gibt vielleicht einen Hinweis für die Ursache der wechselnden Betonung pathologischer Potentiale vor und nach einem Anfall.

Wir hatten in einer früheren Untersuchung gezeigt, daß einem epileptischen Anfall oft eine Verminderung der corticalen Potentialbildung vorauseilt, welche zuweilen nur Sekunden anhält, jedoch in manchen Fällen sich schon Tage vorher anbahnt, wodurch das EEG vor dem Anfall „normalisierter" erscheint. Diese Verminderung der Spannungsproduktion ist dabei oft über der Herdseite ausgeprägter als über der nicht geschädigten Hemisphäre und betrifft nicht nur die Spontanschwankungen, sondern auch die pathologischen Potentiale, wodurch diese über der nicht geschädigten Hemisphäre betonter erscheinen.

Wir hatten gestern von Herrn Caspers gehört, daß die Verschiebung der Gleichspannungskomponente die Amplitudenhöhe der Potentiale entscheidend beeinflußt. Herr Tönnies erzählte uns, wie sie in der Zeit, als sie noch mit Gleichstromverstärkern arbeiteten, große Schwierigkeiten bei Epileptikern vor und nach

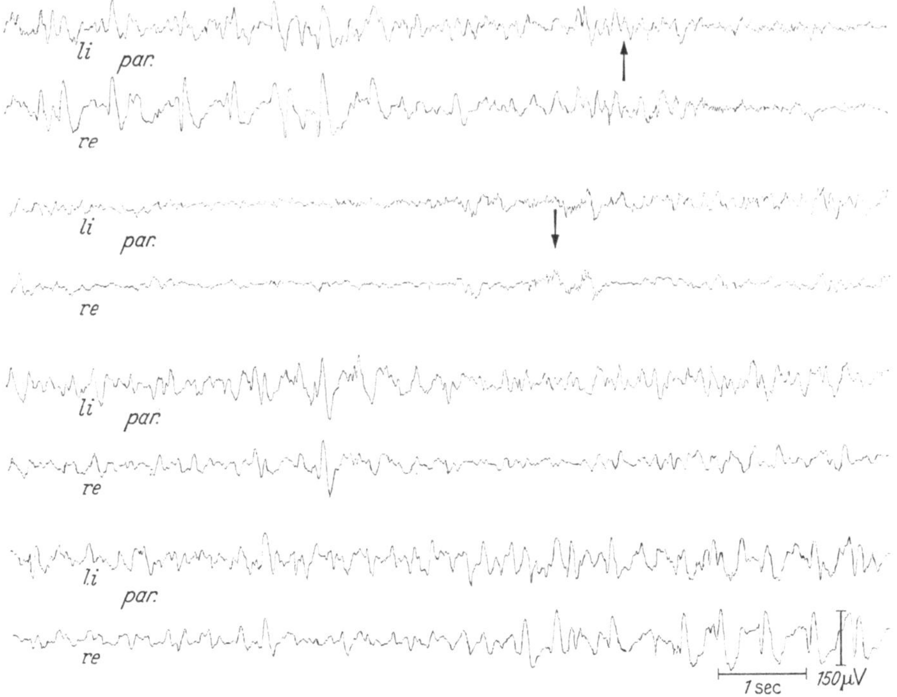

Abb. 3. 22jährige Pat. mit rechtsseitiger Hirnschädigung. Unipolare Ableitung der linken und rechten Parietalregion gegen das gleichseitige Ohr. Die 4 Streifen schließen unmittelbar aneinander an. Beim 1. Pfeil sagt die Pat.: „Ich habe einen Vorboten"; beim 2. Pfeil: „Jetzt ist der Vorbote vorbei"

einem Anfall hatten, das Instrument wieder zur Null-Linie zurückzuregeln. So wichtig das EEG für die Epilepsie-Diagnostik ist, so würden wir vielleicht mehr Einblicke erhalten, wenn wir mit Gleichstromverstärkern arbeiteten, obwohl wir uns dann aller Vorteile wieder begeben würden, die uns ein kondensatorwiderstandgekoppelter Verstärker beschert hat.

Das Verhalten der bioelektrischen Felder bei einem Fall von Hirntumor

Von

G. Foitl und H. Petsche

Mit 6 Abbildungen

Die bioelektrischen Erscheinungen in der Umgebung eines Hirntumors sind oft so vielfältig, daß eine präzise Beschreibung schwierig erscheint. Bei der Auswertung der EEG-Kurven werden Ort, Amplitude und Frequenz der abnormen

Tätigkeit erwähnt, und doch kann diese Beschreibung meist nur eine recht grobe Skizze der tatsächlichen Verhältnisse vermitteln. Unberücksichtigt bleiben dabei die Phasenbeziehungen der Wellenabläufe, da bei der üblichen EEG-Kurvenschreibung Phasenverschiebungen nur schwer erkannt werden können. Durch Einbeziehung dieses zusätzlichen Parameters soll versucht werden, zu einer kontinuierlichen raum-zeitlichen Vorstellung der bioelektrischen Tätigkeit zu gelangen.

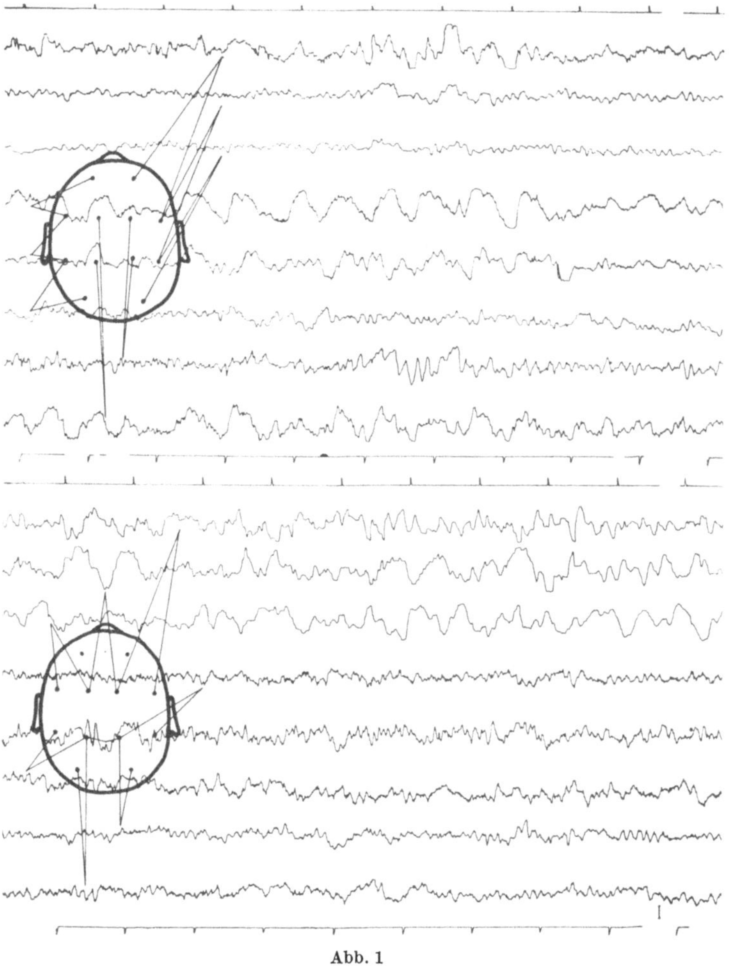

Abb. 1

Mit Hilfe toposkopischer Methoden konnten wir feststellen, daß die bioelektrischen Hirnwellen bei unipolarer Registrierung über zwei Ableitpunkten die Tendenz zu einer kontinuierlichen, räumlichen und zeitlichen Ausbreitung in sich tragen. Alle sog. hypersynchronen Erscheinungen zeigen diese Eigenschaft, und es scheint außerdem eine bestimmte Beziehung zwischen der Reichweite der Wellen und der Stärke der Synchronisierung zu bestehen. Die Ergebnisse der zahlreichen Untersuchungen am Menschen und am Kaninchen, sowohl an normaler wie an pathologischer Hirnaktivität lassen vermuten, daß die Ausbreitung der Wellen oft unabhängig von Fasersystemen erfolgt.

In unserer heutigen Mitteilung berichten wir über einen Fall von Hirntumor, dessen toposkopische Analyse der Phasenbeziehungen nach den verschiedensten Gesichtspunkten ausgewertet wurde. Die Technik dieser Auswertung stellt einen vorläufigen Versuch dar, da in dieser Richtung noch keine Vorarbeiten geleistet wurden. Die Wellenabläufe, die sich im Topogramm als Helligkeitsschwankungen manifestieren, wurden immer nur im Zusammenhang mit den gleichzeitig aufgenommenen unipolaren EEG-Kurven beurteilt. Berücksichtigt wurden dabei: Amplitudenverteilung, Ursprung und Ablaufsrichtung, wenn möglich Einfallsrichtung der Welle zur Elektrodenreihe, Reichweite, Geschwindigkeit, Häufigkeit des Vorkommens einer bestimmten Richtung über einer Elektrode, Frequenz der Welle und der Wechsel der Wellenform.

Zur übersichtlichen Darstellung mußten die Ergebnisse dieser zahlreichen Messungen in Schemata eingetragen werden, die die Auswertung erleichtern, ja erst ermöglichen. Um diese vielen Gesichtspunkte berücksichtigen zu können, wurde der Analyse nur eine Aufnahmezeit von insgesamt 57 sec zugrunde gelegt, geteilt in eine Aufnahme von 25 und zwei zu je 16 sec.

Der untersuchte Patient ist 30 Jahre alt und hat eine Vorgeschichte, die 1941 mit Sehstörungen, Gesichtsfeldeinschränkung und Polydipsie begann. Es wurde ein raumbeengender Prozeß in der Chiasmagegend rechts diagnostiziert. Bei der Operation fand sich eine Cyste in der Gegend des rechten Nervus opticus, die entleert wurde. Ein Stück der Cystenwand wurde entfernt, der histologische Befund ergab eine Dermoidcyste. 1942 begannen psychomotorische Anfälle mit einer Geschmacksaura, die häufig in einen grand-mal übergingen. Anfangs waren die Anfälle häufiger, nahmen dann an Frequenz ab, und erst im letzten Jahr stieg die Anfallhäufigkeit wieder an. Ungefähr alle 2—4 Monate trat ein Anfall auf, häufig auch nachts aus dem Schlaf. Außerdem bestanden in der letzten Zeit zunehmende Beschwerden im Sinne von Hirndruckzeichen. Die Arteriographie ergab jetzt Anhaltspunkte für einen suprasellären, rechtsseitigen, raumverdrängenden Prozeß mit deutlichem Hydrocephalus internus, die Schädelleeraufnahme Verkalkungen rechts paramedian, prä- und suprasellar. Auf Grund dieser Befunde wurde vom Röntgenologen der Verdacht auf ein Craniopharyngeom ausgesprochen.

Das bipolare EEG (Abb. 1) ist stark abnorm und zeigt eine generalisierte, unregelmäßige Tätigkeit, hauptsächlich im ϑ-δ-Frequenzbereich. Im allgemeinen überwiegen links die langsameren Komponenten. Auch occipital, wo eine langsame, unregelmäßige Tätigkeit im α-Bereich besteht, die nicht durch Lidschluß aktiviert wird, findet sich dieser Seitenunterschied. Das Maximum der abnormen Tätigkeit liegt links hochfrontal mit einer ständigen, teils monomorphen, hohen δ-Aktivität. Davon unabhängig findet sich auch rechts über dem vorderen Schädelquadranten eine hohe, unregelmäßige Tätigkeit, vorwiegend im 5 Hz-ϑ-Bereich mit langsamen Spitzen und vereinzelten δ-Frequenzen.

Sie sehen das unipolare EEG und das Topogramm der ersten 12 sec der ersten Aufnahme (Abb. 2). Die Elektroden wurden, wie aus dem nebenstehenden Schema ersichtlich ist, in einer Reihe, die von rechts temporal vorne über die frontobasalen Regionen nach links temporal Mitte reicht, in Abständen von 4,5 cm angelegt. Als gemeinsamer Bezugspunkt diente eine Elektrode an der Nase. Diese Anordnung wurde deshalb so gewählt, weil uns aus einer Vielzahl vorangegangener

Untersuchungen bekannt ist, daß sog. hypersynchrone Vorgänge am Schädel hauptsächlich in longitudinaler Richtung, d. h. längs Meridianen zwischen Inion

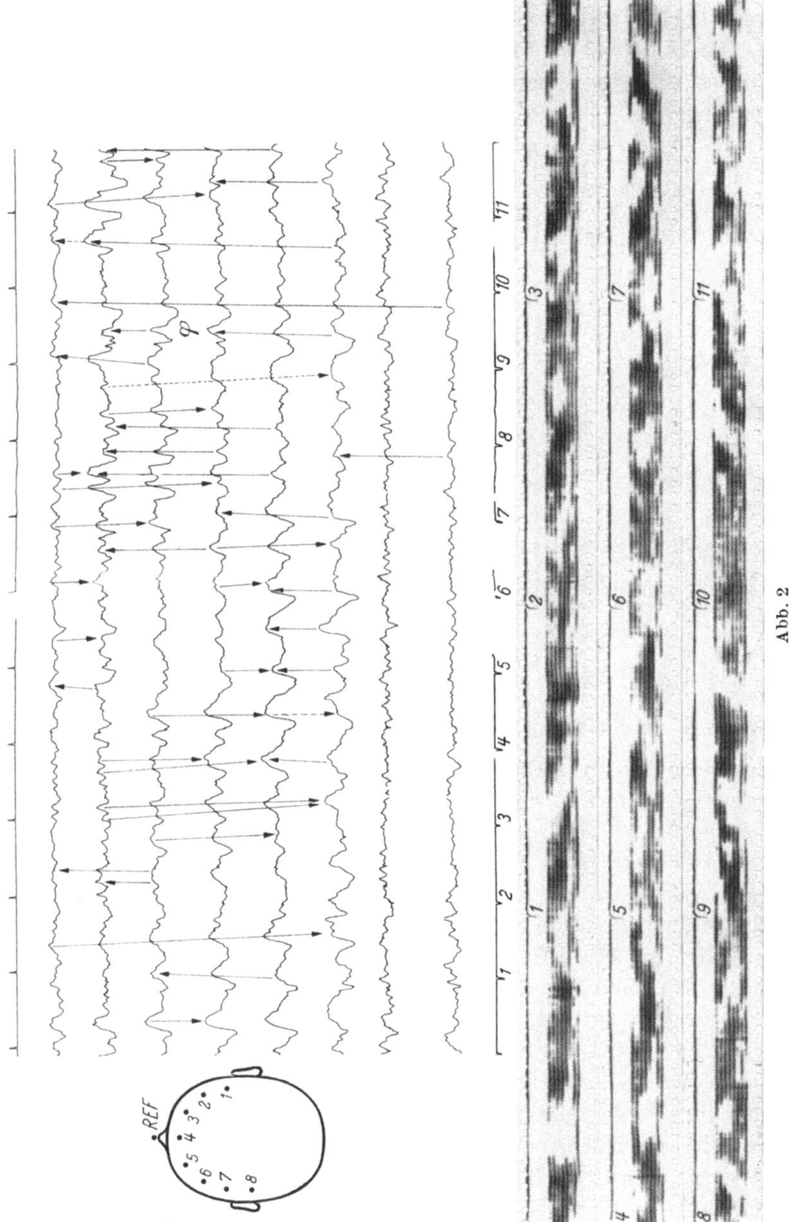

Abb. 2

und Nasion verlaufen. Die Sekunden der Aufnahme wurden fortlaufend numeriert, und die Länge eines untereinandergesetzten Topogrammstreifens entspricht immer 4 sec. Eingezeichnet sind Richtung und Reichweite der ϑ und δ, die mit Hilfe des Topogramms vermessen werden konnten. Insgesamt waren es 136 Wellen,

worunter sich keine einzige befand, die bei der verwendeten Filmgeschwindigkeit
von 12,6 cm pro Sekunde tatsächlich synchron aufgetreten wäre, d. h. also gleichzeitig über 2 oder mehreren Ableitpunkten. Als nicht meßbar wurden nur solche
Wellen vernachlässigt, die von einer zur anderen Elektrode ihre Form so stark
änderten, daß keine sichere zeitliche Zuordnung mehr getroffen werden konnte.
Beachtung verdient besonders die Tatsache, daß die registrierten Wellen vom

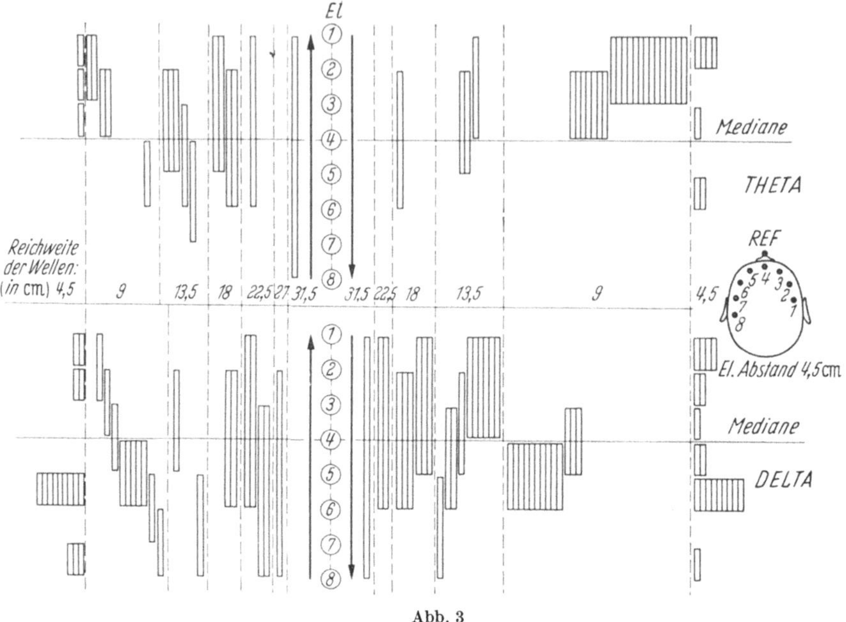

Abb. 3

Punkte des Ursprungs aus nicht nach beiden Richtungen innerhalb der Elektrodenreihe verlaufen, sondern in der großen Mehrzahl nur eine Ausbreitungsrichtung
zeigen.

In dieser Abbildung (Abb. 3) wurden in einer Übersicht die ausgemessenen ϑ und
δ jede Welle in Form eines grauen, senkrecht stehenden Balkens dargestellt. In der
oberen Hälfte sind die ϑ, in der unteren die δ wiedergegeben. Der rechte Teil
zeigt die Wellen in der Ablaufsrichtung von Elektrode 1 nach 8, der linke die
Richtung von 8 nach 1. Deutlich ist ein Unterschied zwischen beiden Ablaufs-
richtungen in bezug auf die Lokalisation der ϑ und δ zu sehen. ϑ, die in der
Richtung 1 nach 8 ablaufen, sind fast ausschließlich auf die rechte Hemisphäre
beschränkt. δ dieser Ablaufsrichtung treten vor allem über den Elektroden 1—6 in
wechselnder Reichweite auf. In der Richtung 8 nach 1 verlaufende ϑ überwiegen
zwar auch rechts, doch gehen auch viele dieser Wellen von linksseitigen Elektroden
aus. Die δ dieser Richtung weisen im Unterschied zur gegenläufigen Richtung eine
weit gleichmäßigere Verteilung auf. Auffallend ist weiterhin die große Anzahl
von Wellen, die die Mediane kreuzen. Die Identität dieser Wellen geht eindeutig
aus dem Topogramm hervor. Zur Erklärung dieses Phänomens kann vorläufig nur
gesagt werden, daß für die Ausbreitung gewisser Potentiale anscheinend tiefere
Hirnregionen verantwortlich sind, da die Annahme, die Wellen könnten kapazitiv
die Falx durchdringen, weniger wahrscheinlich erscheint.

In dieser Abbildung (Abb. 4) wurden die Durchschnittsamplituden zur Ablaufsrichtung in Beziehung gesetzt. Auffallend sind die hohen Amplituden der ϑ und δ über beiden Frontalregionen und das Absinken der Amplituden gegen die Mediane. Die weitaus häufigere Ablaufsrichtung sowohl der ϑ, wie der δ, ist rechts zur Mediane hin. Über der linken Hemisphäre dagegen läuft das Maximum der δ von den Medianen gegen die vordere Temporalregion, während die linksseitigen ϑ, an Zahl insgesamt geringer, die Tendenz zeigen, gegen die Mediane zu laufen.

Es ergibt sich daraus die Frage, ob eine Beziehung zwischen der Ablaufsrichtung und der Amplitude besteht.

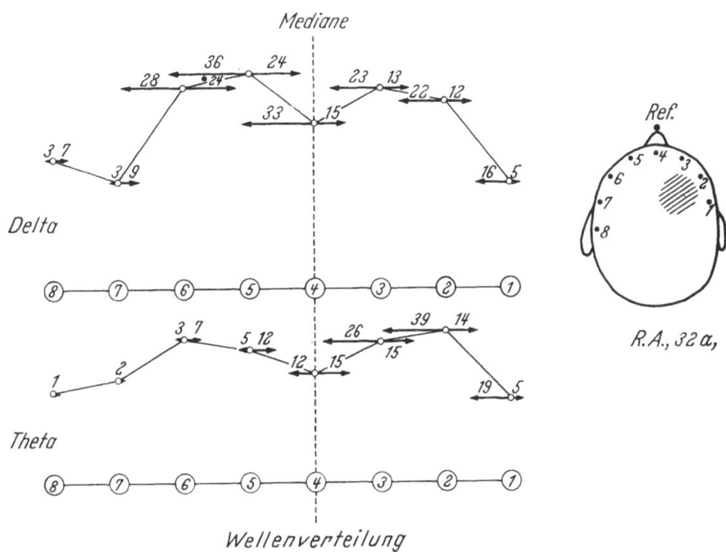

Abb. 4

Tabelle 1. *Beziehung zwischen Ablaufsrichtung und Amplitude*
Von den ausgemessenen 136 Wellen (51 ϑ und 85 δ) laufen:

ϑ		δ	
6	+	15	mit durchschnittlich gleicher Amplitude
20	+	24	vom Ort des *höheren* zu dem des *niedrigeren* Potentials
25	+	46	vom Ort des *niedrigeren* zu dem des *höheren* Potentials

Mittlere Geschwindigkeit

δ (1,8—3,5/sec)	ϑ (3,5—8/sec)
239 cm/sec	488 cm/sec

Verhältnis der Geschwindigkeiten $\delta : \vartheta = 1 : 2{,}61$

Überschreiten der Mittellinie
(Geschwindigkeitsmittelwerte)

	ja	nein
δ	176 cm/sec	241 cm/sec
ϑ	359 cm/sec	533 cm/sec

Verhältnis der Geschwindigkeiten $\delta : \vartheta$ 1 : 2,04   1 : 2,21

Aus der Tabelle 1 ist zu ersehen, daß wir keine feste Beziehung finden konnten. Die naheliegende Vorstellung, eine Welle entstehe am Ort ihrer höchsten Amplitude und breite sich von dort aus, entspricht nicht den Gegebenheiten. Wir konnten dies auch bei toposkopischen Untersuchungen an anderen Phänomenen immer wieder bestätigt finden. Im vorliegenden Falle verlaufen sogar die Mehrzahl der Wellen vom Ort niedriger zu dem höherer Amplitude.

Als letzter Punkt ist die Beziehung zwischen Geschwindigkeit und Frequenz zu besprechen. Aus früheren Untersuchungen ist bekannt, daß ganz allgemein Wellen höherer Frequenz sich auch mit höherer Geschwindigkeit fortpflanzen, und umgekehrt niedriger frequenten Wellen eine geringere Fortpflanzungsgeschwindigkeit zukommt. Der vorliegende Fall schien uns für eine statistische Untersuchung dieser Frage wegen des breiten Frequenzbandes besonders geeignet.

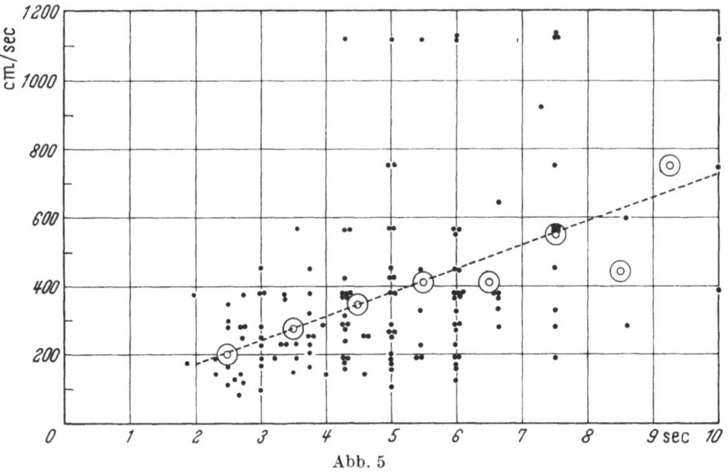

Abb. 5

Die ausgemessenen Wellen wurden nach ihrer Frequenz in 2 Gruppen, die ϑ und δ geteilt. Es fand sich dabei eine durchschnittliche Geschwindigkeit der δ von 239 cm/sec und der ϑ von 488. Die statistische Auswertung dieser Ergebnisse nach dem Ti-Test ergab, daß die Wahrscheinlichkeit, diese beiden Gruppen von Meßwerten könnten eine zufallsbedingte Verteilung darstellen, kleiner als $1^0/_{00}$ ist! Dazu ist zu sagen, daß schon eine Wahrscheinlichkeit, die kleiner als 5% ist, als signifikant für eine nicht zufallsbedingte Beziehung angenommen wird. Sie können daraus ersehen, mit welch hoher Signifikanz anzunehmen ist, daß eine Beziehung zwischen Frequenz und Geschwindigkeit existiert. Es besteht dagegen kein Unterschied in der Ausbreitungsgeschwindigkeit bezüglich der Ablaufsrichtung, die Wellen laufen sowohl von Elektrode 1 nach 8, wie auch umgekehrt mit derselben durchschnittlichen Geschwindigkeit.

Im unteren Teil der Tabelle wurden die Wellen nochmals in 2 Gruppen geteilt, um eine evtl. Verzögerung an der Mediane erfassen zu können. Die Gruppe der δ und ϑ, die die Mittellinie überschreiten, zeigt im Durchschnitt eine langsamere Ausbreitungsgeschwindigkeit, als die Wellen, die nicht über die Mediane laufen, wobei das Geschwindigkeitsverhältnis der δ zu den ϑ ungefähr gleich bleibt. Es ist daher eine Verzögerung der Wellen beim Überschreiten der Mittellinie sehr wahrscheinlich.

In der folgenden Abbildung (Abb. 5) sehen Sie das Frequenz-Geschwindigkeits-diagramm. Auf der x-Achse sind die Frequenzen, auf der y-Achse die Geschwindigkeiten aufgetragen. Jede der ausgemessenen Wellen ist als Punkt wiedergegeben. Die strichlierte Gerade entspricht einer linearen Regressionsgleichung, die mit statistischen Methoden ermittelt wurde und demonstriert den früher erwähnten Zusammenhang zwischen Frequenz und Geschwindigkeit. Daß sich dieser als Gerade ausdrücken läßt, also linear ist, erscheint vielleicht erstaunlich, doch besteht dafür eine so hohe Wahrscheinlichkeit, nämlich wie erwähnt mehr als 99,95%, daß diese Beziehung als gesichert angenommen werden kann. Fassen

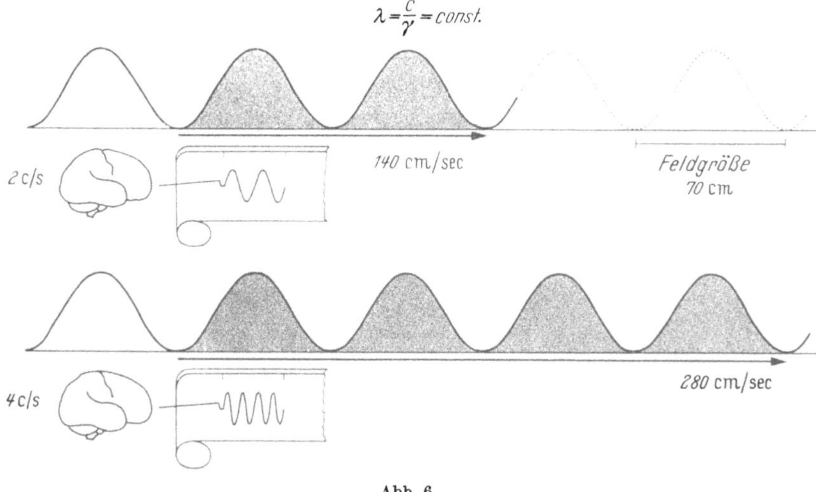

Abb. 6

wir die Hirnwellen, die wir an der Schädeloberfläche registrieren können, als periodische Schwingungsvorgänge auf, so gilt auch für dieses Phänomen biologischer Natur die Formel: Geschwindigkeit durch Frequenz ist gleich der Periodenlänge. Diese muß aber konstant sein, wenn Geschwindigkeit und Frequenz in einem linearen Verhältnis stehen. Wir verwenden statt Periodenlänge oder Wellenlänge den Begriff der Größe des bioelektrischen Feldes, da der Feldbegriff unseren Vorstellungen von der Hirntätigkeit besser entspricht. Die Größe des bioelektrischen Feldes ist konstant! Dies geht aus der gefundenen linearen Beziehung hervor und beträgt in diesem Fall 70 cm. Zu der Abbildung ist noch zu sagen, daß über je 1 Hz die Geschwindigkeitsmittelwerte gebildet wurden. Im Bereich von 2,5—5,5 liegen diese fast genau auf der statistisch ermittelten Geraden. Im höheren Frequenzbereich ergeben sich die Abweichungen davon aus der Messunggenauigkeit, die bei der verwendeten niedrigen Filmgeschwindigkeit bei höheren Frequenzen progressiv zunimmt und daraus, daß die Zahl der raschen Wellen geringer ist.

Darf ich Ihnen nun anhand des letzten Bildes (Abb. 6) unsere Vorstellung von den gefundenen Verhältnissen nochmals vor Augen führen. Bei Anwendung der Formel: Λ ist C durch N, errechnet sich die konstante Feldgröße mit 70 cm. Die im EEG registrierte Frequenz der Hirnwellen entspricht dem Wechsel des Auf- und Abbaues des bioelektrischen Feldes unter dem Ableitpunkt. Kommen also im EEG δ-Wellen der Frequenz von 2 Hz zur Aufzeichnung, so hat sich das bioelektrische Feld in 1 sec zweimal auf- und abgebaut. Oder mit anderen Worten: Beträgt die Geschwindigkeit des Feldes unter dem Ableitpunkt 140 cm pro Sekunde, so werden im EEG, das hier schematisch wiedergegeben ist, 2 Hz-Wellen registriert. A, die Feldgröße von 70 cm ist gleich C der Geschwindigkeit, entsprechend 140 cm pro Sekunde, durch N die Frequenz von 2 pro Sekunde. Die zwei bioelektrischen Felder, die auf dem Streifen als δ-Wellen zur Aufzeichnung kamen, sind im Schema voll ausgezogen. Genauso kann man sich vorstellen, wie es zur Registrierung von ϑ-Wellen im EEG kommt. In der unteren Hälfte des Bildes sehen Sie, daß das Feld unter dem Ableitpunkt mit einer größeren Geschwindigkeit durchlaufen muß und zwar mit einer doppelt so großen, wenn 4 Hz ϑ-Wellen zur Darstellung kommen. Die Größe des Feldes bleibt aber mit 70 cm immer konstant. Ebenso läßt sich diese konstante Beziehung in allen übrigen Frequenzbereichen demonstrieren. Im selben Feldgrößenbereich liegen auch Spitzenentladungen von hoher Frequenz, wie wir sie bei einigen noch unveröffentlichten Fällen finden konnten.

Die Fähigkeit des menschlichen Gehirns, bioelektrische Felder der gleichen Größe zu bilden, läßt eine Brücke zur Anatomie der Hirnzellen erhoffen, denn es erscheint die Tatsache bemerkenswert, daß die Ausdehnung des Feldes zu der Gehirngröße und vielleicht zur Zellanordnung in einer bestimmten Beziehung steht. So ergab die Analyse der Hippocampustätigkeit beim Kaninchen ebenfalls konstante Feldgrößen im Bereich von 7 cm. Obwohl die Größe des Feldes die des Gehirnes in beiden Fällen um ein Mehrfaches übertrifft, finden wir darin keinen Widerspruch. Sie können ja auch mit einer nur 1 m langen Antenne eines Rundfunkgerätes Wellen von mehreren Kilometer Länge empfangen. Ausschlaggebend für die Registrierung von Wellen ist lediglich die Spannungszunahme je Längeneinheit, beziehungsweise der Feldgradient.

Wir haben bisher eine genaue Analyse nur dieses einen Falles durchgeführt und halten es deshalb für verfrüht, weitere Vermutungen anzustellen, wie z. B. über die klinische Bedeutung der toposkopischen Analyse bei Hirntumoren. Wir glauben aber doch, darauf hinweisen zu müssen, daß es sich hier um eine grundlegende neue Konstante handelt, deren weitere Erforschung eine umfassendere raum-zeitliche Vorstellung der Hirntätigkeit ermöglichen könnte.

Elektroencephalographische Antwort der Occipitalregion bei Lichtreizung

Von

H. Laue

In der von mir benutzten Photostimulations-Einrichtung[1] dient eine gleichstromgespeiste Xenon-Hochdrucklampe als Lichtquelle. Die beim Menschen erzielten Ergebnisse im occipitalen EEG erhielt ich durch einen kurzen Lichtreiz von wenigstens 0,017 Watt (Lichtstrom). Die Versuchsperson schaut monocular in ein periskopisches Ocular, wobei der Eindruck einer fast vollständigen Ausblendung bei der Lichtreizung entsteht.

---

[1] Vgl. Laue: Albrecht v. Graefes Arch. Ophthal. **160**, 171—180 (1958).

Das elektrische Projektionsfeld des Sulcus calcarinus und des cuneus habe ich occipital in der Mittellinie oberhalb des Inions abgeleitet. Von 20 Versuchspersonen im Alter von 18—45 Jahren, die ich mit der gleichen Methode untersuchte, zeigten 80% elektroencephalographisch eine sehr ähnliche Antwort. Charakteristisch ist eine biphasische Welle anfangs negativer Deflexion.

Diese biphasische spitze Welle, selbst bei gleicher Reizlichtenergie wechselnder, meist aber hoher Amplitude nach einem einzelnen Lichtreiz, konnte ich weder bei einer Ableitung oberhalb des Vertex noch frontal, temporal oder am Nacken beobachten. Unter Umständen kam später eine Lidschlußreaktion zur Darstellung, aber erst 100 msec nach Beginn des Lichtreizes. Muskelpotentiale oder Elektrodenartefakte ließen sich deutlich eliminieren. Eine Kondensatorentladung des Encephalographen nur nach dem Lichtreiz kann ausgeschlossen werden. Die Auslösung des Lichtreizes der Photostimulations-Einrichtung erfolgt durch einen Zentralverschluß.

Im Vergleich mit der von mir beobachteten spitzen Welle läßt sich neben den von früheren Autoren beschriebenen Potentialen sehr niedriger Amplituden eine Grundrhythmusänderung erkennen. Es wurden früher für den Beginn der ersten positiven Welle nach dem Lichtreiz Latenzzeiten von 35—45 msec und kürzere gemessen. Ellingson, der bei Neugeborenen Aktionspotentiale beschrieb, die sehr der von mir beobachteten spitzen Welle ähneln, maß im verhältnismäßig unterentwickelten Gehirn Latenzzeiten von etwa 200 msec.

Entsprechend könnte die von mir registrierte Potentialform, etwa 60 msec nach dem Lichtreiz einsetzend, die Antwort des Sehzentrums des Erwachsenen auf einen einzelnen Lichtreiz sein.

Es scheint, als ob bei Ableitungen mit niedrigem Hautwiderstand, vor allem eine Grundrhythmusänderung deutlich wird. Bei hohem Hautwiderstand zeigte sich jedenfalls die Potentialform der spitzen Welle, daneben allerdings nur ein Niederspannungs-EEG. Die größte Annäherung an Amplitude und Original-Kurvenform der Meßspannung erreicht man, wenn der Verbraucherstrom der Registriereinrichtung möglichst gering ist. Dies bedingt einen möglichst hohen Belastungswiderstand. Letzterer ergibt sich aus der Summe von Eingangswiderstand des Registrierapparates und Elektrodenwiderstand. So lassen sich bei großem Belastungswiderstand höhere Spannungen ableiten, die mich die genannte biphasische Welle über dem Occiput nach Lichtreizung eines Auges beobachten ließen. Durch Erhöhung des Eingangswiderstandes des Verstärkers ist es vielleicht möglich, diese Potentialform elektroencephalographisch häufig zur Darstellung zu bringen.

Familiäres Vorkommen der Photosensibilität

Von

G. Schaper

Mit 3 Abbildungen

Die bisher mitgeteilten Familien- und Zwillingsuntersuchungen bei anfallskranken Probanden befaßten sich vorwiegend mit den formalen Besonderheiten der Grundaktivität im Wachzustand, im Schlaf und bei der Mehratmung.

Familien-, Geschwister- oder Zwillingsuntersuchungen mit der Photostimulation sind jedoch bisher nur ganz vereinzelt mitgeteilt worden.

Daß die bisherigen Familienuntersuchungen noch zahlreiche genetische Probleme offen lassen, zeigen besonders die ausführlichen Untersuchungen von Lennox, Gibbs und Gibbs, wonach die erbliche Transmission sowohl der spezifisch-pathologischen Hirnwellenbilder als auch der uncharakteristischen Allgemeinveränderungen noch nicht befriedigend geklärt werden konnte.

Wir haben nun in den vergangenen Jahren versucht, Familienuntersuchungen bei Geschwistern und Elternteilen anfallskranker Kinder vorzunehmen, bei denen die sog. Photosensibilität im EEG nachzuweisen war.

Die dabei erhobenen Befunde möchte ich Ihnen an einer Auswahl von Diapositiven demonstrieren:

Die Belichtung der Netzhaut erfolgte in der üblichen Weise: Stroboskop-Abstand von der Nasenwurzel 6—10 cm, Lichtintensität etwa 200000 foot candle, Blitzdauer 30 millionstel sec, jede Frequenz zwischen 1—25 fl./sec wurde einzeln getestet, dann bis 50 fl. um jeweils 5 fl. gesteigert, anschließend Belichtung mit schnellem Frequenzwechsel und Doppelblitzen. Mit jeder Frequenz wurde für 10 sec Dauer belichtet.

Als Photosensibilität wird die Aktivierung bilateraler steiler Wellen bezeichnet, die entweder occipital oder fronto-präzentral betont auftreten können und zumeist auch eingestreute spikes aufweisen. Dominiert die spike-Komponente, dann kommen fast immer auch lokalisierte oder generalisierte Myoklonien hinzu.

Beim Vergleich mit der kombinierten Aktivierung — also mit Photo-Cardiazol bzw. Photo-Metrazol — würde dies bedeuten, daß die sog. Myoklonusschwelle gleich Null ist.

Die Photosensibilität zeigt Ihnen Abb. 1. Gutausgeprägte Grundaktivität und Aktivierung von Spitze-Wellen-Mustern, die rechts höher sind als links, bei der Lichtstimulation.

Ist die spike-Komponente sehr intensiv oder belichtet man, bis die spikes auch hinzukommen, dann läßt sich zumeist die Aktivierung eines grand-mal Anfalles oder petit-mal Anfalles nicht mehr aufhalten.

Das nächste Dia zeigt Ihnen den Ablauf eines derart induzierten großen Anfalles bei einem 10 Jahre alten debilen Kind mit postencephalitischem Syndrom, das bisher noch nie einen Krampfanfall hatte.

Zunächst zeigen sich diese Spitze-Wellen-Muster, die dann nach Beendigung der Belichtung nicht verschwinden, sondern in frequente steile Wellen übergehen, die generalisieren und dann das tonische Stadium einleiten, woran sich hier die Klonie anschließen mit dem Ende des Anfalls.

Nun zu den *Familienbefunden:* Frühgeborene Zwillingsgeschwister, die beide im 8. Monat an einer rachitogenen Tetanie mit Fieber und Krampfanfällen erkrankten. 9 Jahre später wurden sie nachuntersucht. Das Mädchen war bisher anfallsfrei, der Bruder hatte einen sog. Pavor nocturnus und bekam mit 10 Jahren große Anfälle.

Beide haben ein normales EEG bei normaler Atmung und bei Mehratmung, aber bei der Lichtstimulation zeigen beide generalisierte Spitze-Wellen-Muster.

Von 60 Jahre alten Zwillingsschwestern, bei der Probandin soll eine abdominale Migräne bestehen, beide zeigen occipital betonte, frequente Spitze-Wellen-Muster (Abb. 2).

Geschwister mit einem Altersunterschied von 21 Jahren. Der ältere Bruder hatte als Säugling einmal Fieberkrämpfe anläßlich einer Dyspepsie. Seitdem ist er,

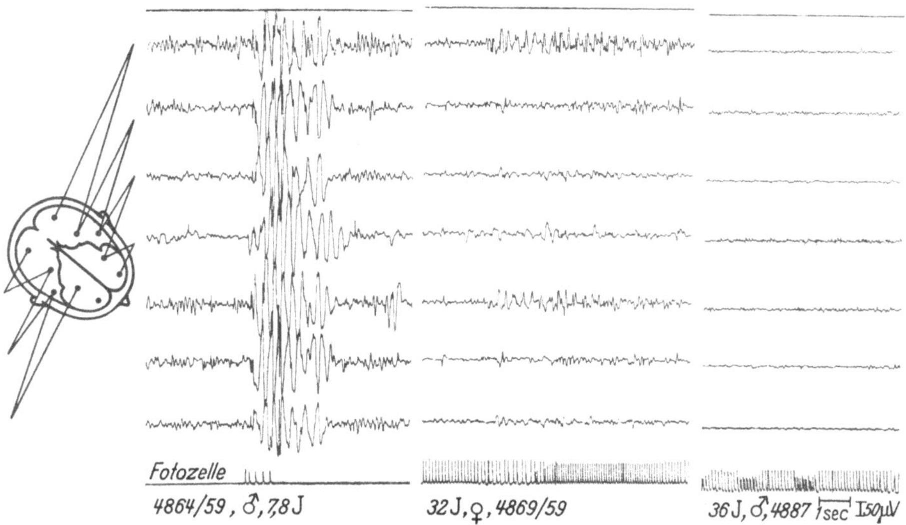

Abb. 1. Photosensibilität in zwei Generationen, bei Mutter und Sohn. Der Sohn wurde wegen Fieberkrämpfen untersucht

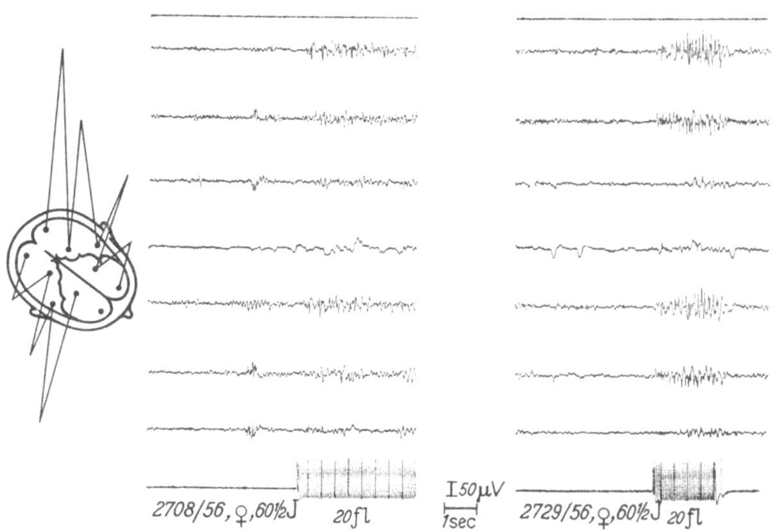

Abb. 2. Photosensibilität bei 60 Jahre alten Zwillingsschwestern mit occipitalen, schnellen Spitze-Wellen-Mustern, die Probandin (re. Kurventeil) wurde wegen sog. abdominaler Migräne untersucht. Nie Krampfanfälle

ebenso wie der jüngere Bruder, anfallsfrei. Beide sind photosensibel, der jüngere symmetrisch, der ältere asymmetrisch.

Geschwister mit geringem Altersunterschied, das Mädchen erlitt kurz vor dieser Untersuchung einen Krampfanfall bei einer Blutentnahme aus der Fingerbeere. Der Bruder ist bis jetzt anfallsfrei; beide sind photosensibel.

3 Geschwister, das jüngste hat Krampfanfälle, das nächste eine Enuresie und das älteste bietet keine Auffälligkeiten. 2 der 3 Mädchen sind photosensibel.

Abb. 3 zeigt 4 Zwillingskinder aus einer Familie mit 5 Kindern, der ältere Bruder dieser 4 Kinder hatte „Zahnkrämpfe", ist seitdem anfallsfrei, von den 4 Zwillingen sind 3 photosensibel.

Vater und seine beiden Töchter. Beide Kinder erkrankten gleichzeitig an Keuchhusten und Krampfanfällen, deswegen wurde eine Pertussisencephalopathie

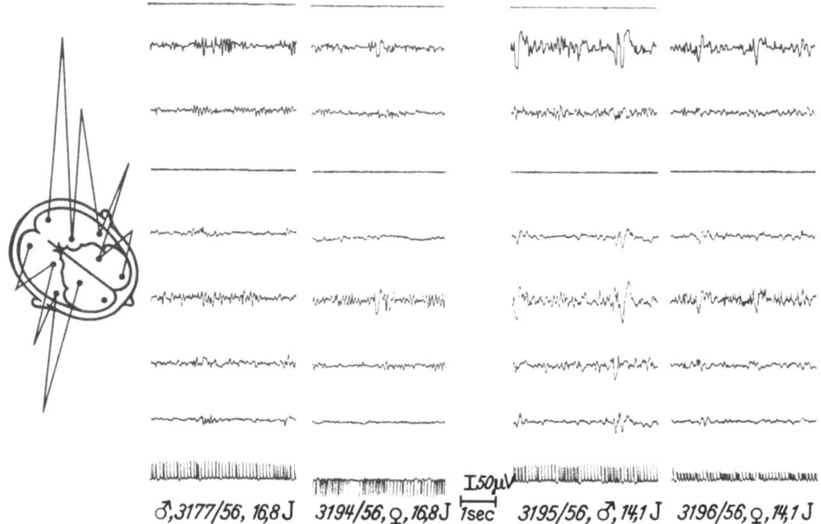

Abb. 3. Photosensibilität bei 3 von 4 Zwillingskindern der gleichen Familie. Alle frei von Krampfanfällen

diagnostiziert. Bei dem älteren Mädchen traten dann Absencen auf, die unbehandelt zur Zeit der Pubertät in große Anfälle übergingen. Alle 3 Probanden — also 2 Generationen — sind photosensibel.

Wenn wir nun unsere Untersuchungsbefunde, von denen ich Ihnen hier eine Auswahl demonstrierte, summarisch betrachten, dann ergibt sich folgendes Bild:

Ausgehend von 57 Probanden konnten 54 Geschwister und 26 Elternteile untersucht werden. Von den insgesamt 137 Familienmitgliedern waren 63% photosensibel. 47 Probanden hatten 54 Geschwister, wovon 43% photosensibel waren und von den insgesamt 80 Geschwistern und Elternteilen waren 32% photosensibel.

Obwohl, wie Ihnen die Diapositive zeigten, fast ausnahmslos spike-wave Muster aktiviert wurden, steht dieses Ergebnis in starkem Kontrast zu den Untersuchungen von Gibbs, Gibbs und Lennox 1943 über das familiäre Vorkommen von Spitze-Wellen-Mustern überhaupt, wonach sich dies nur in 3,5% bei 202 Verwandten von 463 Probanden — bei normaler Atmung und Mehratmung — nachweisen ließ.

Unsere Untersuchungsbefunde stimmen hingegen mit den kürzlich von WATSON und DAVIDSON aus der Lennoxschen Schule mitgeteilten überein. WATSON und DAVIDSON untersuchten 155 Mitglieder aus 43 Familien und fanden, daß 62% der Familien einen oder mehrere photosensible Angehörige aufwiesen. Darüber hinaus konnten sie diese Reaktion bei 4 Geschwistern und einmal in 3 Generationen nachweisen.

Welche neurophysiologische Bedeutung dieser Reaktion, die in enger Beziehung zu den Krampfkrankheiten steht, zukommt, müssen erst noch weitere Untersuchungen zeigen.

Die Ergebnisse der Lennoxschen Schule sowie unsere eigenen lassen zur Zeit nur die Folgerung zu, daß es sich um eine familiär vorkommende Reaktionsfähigkeit im Erbumkreis anfallskranker Probanden handelt, die eine sehr hohe Penetranz aufweist.

Polygraphische Beobachtungen bei Petit-mal-Attacken

Von

J. E. KRUMP

Dieser Vortrag wird an anderer Stelle ausführlich veröffentlicht.